普通高等教育"十三五"规划教材
新工科建设之路·计算机类规划教材

Visual Basic 程序设计基础

邵 明 张 伟 主 编

柳 红 王小燕 李学良 副主编

电子工业出版社
Publishing House of Electronics Industry
北京·BEIJING

内 容 简 介

本书基于 Visual Basic 6.0（简称 VB）中文版，从初学者的角度，以简明的语言，丰富的实例，详细介绍 VB 程序开发。本书分为基础篇和实验篇。基础篇共 9 章，主要内容包括：VB 基础知识、常用的内部控件及使用，以及顺序、选择和循环结构程序设计等，使读者初步建立利用 VB 进行简单程序的思路；数组、过程、文件处理技术及界面设计等，使读者体会模块化编程思维，利用 VB 设计复杂和高质量的 Windows 应用程序。实验篇共设计了 9 个实验，以加强编写程序的实践能力。本书提供电子课件、习题参考答案和程序代码等。

本书可作为普通高等学校本专科计算机程序设计课程的入门教材，也可以作为全国计算机等级考试的辅导教材，还可供程序设计爱好者学习、参考。

图书在版编目（CIP）数据

Visual Basic 程序设计基础 / 邵明，张伟主编. —北京：电子工业出版社，2020.3

ISBN 978-7-121-38475-2

Ⅰ. ①V… Ⅱ. ①邵… ②张… Ⅲ. ①BASIC 语言－程序设计－高等学校－教材 Ⅳ. ①TP312.8

中国版本图书馆 CIP 数据核字（2020）第 029312 号

责任编辑：王羽佳

印　　刷：北京七彩京通数码快印有限公司

装　　订：北京七彩京通数码快印有限公司

出版发行：电子工业出版社

　　　　　北京市海淀区万寿路 173 信箱　　邮编：100036

开　　本：787×1 092　1/16　印张：16.5　字数：477 千字

版　　次：2020 年 3 月第 1 版

印　　次：2025 年 1 月第 9 次印刷

定　　价：49.00 元

凡所购买电子工业出版社图书有缺损问题，请向购买书店调换。若书店售缺，请与本社发行部联系，联系及邮购电话：（010）88254888，88258888。

质量投诉请发邮件至 zlts@phei.com.cn，盗版侵权举报请发邮件至 dbqq@phei.com.cn。

本书咨询联系方式：（010）88254535　wyj@phei.com.cn。

前　　言

计算机程序设计基础是高等学校众多专业开设的一门必修基础课程，课程的重点在于培养学生的程序设计思想和程序设计能力，以适应当今社会对人才的需求。Visual Basic（简称 VB）是微软公司推出的适用于 Windows 应用程序开发的工具，具有功能强、操作方便、使用简单、用户界面友好等特点，是一种备受欢迎的程序设计语言。

本书总结近年来我们在教学和实践中应用 VB 的体会，根据教育部大学计算机教学指导委员会提出的课程教学基本要求，在广泛参考有关资料的基础上编写而成。

本书内容分为基础篇和实验篇两部分。

基础篇共 9 章，主要内容包括：VB 基础知识、常用的内部控件及使用，以及顺序、选择和循环结构程序设计等，在相关章节中结合流程图和实例，帮助读者初步建立起利用 VB 进行简单程序设计的思想，学会进行简单程序设计，并为后续的编程奠定坚实的基础；数组、过程、文件处理技术及界面设计等，将前面所学的基础内容融入其中，使读者体会模块化编程思维，利用 VB 设计复杂和高质量的 Windows 应用程序，并且涉及的范围更广。

学习计算机程序设计的最终目的在于应用，而上机实践是应用的基础和捷径。只有通过上机实践，才能深入理解和巩固掌握理论知识。为此，本书设计了 9 个实验，详细丰富的上机实践练习，便于读者深入理解语法和培养程序设计的能力。

同时本书在编写时兼顾了全国计算机等级考试的要求。

本书在编写过程中，力求叙述通俗易懂、深入浅出，讲解详尽层次清晰，并且在叙述过程中给出相应的实例以便于读者理解所讲解的知识，从而快速掌握知识点，以培养程序设计思路和提高程序设计能力为目的，既注重理论知识，又突出适用性。各章均配有丰富的习题，帮助读者深入理解教材内容，巩固基本概念。

本书具有如下特点：

① 内容先进，结构合理。依据我们多年的实际教学经验，并参考和借鉴了多本相关的同类教材，对该书的知识体系总体结构及内容讲述的逻辑顺序进行了精心设计和安排，以基础知识、基本理论和基本方法为着眼点，力争做到知识体系完整，结构顺序合理，内容深度适宜。

② 实例丰富，突出算法理解，重视实际操作。为引导初学者能顺利接受计算语言的思维方式，突出介绍计算机的解题思路和算法。每一章都精心设计实例，典型全面，讲解深入浅出，使读者使用起来得心应手。不仅使读者能掌握 VB 语言，还能够对计算机的工作过程建立起整体的认识。

③ 实践性强。本教材为每一个知识点精心准备实验内容，提出本次实验要求达到的目的，整个实验就是围绕这些目的而展开的。加强对学生程序设计思想和实际编程能力的培养，以适应信息社会对人才的需求。

④ 注重可读性。本教材的编写小组由具有丰富的教学经验，多年来一直从事并仍在从事计算机基础教育的一线资深教师组成，教材内容组织合理，语言使用规范，符合教学规律。

本书配套电子课件、习题参考答案、程序代码等，请登录华信教育资源网（http://www.hxedu.com.cn）免费注册下载。

本书由邵明、张伟、柳红、王小燕、李学良、王秀鸾、张莉、祝凯、刘立新等执笔并统稿，参加编写的还有罗容、张媛媛、孟凡云、纪乃华、迟春梅等也对本书的编写工作提出了很好的建议。特别感谢罗容老师提出的意见，纠正了编写中的一些问题。

本书写作时，参考了大量文献资料，在此向这些文献资料的作者深表感谢。

由于作者水平有限，不当之处在所难免，敬请广大读者批评指正。

编　者

2020 年 1 月

目　　录

基　础　篇

第1章　程序设计初步

Visual Basic（简称为 VB）提供了可视化的设计平台，其应用程序的设计是在一个集成开发环境（IDE）中进行的，采用的是面向对象的设计方法和事件驱动的编程机制。本章主要介绍 VB 集成开发环境及面向对象的基本概念，正确理解这些概念是设计 VB 应用程序的基础。

1.1　VB 简介

Basic 是专门为初学者设计的高级语言，Visual 是"可视化的"、"形象化的"的意思，指的是一种开发图形用户界面（GUI）的方法，所以 Visual Basic 是基于 Basic 的可视化的程序设计语言。

VB 不仅继承了 Basic 所具有的易学易用的特点，此外它还提供了一套可视化设计工具，大大简化了 Windows 程序界面的设计工作，同时其编程系统采用了面向对象、事件驱动机制，是开发 Windows 应用程序而设计的强有力的编程工具。

自微软公司 1991 年首次推出 VB 后，VB 经历了 Visual Basic 2.0、Visual Basic 3.0、Visual Basic 4.0 和 Visual Basic 5.0，直到目前广泛使用的 Visual Basic 6.0 版本。

本书主要介绍中文版的 VB 6.0 的基本功能，应用 VB 6.0 可以方便地完成从小的应用程序到大型的数据库管理系统、多媒体信息处理、Internet 应用程序等系统的开发。

1.2　VB 集成开发环境

VB 6.0 的集成开发环境提供了编辑、编译、运行、调试应用程序的环境，可以按 Windows 下一般应用程序的方式来运行它。启动 VB 6.0 后，显示如图 1.1 所示的"新建工程"对话框，其中包括 3 个选项卡。

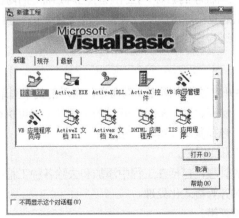

图 1.1　"新建工程"对话框

"新建"选项卡：列出了 VB 能够建立的应用程序类型。选择其一即可建立相应类型的应用程序，其中"标准 EXE"用来建立一个 VB 应用程序，最终可生成一个标准的可执行文件（.exe 文件），本书只讨论这种应用程序类型。

"现存"选项卡：选择和打开现有的工程。

"最新"选项卡：列出最近使用过的工程。

当要新建一个应用程序，在"新建"选项卡，选择"标准 EXE"项并单击"打开"按钮，即可进入 VB 6.0 集成开发环境的主窗口进行应用程序的创建。VB 6.0 的集成开发环境如图 1.2 所示。

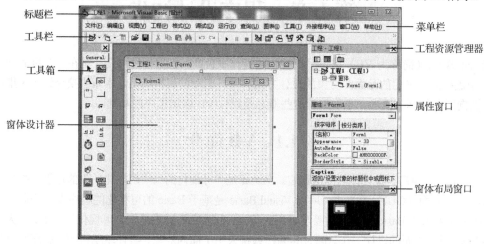

图 1.2　Visual Basic 6.0 集成开发环境

集成开发环境是由几个窗口组合而成，默认包括主窗口、工具箱、窗体设计器、工程资源管理器、属性、窗体布局等窗口，此外还有代码窗口、立即窗口、对象浏览器窗口等。除主窗口外，其余窗口都可关闭和打开。

1.2.1　主窗口

VB 主窗口位于集成环境的上端，包括标题栏、菜单栏、工具栏。

1．标题栏

标题栏上显示的是当前应用程序的名称，应用程序名称后面的[]内显示当前的工作模式。随着工作模式的不同，方括号内的信息也会随着改变。可能会是"设计"、"运行"和"break"，分别代表 VB 的三种工作模式：设计模式、运行模式和中断模式。

2．菜单栏

VB 的菜单栏汇集了程序开发过程中所需要的命令，常用的几个菜单功能如下：

文件：用于创建、打开、保存、显示最近打开过的工程及生成可执行文件。

编辑：用于编辑的命令，包括复制、剪切、粘贴。

视图：用于打开各种窗口和工具栏。

工程：用于对当前工程的管理，包括在工程中添加和去除各种工程组件等。

格式：用于窗体控件的对齐等格式化处理。

调试：用于程序的调试和查错。

运行：用于程序的启动、中断和停止等。

3．工具栏

标准工具栏上的每个按钮可以方便实现 VB 的某个功能，并与菜单中的某个菜单项功能相对应，如图 1.3 所示。

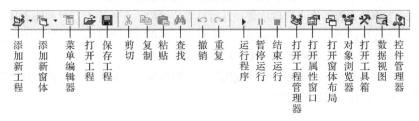

图 1.3　标准工具栏

除了标准工具栏外，VB 还提供了编辑、窗体编辑器、调试等专业的工具栏。要显示或隐藏工具栏，通过执行"视图"→"工具栏"菜单命令，或在标准工具栏处单击鼠标右键，在弹出的快捷菜单中进行所需工具栏的选取。

1.2.2　工具箱窗口

控件是构成 VB 应用程序界面的基本元素，各种控件的制作工具显示在工具箱窗口中。工具箱默认提供了一个指针和 21 个标准控件，如图 1.4 所示。当鼠标指向某个图标时，则会提示该图标所对应控件的名称。

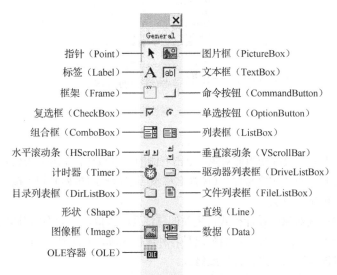

图 1.4　工具箱窗口

单击工具箱上的某个控件图标，然后在窗体设计器上单击并拖动一定的矩形区域，系统就会在单击位置添加一个所拖动矩形区域大小的控件。

通过执行"视图"→"工具箱"菜单命令，或单击工具栏上的"工具箱"按钮来打开工具箱窗口。

以上简单介绍了工具箱中的标准控件图标，在后续章节中将陆续介绍如何使用这些控件设计应用程序界面。

1.2.3 窗体设计器

窗体设计器用来设计应用程序的界面。用户可以把工具箱中的各种控件放在窗体中，通过移动位置、改变尺寸等操作随心所欲地安排它们，以此来创建所希望的外观。

在设计模式下窗体上有网格点，供放置控件时对齐位置用，在程序运行时网格点是不可见的。网格点的间距可以通过执行"工具"→"选项"菜单命令，在出现的"选项"对话框的"通用"选项卡中，通过在"窗体设置网格"中输入"宽度"和"高度"来改变。

如果窗体设计器没有打开，通过执行"视图"→"对象窗口"菜单命令，或通过"工程资源管理器"窗口中的"查看对象"按钮来打开。

1.2.4 属性窗口

属性窗口用于显示或设置窗体或控件的属性值，如控件的颜色、字体、大小等，如图 1.5 所示。

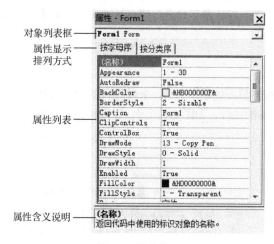

图 1.5　属性窗口

属性窗口主要包括：

对象列表框：用于显示或改变当前对象。单击右侧的下拉按钮，在出现的列表中选择窗体或控件。

属性显示排列方式：有"按字母序"（属性名称按照字母顺序排列）和"按分类序"（属性名称按照性质分类排列）两种排列方法。

属性列表：列出所选对象在设计模式可更改的属性及缺省值，对于不同对象它所列出的属性也是不同的。属性列表分为左右两部分，左面列出是各种属性名称，右边列出相应属性的值。用户可以选定某一属性，然后对该属性的值进行设置或修改。

属性含义说明：显示当前选定属性的含义。

通过执行"视图"→"属性窗口"菜单命令，或单击工具栏中的"属性窗口"按钮来打开属性窗口。

1.2.5 代码编辑窗口

代码编辑窗口是显示和编辑程序代码的地方。在设计模式中，通过双击窗体或窗体上任何一个控件，或通过"工程资源管理器"窗口中的"查看代码"按钮来打开代码编辑窗口，如图 1.6 所示。

代码编辑窗口主要包括：

对象列表框：显示所选对象的名称，单击右侧下拉按钮显示此窗体中所有的对象名称。

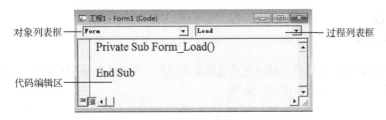

图 1.6　代码编辑窗口

过程列表框：列出对象列表框指定对象的所有可响应的事件名称和用户自定义过程的名称。

代码编辑区：显示和输入程序代码。

在对象列表框中选择对象名，然后在过程列表框中选择事件名称，即可在代码编辑区自动生成选定对象的过程模板，用户可在该模板内输入代码。

1.2.6　工程资源管理器窗口

在 VB 中，一个应用程序的文件集合，称为一个工程。每个工程对应一个后缀为.vbp 的磁盘文件。

工程资源管理器窗口用来显示和管理工程（或工程组）中的所有文件，各类文件以层次列表形式显示在窗口中，工程文件名显示在该窗口的标题栏上，如图 1.7所示。

工程资源管理器的标题栏下有 3 个按钮，分别为：

"查看代码"按钮：切换到代码窗口，以便显示和编辑代码。

"查看对象"按钮：切换到窗体编辑器窗口，以便显示和编辑正在设计的窗体。

"切换文件夹"按钮：切换工程中的文件是否按文件类型分层显示。

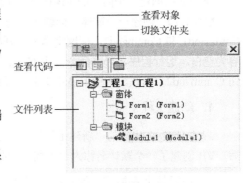

图 1.7　工程资源管理器窗口

通过执行"视图"→"工程资源管理器"菜单命令，或单击工具栏上的"工程资源管理器"按钮来打开工程资源管理器。在窗口中双击某个文件图标，即可打开相应的文件。

1.2.7　其他窗口

1．立即窗口

立即窗口是为调试应用程序提供的，用户可直接在该窗口中利用 Print 方法或直接在程序中使用 Debug.Print 在该窗口中显示表达式的值。

通过执行"视图"→"立即窗口"菜单命令打开立即窗口。

2．窗体布局窗口

窗体布局窗口是用来指定应用程序运行时窗体的初始位置，用户可使用鼠标移动窗口中的小图像（表示窗体）布置各窗体的位置。主要是使所开发的应用程序能在各个不同分辨率的屏幕上正常运行，在多窗体应用程序中较有用。

通过执行"视图"→"窗体布局窗口"菜单命令，或单击工具栏上的"窗体布局窗口"按钮来打开窗体布局窗口。

3. 对象浏览器

在对象浏览器窗口可以查看工程中定义的模块或过程，也可以查看 VB 系统中的对象库、类型库、类、方法、属性、事件及系统预定义常量等。

1.3 创建简单程序实例

用 VB 开发应用程序主要包括设计应用程序界面、设置对象属性和编写程序代码。开发应用程序的基本步骤如下：

① 建立新的应用程序（工程）。

② 在窗体上加入控件对象。

③ 设置控件对象属性。

④ 为控件对象编写事件处理过程代码。

⑤ 保存和编译运行应用程序。

下面通过创建一个简单的 VB 程序，了解 VB 开发应用程序的基本步骤。

【例 1.1】 创建一个窗体，标题文本为"VB 程序"。窗体上放置两个命令按钮控件，名称分别为 Command1 和 Command2，标题文本为"开始"和"结束"；一个文本框控件，名称为 Text1，初始内容为空白。运行程序，单击命令按钮 Command1，在文本框 Text1 上显示文本"你好！"，单击命令按钮 Command2，则在文本框上显示文本"再见！"。

1. 新建工程

启动 VB，在出现的"新建工程"对话框（参看图 1.1）中选择"标准 EXE"，单击"打开"按钮后，VB 创建了一个默认名称为"工程 1"的新工程，包括一个默认名称为 Form1 的窗体。

2. 在窗体上添加控件建立用户界面

在工具箱上选择命令按钮控件和文本框控件，在窗体上绘制出两个命令按钮和一个文本框，就创建了两个名称分别为 Command1 和 Command2 的命令按钮控件对象和一个名称为 Text1 的文本框控件对象，设计界面如图 1.8 所示。有关这些控件的详细使用说明参见 1.4 节。

3. 设置控件对象的属性

选定窗体上的控件或窗体，然后在属性窗口中修改各属性的值。

① 选定窗体 Form1，在属性窗口设置 Caption 属性值为"VB 程序"。

② 选定文本框 Text1，在属性窗口删除 Text 属性值，单击 Font 属性右侧的…按钮，在出现的"字体"对话框上将"字体样式"和"大小"改成"粗体"和"小四"。

③ 选定命令按钮 Command1，在属性窗口设置 Caption 属性值为"开始"。

④ 选定命令按钮 Command2，在属性窗口设置 Caption 属性值为"结束"。

设置后的界面如图 1.9 所示。

4. 编写控件对象响应事件的程序代码

编写程序代码实现运行程序时单击命令按钮 Command1，在文本框 Text1 显示"你好！"；单击命令按钮 Command2，在文本框 Text1 显示"再见！"。程序代码需要在代码编辑窗口中编辑。

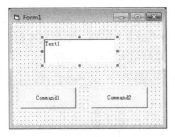
图 1.8 设计界面

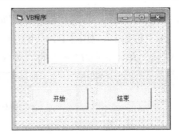
图 1.9 设置后界面

（1）打开代码编辑窗口

在设计模式中，通过双击窗体或窗体上任何控件对象都可以打开代码编辑窗口。

（2）建立 Command1 的事件过程

① 生成 Command1_Click 事件过程框架

单击代码编辑窗口"对象列表框"右侧的下拉按钮，在出现的列表中选择 Command1。再单击"过程列表框"右侧的下拉按钮，在出现的列表中选择相应的事件名称 Click 后，在代码编辑区自动生成 Command1_Click 事件过程框架，如图 1.10 所示。

其中，Command1 为控件对象名，Click 为其响应的事件名称。运行程序，单击命令按钮 Command1 时，调用的事件过程为 Command1_Click，写在 Sub 和 End Sub 之间的代码将会执行。

② 编写程序代码

在 Sub 和 End Sub 语句之间输入如下代码：

```
Text1.Text = "你好！"
```

使得程序运行时，单击命令按钮 Command1 时，在文本框 Text1 中显示"你好！"。输入代码后，代码编辑窗口如图 1.11 所示。

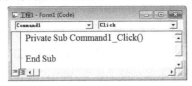

图 1.10 Command1_Click 事件过程框架

图 1.11 建立 Command1_Click 事件过程

（3）建立命令按钮 Command2 的事件过程

以同样的方法生成命令按钮 Command2 响应单击事件的过程。使得运行程序时，单击命令按钮 Command2，在文本框 Text1 中显示"再见！"，此时代码编辑窗口如图 1.12 所示。

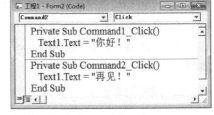

图 1.12 建立 Command2_Click 事件过程

5. 保存程序

通常要在运行程序前保存程序，VB 的程序至少要保存两个文件，窗体文件（.frm）和工程文件（.vbp）。单击工具栏上的"保存"按钮，或执行"文件"→"保存"菜单命令，可依次保存窗体文件和工程文件。

6. 编译和运行程序

单击工具栏上的"启动"按钮▶，或按 F5 键进行编译并运行程序。

VB 程序先进行编译，检查程序有无语法错误。若有错误则暂停程序并显示错误信息，返回代码窗口进行修改，若没有错误，则执行程序。初始运行界面如图 1.13（a）所示，用户单击"开始"按钮，则在文本框中显示"你好!"，如图 1.13（b）所示。若单击"结束"按钮，则在文本框中显示"再见!"，如图 1.13（c）所示。单击窗体右上角的"关闭"按钮，即可结束程序的运行。

 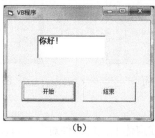 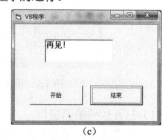

（a） （b） （c）

图 1.13 例 1.1 程序运行界面

1.4 VB 基础知识

开始用 VB 进行编程之前，有必要了解 VB 的一些名词及基本概念。准确地理解这些概念，是设计 VB 应用程序重要的基础。

1.4.1 控件

图 1.14 几个控件示例

控件是建立窗体界面的基本元素，从简单的标签、命令按钮到复杂的 OLE 都是 VB 中的控件。用户可以根据需要在工具箱中选择合适的控件来构造应用程序界面，还可以自己创建控件来满足特定的需求。如图 1.14 所示的窗体展示了几个控件。

1. 控件的分类

VB 的控件主要分为以下 3 类：

标准控件：以图标的形式显示在"工具箱"中，如文本框、命令按钮等，既不能添加也不能删除。

ActiveX 控件：通过 ActiveX 技术创建的一种控件。VB 系统自带了许多 ActiveX 控件，如通用对话框（CommonDialog）、工具栏（ToolBar）、状态栏（StatusBar）等。如果要使用这些 ActiveX 控件，需要通过执行"工程"→"部件…"菜单命令，或右键单击工具箱，从快捷菜单中选择"部件…"，在弹出的对话框中勾选需要的控件，将其添加到工具箱后，就可以跟标准控件一样使用了。ActiveX 控件除了 VB 系统自带，也可以是第三方厂商提供，也可以由用户自己开发。

可插入对象：用户可以将 Excel 工作表、PowerPoint 幻灯片等作为一个对象添加到工具箱中，编程时可以当作控件来使用。

2. 控件的命名

每个控件都要有一个名字，用于在代码中标识该控件。系统会为每个新创建的控件赋予一个默认的名称，如文本框的默认名称为 Text1、Text2、…，命令按钮的默认名称为 Command1、Command2、…。用户也可以在属性窗口修改控件的 Name 属性给控件重新命名。

3. 控件的基本操作

（1）添加控件

在窗体上添加控件的方法主要有：

单击鼠标方法：在工具箱单击控件按钮，将鼠标指针放在窗体上，拖动十字线画出合适的控件大小，即可创建控件。

双击鼠标方法：双击工具箱控件按钮，即可在窗体中央创建一个尺寸为默认值的控件。

复制粘贴法：选定窗体上的某个控件，单击工具栏上的"复制"按钮，再单击"粘贴"按钮，在随后弹出的"是否创建控件数组"对话框，单击"否"按钮（选择"是"按钮，创建控件数组，将在后续章节学习），即可在窗体上得到该控件的复制品。

添加多个类型相同的控件：按下 Ctrl 键，单击工具箱控件按钮，然后松开 Ctrl 键，在窗体上画出一个和多个控件，单击工具箱中的指针图标（或其他图标）结束。

（2）选定控件

选定一个控件：在窗体上，用鼠标单击某个控件，该控件的边框有 8 个黑色小方框（称为控点），表明该控件是当前控件。对控件的所有操作都是针对这个控件进行的，如属性窗口显示的就是当前选定控件的属性。

选定多个控件：如果要对多个控件同时操作，需要同时选定这些控件，常用方法有以下几种：

① 在窗体的空白区域中用鼠标左键拖动拉出一个矩形框，框住要选定的多个控件。

② 按 Shift 键的同时，用鼠标单击要选定的控件。

此时，属性窗口显示这些控件共同的属性。如在属性窗口设置了 Font 属性后，显示在这些控件上的文本字体就具有统一的风格。

单击控件外部的任意位置，则取消对控件的选定。

（3）控件的缩放、移动、删除

选定控件后，就可以对其进行缩放、移动和删除操作。

控件缩放：将鼠标指针指向某一个控点，当出现双向箭头时，拖动鼠标可以改变其大小。

控件移动：将鼠标指针指向控件内部，拖动鼠标可以移动控件。

控件删除：按 Delete 键或执行"编辑"→"删除"菜单命令，可删除选定的控件。

（4）控件的布局

如果需要对多个控件进行排列对齐，设置控件大小一致的操作，操作方法如下：

首先选定多个控件，然后执行"格式"→"对齐"菜单命令，可设置这些控件的排列对齐方式。通过执行"格式"→"统一尺寸"菜单命令，可设置这些控件大小的一致。

1.4.2　窗体

窗体是应用程序的界面，在窗体上可以放置任意控件，可以把窗体看成是一个可以容纳其他控件对象的容器。一个 VB 窗体本身具有 Windows 窗口的所有特征，例如它的左上角具有控制菜单，右上角具有最小化、最大化以及关闭按钮，还可以改变窗体的大小。

每个窗体都要有一个名字来标识，默认的名称为 Form1、Form2 等，设计 VB 程序就是从窗体开始。

1.4.3　对象与类

VB 采用面向对象的程序设计（Object Oriented Programming，OOP）方法，OOP 是一种用计算机表达现实世界的方式。现实世界中基本的组成元素就是各种各样的对象，所以对象也成为 OOP 语言基本组成的元素。VB 程序的核心是对象，主要的对象包括窗体和控件。

现实世界中凡是存在的事物，无论是具体的还是抽象的都是一个对象，如狗、建筑、计划、服务等。所有的对象都是由两个方面的基本要素构成，一个是对象的状态（或特征），另一个是对象的行为（或功能），如每个人具有身高、体重、视力、听力等特征，也具有站立、行走、说话等行为。OOP 中的对象是现实世界的对象在计算机中的具体表示，它同样具有状态和行为，对象的状态用属性来表示，对象的行为用方法来实现，如一个窗体包含了大小、颜色、位置等属性及打开、关闭等功能。

对象的实例是通过类创建的，类是对象的模板，包含了创建对象的所有属性的描述和行为特征的定义。VB 工具箱中的各种控件图标就是系统预定义好的控件类，如文本框类（TextBox）、命令按钮类（CommandButton）等。当在窗体中画一个控件时，即创建了该类的实例，称为一个控件对象，简称控件（或称为对象）。

如图 1.15 所示的窗体上显示的两个命令按钮对象 Command1 和 Command2，是通过命令按钮类所生成的两个实例。它们继承了命令按钮类的特征和行为，如命令按钮的大小、命令按钮上显示的文本等属性，具有移动、获得焦点等方法。它们有共同的一组属性，根据需要给每个属性赋予不同的值，两个命令按钮对象所呈现的状态就不同。例如，这两个命令按钮对象都有 Caption 属性，分别设置为"开始"和"结束"，命令按钮上的标题文本就不相同。

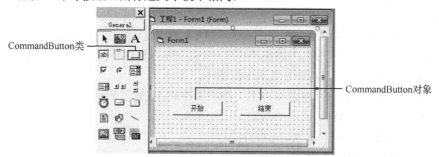

图 1.15　对象与类

所以，类和对象之间的关系好像是模板和成品的关系。类是创建成品的模板，而对象是按模板生产出来的成品。在 OOP 中引入类和对象的概念，最终目的就是通过事先定义好的类来轻松创建出一组功能相同或相似的对象，不必关心对象的底层运作。这样不仅可大大提高系统开发的工作效率，也增强程序组件的可重用性。

在 VB 中，对象的特征（或状态）称为属性，对象的行为称为方法，对象的活动称为事件。属性、方法、事件构成了对象的三要素。

1.4.4　属性

属性是指对象本身所拥有的数据，它可以被读、写。通过对属性的读取可以知道对象的状态，如可以通过读取一个对象的 Width 属性知道对象的宽度，可以通过改变一个对象的 Height 属性来设置这个对象的高度。属性既可以在设计期间进行设置也可以在运行期间通过执行代码动态地进行改变。

1. 通过属性窗口设置属性值

在设计阶段可以通过属性窗口设置属性值。首先在窗体上选定要设置属性的窗体或控件，或在属性窗口上单击"对象列表框"右侧的下拉按钮，在出现的列表里选择要设置的窗体或控件，此时"属性列表"中自动显示所选取对象的可设置的属性。每一个属性一般都有一个默认值，如命令按钮的名称（Name）属性默认为 Command1、Command2，…，其 Caption 属性也默认为 Command1、Command2，…。用户选定某一属性后，就可对该属性值进行设置或修改。

属性不同，设置属性值的方式也不一样，主要有以下 3 种：

直接键入新属性值：数值或字符型属性可以用键盘直接输入。例如，要设置命令按钮上显示的标题文本为"开始"，选定命令按钮对象后，在属性列表左侧单击 Caption 属性名称，在右侧一列输入"开始"（输入时不包含双引号""）即可。

通过属性值的下拉列表选择输入：有些属性的取值是有限的，VB 提供了下拉列表来限定属性值的输入。例如，要设置命令按钮的 Enabled 属性值，选择命令按钮对象后，在属性列表左侧单击 Enabled 属性，其右侧一列显示 Enabled 属性的当前值，同时在右端出现一个向下的箭头。单击右端的箭头，在出现的列表中列出该属性可能的取值，单击列表中的某一项，即可把该项设置为 Enabled 属性的值。

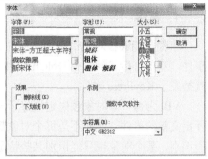

利用对话框设置属性值：有些属性（如 Picture 属性、Font 属性）设置，需要单击属性值右侧的⋯按钮打开对话框进行设置。例如，在如图 1.16 所示的字体对话框设置对象的 Font 属性，包括字体、字体样式、大小及效果等。

图1.16　设置Font属性弹出的字体对话框

2. 在程序代码中设置属性值

在程序代码中通过赋值语句设置对象的属性，一般格式如下：

```
[对象名].属性名=属性值
```

其中[]表示可选项，即方括号中的对象名可以省略。如果省略对象名，设置的是当前窗体对象的属性，输入时不要键入方括号本身。例如，设置命令按钮对象 Command1 的 Caption 属性值为"开始"，则在程序代码中的书写形式如下：

```
Command1.Caption = "开始"
```

又如：

```
Text1.Text="欢迎"               '设置文本框内显示的文本
Command1.Width=30             '设置命令按钮的宽度
```

设置当前窗体 Form1 的标题文本为"VB 程序"，可以采用以下 3 种方法：

```
Form1.Caption="VB 程序"       '通过窗体对象名
Caption="VB 程序"             '省略窗体对象名
Me.Caption="VB 程序"          '使用 VB 的关键字 Me 表示当前窗体对象
```

1.4.5　方法

方法是对象可以执行的操作。例如，AddItem 是 ComboBox 对象的一个方法，它向组合框中添加新项。对象的方法是用代码来实现其操作，方法中的代码是不可见的。可以通过调用某个对象的方法，实现对象特定的功能。对象方法的调用格式如下：

```
[对象名].方法名 [参数列表]
```

方法只能在程序代码中使用，有的方法需要提供参数，而有的方法是不带参数的。例如，有一个标识名称为 Form2 的窗体，可以通过其 Show 方法打开该窗口。调用 Form2 的 Show 方法如下：

```
Form2.Show
```

又如：

```
Text1.Setfocus               '文本框 Text1 获得焦点，在 Text1 中出现闪烁的插入点光标
Print "欢迎"                  '在当前窗体上显示文本"欢迎"
```

1.4.6 事件

1．事件

事件是能够被对象识别和响应的、在特定的时机被触发的一组动作。如单击鼠标就触发了 Click 事件，双击鼠标就触发了 DblClick 事件，按下鼠标键就触发了 MouseDown 事件，按下键盘的某个键就触发了 KeyPress 事件。

VB 为每一个对象预先定义好了一组事件，用户只能使用系统中已定义的事件，而不允许用户自行定义新的事件。但并不是每个对象都能识别所有的事件，也就是说某个事件只能被某些特定的对象所识别，某个对象也只能识别某些特定的事件。例如，命令按钮对象能够识别 Click 事件，而不能识别 DblClick 事件。

事件的触发的方式主要有如下 3 种：

用户操作时触发：例如，运行程序时，用户用鼠标单击命令按钮，即可触发该按钮的 Click 事件。

系统自动触发：例如，窗体对象被加载时系统将自动触发该对象的 Load 事件。

程序代码触发：例如，在某段程序中若含有 Command1_Click 语句，执行到此语句时便会触发指定按钮的 Click 事件。

2．事件过程

当在某个对象上发生了某个事件，程序对其所做出的反应称为事件处理。VB 事件处理实际上是一个过程，称为事件过程。VB 事件过程的一般形式如下：

```
Private Sub 对象名_事件名([参数列表])
    ...              '事件过程代码
End Sub
```

其中：

对象名：若是窗体对象，则为 Form，其它对象是其 Name 属性值。

事件名：该对象所识别的事件名称。

参数列表：多数事件没有参数，有的事件带有参数，如 KeyPress 事件。

事件过程代码：用来指定处理该事件的程序。

3．事件驱动

VB 采用的是一种事件驱动的工作方式，程序并不是按照事先规定好的顺序执行，而是根据事件发生的时间顺序来执行相应的程序。当事件发生的时候，如果相应的事件过程中已经存在用户输入的代码，则立即执行这些代码；如果用户没有指定代码，则此事件执行空操作。当事件过程程序执行完后，系统处于等待状态。当另一事件发生后，程序就去执行该事件的事件过程代码，当这个事件过程代码执行完后，系统又处于等待另一个事件发生的状态，这就是事件驱动方式。

1.5　VB 的工程管理

使用 VB 创建应用程序时，系统会根据应用程序的功能建立起一系列的文件，这些文件的有关信息就保存在称为"工程"的文件中，并通过工程文件来管理各类不同的文件。

1.5.1　工程中的文件

一个 VB 程序一般应包含 3 种文件：工程文件（.vbp）、窗体文件（.frm）和标准模块文件（.bas）。

1. 工程文件（.vbp）

在 VB 中创建的应用程序，就是一个工程。每个工程对应一个工程文件，保存着工程所需要的所有文件和对象清单，这样 VB 生成可执行文件就知道怎样编译和连接哪些文件。

对工程文件常用的操作有创建、打开和保存工程。

（1）创建新的工程

启动 VB 后，在"新建工程"对话框中选择"标准 EXE"选项，或通过执行"文件"→"新建工程"菜单命令。

（2）打开工程

如果要查看一个应用程序的源程序，通过执行"文件"→"打开工程"菜单命令，或单击工具栏上的"打开工程"按钮，或在 Windows 文件夹窗口中双击工程文件所对应的图标。

（3）保存工程

执行"文件"→"保存工程"菜单命令，或单击工具栏上的"保存工程"按钮，可以保存当前工程。当第一次保存工程时，系统提示先保存窗体文件。

当一个程序包括两个以上的工程时，这些工程构成一个工程组。

2. 窗体文件（.frm）

一个工程至少包含一个窗体，也可以有多个窗体。每个窗体对应一个窗体文件，用于保存窗体及其控件的属性、过程代码等信息。

窗体文件的结构包括两大部分，通用声明段和实现部分。

（1）通用声明段

主要用于声明模块级的变量、Option 选项的设置等。

（2）实现部分

主要用于编写事件过程和通用过程的实现代码，包含一个或若干个事件过程和通用过程。因此，过程是组成窗体文件的基本单位，而过程的先后次序与程序执行的先后次序无关。

窗体文件的结构如图 1.17 所示。

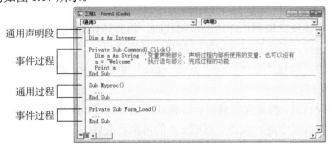

图 1.17　窗体文件结构

在一个工程中要添加一个新窗体，通过执行"工程"→"添加窗体"菜单命令，或单击工具栏的"添加窗体"按钮。每建立一个窗体都会生成一个相应的窗体文件，默认文件名为 Form1.frm，Form2.frm，…，并显示在工程资源管理器窗口中。

如果要删除某个窗体，首先在工程资源管理器中选定要删除的窗体文件，再执行"工程"→"移除窗体"菜单命令,即可以在当前工程中移除窗体。但窗体对应的窗体文件仍保存在磁盘中,采用 Windows 中删除文件的方法,可以永久删除该窗体文件。

3. 标准模块文件（.bas）

标准模块文件是为合理组织程序而设计的,是一个纯代码性质的文件,它不属于任何一个窗体。主要由通用声明段和通用过程构成,可以被工程中的其他文件所使用。

通过执行"工程"→"添加模块"菜单命令来建立标准模块文件,该文件是可选项。

当用户创建、添加或从工程中删除可编辑文件时,都可以从工程管理器中看到工程的构成和变化。如图 1.18 所示工程管理器中,显示了工程名称"工程 1（工程 1.vbp）"、其中包含两个窗体,分别为"Form1（MyFrm1.frm）"和"Form2（Form2）"、一个标准模块"Module1（Mul1.bas）",括号左侧的部分表示工程、窗体对象和模块的名称,括号内表示工程、窗体和标准模块保存在磁盘上所对应的文件的名称,有扩展名的表示已保存,无扩展名的表示未保存。

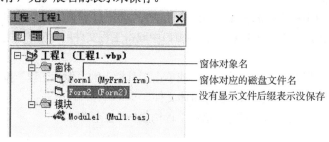

图 1.18　工程的构成

1.5.2　VB 程序的运行

VB 程序可以以两种模式运行:解释运行和编译运行。

（1）解释方式

解释运行模式是由系统读取被触发事件的事件过程代码,将其转换为机器代码,然后执行该机器代码。由于转换后的机器代码不保存,如需再次运行该程序,必须再解释一次。

在 VB 集成环境中,执行"运行"→"启动"菜单命令,或单击工具栏上的"启动"按钮 ▶ ,或按 F5 键,系统以解释方式运行程序。

（2）编译方式

编译运行模式是由系统读取源程序中的全部代码,将其转换为机器代码,并保存在.exe 的可执行文件中,供以后多次运行。程序运行速度要比解释运行模式快。

在 VB 集成环境中,执行"文件"→"生成….exe"菜单命令,即可生成在 Windows 环境下可直接运行的.exe 可执行文件。

一般在进行程序设计时,都是先在解释运行模式下运行程序,查看程序的结果和发现程序的错误。在程序没有问题后,再对程序进行编译并形成.exe 的可执行文件。

1.6　使用系统功能和帮助

为方便用户编写应用程序,VB 提供了许多系统功能和帮助。

1. 系统功能

为提高代码的输入速度和格式的规范化，VB 提供了多种智能感应功能。

（1）对象成员提示

在代码编辑窗口，当输入对象名和句号"."后，系统会弹出一个列表框，其中包含了与这个对象有关的属性和方法，用户可以从中选择，按 Enter 键或双击，属性名自动插入到当前编辑位置，极大方便了对象属性和方法的输入，并减少输入的错误，如图 1.19 所示。

注意：如果输入对象名和"."之后没有出现"属性/方法"列表，则说明这个对象不存在，需要检查对象名是否正确。

（2）参数提示

在代码编辑窗口，当输入某函数或过程名和左括号"("后，系统会提示该函数或过程所需要的参数个数、类型、顺序，如图 1.20 所示。

图 1.19　对象成员提示　　　　　　　　　图 1.20　参数提示

2. 帮助

（1）使用 F1 键

在当前活动窗口或选定内容后，按 F1 键可以获得上下文相关的帮助信息。

（2）使用帮助菜单

执行"帮助"→"内容"，或"帮助"→"索引"菜单命令，启动 MSDN 帮助系统。

（3）从网上寻求更广泛的帮助

软件开发时，当遇到没法解决的 VB 技术问题，可以上网查找相关主题的解决办法。

习　题　1

一、单选题

1. 以下关于 Visual Basic 特点的叙述中，错误的是（　　　）。

A．VB 是采用事件驱动编程机制的语言

B．VB 程序既可以编译运行，也可以解释运行

C．构成 VB 程序的多个过程没有固定的执行顺序

D．VB 程序不是结构化程序，不具备结构化程序的三种基本结构

2. 以下叙述中，错误的是（　　　）。

A．在 VB 中，对象所响应的事件是由系统定义的

B．对象的任何属性既可以通过属性窗口设定，也可以在代码中设定

C．VB 允许不同对象使用相同名称的方法

D．VB 中的对象具有自己的属性和方法

3．在设计窗体时双击窗体的任何地方，可以打开的窗口是（　　）。

A．代码窗口   B．属性窗口

C．工程资源管理器窗口   D．工具箱窗口

4．VB 是一种面向对象的程序设计语言，构成对象的三要素是（　　）。

A．属性、控件和方法   B．属性、事件和方法

C．窗体、控件和过程   D．控件、过程和模块

5．窗体的名称（Name 属性）为 Form1，则能把窗体标题设置为"Welcome"的语句是（　　）。

A．Form1 = "Welcome"   B．Caption= "Welcome"

C．Form1.Text = "Welcome"   D．Form1.Name = "Welcome"

6．当一个事件发生时执行代码是控件的（　　）。

A．事件过程   B．方法   C．属性   D．函数

7．在窗体上放置控件最迅速的方法是（　　）。

A．双击工具箱中的控件   B．单击工具箱中的控件

C．拖动鼠标   D．单击工具箱中的控件且拖动鼠标

8．"一个白色的足球被踢进球门"，在这句话中，"白色"、"足球"、"踢"、"进球门"分别对应 VB 中哪些术语（　　）。

A．属性、对象、方法、事件   B．属性、对象、事件、方法

C．对象、属性、方法、事件   D．对象、属性、事件、方法

9．关于对象的"方法"概念错误的是（　　）。

A．方法是对象的一部分   B．方法用于完成某些特定的功能

C．方法是预先定义好的操作   D．方法的调用格式和对象属性的使用格式相同

10．参看图 1.18 所示的工程管理器，该工程需要保存的文件个数是（　　）。

A．1   B．2   C．4   D．3

11．设在名称为 Myform 的窗体上只有一个名称为 C1 的命令按钮，下面叙述中正确的是（　　）。

A．窗体的 Click 事件过程的过程名是 Myform_Click

B．命令按钮的 Click 事件过程的过程名是 Command1_Click

C．命令按钮的 Click 事件过程名是 C1_Click

D．上述 3 种过程名称都是错误的

二、填空题

1．VB 的对象主要分为＿＿＿＿和＿＿＿＿两大类。

2．VB 的 3 种工作模式分别为＿＿＿＿模式、＿＿＿＿模式和＿＿＿＿模式。

3．描述对象的外部特征称为对象的＿＿＿＿。

4．一个工程可以包括多种类型的文件。其中，扩展名为.vbp 的文件是＿＿＿＿文件，扩展名为.frm 的文件是＿＿＿＿文件，扩展名为.bas 的文件是＿＿＿＿文件。

5．如果单击命令按钮 Command1 时执行一段代码，则应将这段代码写在＿＿＿＿事件过程中。

6．在 VB 中设置大部分属性的方法有两种，这两种方法是在＿＿＿＿和＿＿＿＿中设置。

7．在 VB 集成环境中，可以列出工程中所有模块名称的窗口是＿＿＿＿。

8．标识一个对象名称的属性是＿＿＿＿。

第 2 章　语言基础

在 VB 中，计算机系统的数据可以划分为常量、变量、表达式和函数 4 种形式。常量和变量是数据运算和处理的基本对象，而表达式和函数则体现了语言对数据进行运算和处理的能力和功能。本章致力于使读者掌握 VB 中非常重要的基础知识，只有学懂了这些知识，才可以着手编写程序。

2.1　VB 编码基础

程序是完成特定功能的一段代码，是由字符、字符组合以及一些有意义的符号按照一定的规则组成的。任何一种程序设计语言都有自己的语法、句法规则，VB 也有自己的特定字符集和标识符，下面简要介绍有关内容。

1．VB 字符集

字符（Character）是组成程序设计语言最基本的元素。VB 的字符集由字母、数字、标点和特殊字符组成。

① 字母：26 个英文字母，包括大小写。

② 数字：0～9 共 10 个。

③ 标点和特殊字符：如+ - * / \ . = > < >= <= _ : ( ) ' " # &等。

2．标识符

在现实世界中，我们对每个人、事和物都会赋予一个名字。同样，在设计程序中，对程序中用到的每一个变量、常量、过程和控件名等在使用之前都必须首先命名，我们将这些程序中使用到的名称称为标识符。VB 标识符命名规则如下：

① 由字母（A～Z，a～z）、下画线（_）、汉字和数字字符（0～9）组合而成，首字符必须是字母和汉字。建议少用中文名称。

② 可以是任意长度，但只有前 255 个有效。

③ 中间不允许有空格。

④ 不区分大小写字母，如 xyz、XYZ、Xyz 指的是同一个标识符。

⑤ 不允许使用 VB 语言的关键字作为标识符。例如，Dim、If、Sub 等。

⑥ 一般不使用 VB 中具有特定意义的标识符，如属性和方法名等，以免混淆。

下面是合法的标识符：

```
student, a10, sf, x_sum
```

下面是不合法的标识符：

```
30d          '不能以数字开头
a$n          '不能包含$字符
a abc        '不能包含空格字符
```

3. 关键字

关键字是程序设计语言里事先定义的，指明特定含义的标识符，又称为系统保留字。例如，Integer 是整型数据类型关键字，If 是构成条件语句的关键字。

随着教材的深入，读者将逐步了解到 VB 有哪些关键字以及如何使用这些关键字。

系统对用户程序代码进行自动转换，其转换规则如下：

① 对 VB 中的关键字，首字母被转换成大写，其余转换成小写，如 Dim。

② 若关键字是由多个英文单词组成，则将每个单词的首字母转换成大写，如 ElseIf。

③ 对于用户定义的变量、过程名，以第一次定义的为准，以后输入时自动转换成首次定义的形式。

4. 语法书写格式约定

本书在语句、方法及函数的语法格式中的符号将采用统一的约定，专用符号如下：

[]：表示可选项，即方括号中的内容用户可以根据需要进行选择。如果不选用时，则使用系统的默认值。输入时也不要键入方括号本身。

|（竖线）：用来分隔多个选择项，用户可选择其中之一。

，…：表示同类项目的重复出现。

参数列表：表示有多个参数，参数之间用逗号（，）分隔。例如，参数 1，参数 2，…。

2.2 数据类型

程序在运行时要完成的工作就是处理数据，包括数值、文字、声音、图形和图像等。根据数据描述信息的含义，将数据分为不同的种类，对数据种类的区分规定，称为数据类型。

在 VB 中，所有的数据（变量和常量）都具有数据类型。数据类型决定了数据占据存储空间的大小、数据取值的范围和可进行的操作。

VB 数据类型分为基本数据类型和自定义数据类型，基本数据类型如表 2.1 所示。

表 2.1　基本数据类型

数 据 类 型	关 键 字	类 型 符	占 字 节 数	取 值 范 围
整型	Integer	%	2	−32768～32767
长整型	Long	&	4	−2147483648～−2147483647
字节型	Byte		1	0~255
单精度型	Single	!	4	±1.4E−45～±3.40E38
双精度型	Double	#	8	±4.94D−324～±1.79D308
货币型	Currency	@	8	
字符型	String	$	字符串长度	
布尔型	Boolean		2	True 或 False
日期型	Date		8	1/1/100～12/31/9999
对象型	Object		4	任何对象应用
变体型	Variant		按需分配	

自定义类型是用户根据自己的需要而自定义的数据类型，将在 9.3.1 节中介绍。

1．数值型

数值型数据是具有计算能力的数据，主要分为整数型和实型两大类。

（1）整数型

整数型是指不带小数点和指数符号的数。按数据的表示范围，整数型分为整型（Integer）和长整型（Long）。例如，27，-457，654%都是整型，而45678%超出了整型的表示范围，运行时则会发生溢出错误。

（2）实数型

实数型数据是指带有小数部分的数，分为浮点数和定点数。

浮点数由 3 部分组成：符号、指数和尾数。在 VB 中，浮点数分为单精度数（Single）和双精度数（Double），两者的区别是数据取值范围的大小和运算的精确度，双精度数据是更高精度的数值型数据。

注意：在计算机中，数 3 和数 3.0 是不同的，3 是整数（占 2 个字节），3.0 是浮点数（占 4 个字节）。

2．货币型

货币型（Currency）数据是为存储货币值而使用的一种数据类型。它是一种特殊的小数，整数部分为 15 位，小数点后的位数固定为 4 位，第 5 位四舍五入，属于定点实数。

3．字符型

字符型（String）数据又称字符串，用于存放不具有计算能力的文本型数据，由汉字和 ASCII 字符集中可打印字符（英文字母、数字字符、空格以及其他专用字符）组成。在 VB 中，字符串有变长（可变长度）和定长（固定长度）两种。

4．布尔型

布尔型（Boolean）又称逻辑型，用于表示逻辑真假的一种数据类型。布尔型用系统预定义的常量 True 和 False 分别表示真和假。

5．日期型

日期型（Date）数据是表示日期和时间的数据。

6．变体型

变体型（Variant）数据，是一种特殊数据类型，具有很大的灵活性，可以表示多种数据类型，其最终的类型由赋予它的值来确定。

7．字节型

字节类型（Byte）是一种数值类型，只能存储 0～255 范围的一个整数值，不能表示负数，一般用于存储二进制数。

8．对象型

对象型（Object）数据用来表示图形、OLE 对象或其他对象。在对象型数据变量中，并不保存对象本身，只保存所引用对象的地址。

在实际应用过程中，要根据具体问题选用适当的数据类型，有以下几点需要注意：

① 数据用于计算使用数值型。如果数据包含小数，则应使用单精度、双精度和货币型。例如，

成绩使用整型，助学金和工资使用单精度或货币型。

② 数据不可计算或不参加计算，使用字符型。例如，学号、姓名等数据使用字符型。

③ 数据信息是"True/False"、"Yes/No"、"On/Off"信息，则可以使用逻辑型。

④ 数据为二进制数，则可使用字节型。

⑤ 数值型数据都有一个有效范围。程序中的数据如果超出规定的范围，将会出现溢出信息。

⑥ 表示范围越大，精度越高的数据类型所占用的内存空间也越大，处理速度也越慢。

⑦ 变体型数据所占用的内存比其他类型都多，为使程序健壮，尽量少用。

2.3 常量和变量

在 VB 程序中，不同类型的数据既能以常量形式出现，也可以以变量形式出现。

2.3.1 常量

常量用来表示一个具体的、不变的值。例如，数值 1，字符串"abcd"都是固定的，它们都是常量，在数据处理过程中其值不发生变化。

VB 有 3 种常量：直接常量、用户声明的符号常量和系统提供的常量。

1. 直接常量

常量根据数据类型分为各种类型的常量，VB 支持多种类型的常量，如数值常量、字符串常量、逻辑型常量和日期型常量。各种类型的常量有固定的书写方法，某种类型的常量必须按照固定的格式书写，否则就不是这种类型的常量。

（1）数值型常量

整型常量：有 3 种形式，如 1234（十进制），&H12A（十六进制，以&H 开头），&O123（八进制，以&O 或&开头）。

长整型常量：有 4 种形式，如 12345678（十进制），123&（十进制，以&结尾），&H12A&（十六进制，以&H 开头，以&结尾），&O123&（八进制，以&O 或&开头，以&结尾）。

单精度常量：有 3 种形式，如 12.34、123!、123.45E-5（表示 $123.45×10^{-5}$）。

双精度常量：有 2 种形式，如 12.34#，123.45D-5（表示 $123.45×10^{-5}$）。

（2）字符串常量

字符串常量是由一对双引号（""）括起来的字符序列，双引号是字符串常量的定界符，输入和输出时并不显示。字符串中包含字符的个数（不包括定界符）称为字符串的长度，字符串中一个汉字作为一个字符来处理，长度为 1。长度为 0 的字符串称为空字符串。

例如：

```
"中国长城"                '长度为 4
"123.09"                 '数值字符串，长度为 6
"We are students."       '长度为 16
" "                      '包含一个空格字符的字符串，长度为 1
""                       '双引号中没有任何内容，长度为 0，称为空串
```

注意：字符串中包含的字符区分大小写。

（3）逻辑型常量

逻辑型常量只有 True 和 False 两个值，表示逻辑真和假。

（4）日期型常量

日期型常量用来表示特定的日期和时间，是用两个#括起来的日期。允许用各种表示日期和时间的格式，日期的顺序可以是年、月、日，也可以是月、日、年，它们之间可以用"/"、","、"、"、"-"分隔开。时间的顺序是：时、分、秒，必须用":"分隔。

例如：

```
#01/18/2020#
#January,1,2020#
#01-18-2020 10:20:00 PM#
```

在 VB 中会自动转换成"月/日/年"的形式。

2．符号常量

符号常量是用符号表示的常量。符号常量在使用之前必须先声明，一般格式如下：

```
Const 符号常量名 [As 数据类型]=表达式
```

其中，符号常量名是用户定义的标识符，若省略"As 数据类型"，符号常量类型由"表达式"确定。

例如：

```
Const PI=3.14159              '声明符号常量 PI，代表 3.14159，单精度型
Const Max As Integer=255      '声明符号常量 Max，代表 255，整型
```

【例 2.1】　符号常量使用示例。

```
Private Sub Form_Click()
  Const PI = 3.14159          '声明符号常量 PI
  Dim r As Single, s As Single
  r = 2
  s = 2 * PI * r              '引用符号常量 PI
  Print "s=", s
End Sub
```

以上程序中声明了符号常量 PI，在代码中只要使用到 3.14159 这个常量，都可以用 PI 来代替。

说明：

① 通常为区分明显，用户定义的常量名用大写表示。

② 常量名在程序中只能引用，不能改变。

③ 正确使用符号常量可以增强程序的可读性和可维护性。

3．VB 系统提供的常量

VB 提供了大量预定义的常量，可以在程序中直接使用，这些常量均以小写字母 vb 开头，如 vbBlue（表示蓝色）、vbCrLf（表示回车换行符）等。

在"对象浏览器"窗口中的 Visual Basic（VB）、Visual Basic for Applications（VBA）等对象库中列举了 VB 预定义的常量。

2.3.2　变量

程序中用变量存储要处理的数据，在程序执行过程中变量的值是可以改变的。

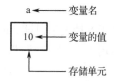

图 2.1 变量名、存储单元和
变量值的关系

在内存中，一个变量和一个存储单元相对应（如同宾馆的房间），变量要拥有一个名字（如同房间门牌号），变量对应的存储单元用于存放程序中要处理的数据值，被存放的数据称为变量值。变量名、存储单元和变量值三者之间的关系如图 2.1 所示。

变量所对应存储单元的大小（组成一个存储单元的字节数）取决于变量的数据类型。任何变量都具有三个特征：变量名、变量类型和变量值。

在程序代码中，通过变量名引用对应存储单元里存储的数据（变量值），对变量的操作就是对该存储单元中存储的数据（变量值）进行操作。例如，若有如图 2.1 的变量 a，则 a 代表的值是 10，表达式 a+1 的值就为 11。

1. 声明变量

变量在使用前，必须在代码中进行声明，即创建该变量。声明变量也称为变量的定义，作用就是为变量指定变量的名称和数据类型，系统会按照声明为变量分配所需要的存储空间。

VB 中声明变量有两种方式：显式声明和隐式声明。

（1）显式声明

用声明语句创建变量，一般形式为：

```
Dim 变量名 [As 数据类型]
```

其中，变量名要符合标识符命名规则，若省略"As 数据类型"，默认为 Variant 类型。

例如：

```
Dim total As Integer
Dim s1 As String
Dim addr
```

表示声明 total 为整型变量，用来存储一个整数；声明 s1 为字符串，用来存储文本；声明 addr 为变体型，可以存储各种类型的值。程序运行时，系统为变量 total、s1 和 addr 按其类型在内存分配合适的存储空间，如变量 total 所对应的存储空间大小为 2 个字节。

说明：

① 变量声明后就有一个默认的初值，不同类型的变量具有不同的初值。数值型变量初值为 0；变长字符串变量初值为空串；逻辑型变量初值为 False。

② 一条 Dim 语句可以同时声明多个变量，变量之间要用逗号（,）间隔，每个变量的类型要逐一声明，否则类型为默认的变体型。例如：

```
Dim x As Single, y, z As Integer
```

用一个 Dim 同时声明了 3 个变量：变量 x（单精度）、变量 y（变体型）和变量 z（整型）。

③ 可以使用类型符来声明变量类型。例如：

```
Dim total%          '等价 Dim total As Integer
Dim s1$             '等价 Dim s1 As String
```

④ 默认情况下，字符串变量是不定长的，如果要存放长度固定的字符串，需声明定长字符串变量。对于定长字符串，当字符长度少于规定长度，即用空格填满；当字符长度多于规定长度，则截去多余的字符。

例如：

```
Dim s1 As String          's1 为变长字符串，存储的字符串长度可变
Dim s2 As String*4        's2 为定长字符串，存储的字符串长度固定为 4
s1="hi"                   's1 存储的是长度为 2 的字符串
s1="print"                's1 中存储的是长度为 5 的字符串
s2="hi"                   's2 的值是 "hi□□"，其中□表示空格
s2="print"                's2 的值是 "prin"
```

⑤ 变体型变量可以存放任何类型的数据。例如：

```
Dim a
a = "17"                  '变量 a 中存储一个字符串，a 为字符型
a = 10                    '变量 a 中存储一个整数，a 为整型
a = False                 '变量 a 中存储一个逻辑值，a 为逻辑型
```

根据赋值给 a 的值的类型不同，变量 a 的类型不断变化，这就是变体类型的由来。

⑥ 除了用 Dim 语句声明变量外，还可以使用关键字 Public、Private 或 Static 语句来声明变量，但作用有些差异，这些将在 7.3.4 节中讨论。

（2）隐式声明

在使用一个变量之前，不需要通过关键字 Dim 声明这个变量就可以直接使用，此时变量默认类型为变体型，或用一个类型符加在变量后面说明其类型。

```
Private Sub Command1_Click()
  Dim x As Integer          '显式声明 x 变量
  t% = c + 1                '变量 t 被隐式声明为整型，变量 c 则为变体型
  Text1.Text = t%           '引用 t 时也可以不写后缀%，如 Text1.Text = t
End Sub
```

（3）强制显式声明变量

尽管在程序代码中可以随时命名并使用变量比较简单方便，但如果将变量名拼错的话，就会导致难以查找的错误。为避免此类错误和调试程序的方便，一般应对使用的变量进行显式声明。要强制显式声明变量，只须在窗体模块、标准模块或类模块的声明段中加入如下语句：

```
Option Explicit
```

这条语句是用来规定在本模块中所有变量必须先声明再使用，即不能通过隐式声明来创建变量。在添加 Option Explicit 语句后，VB 将自动检查程序中是否有未定义的变量，发现后将显示错误信息。

如果要自动插入 Option Explicit 语句，可以通过执行"工具"→"选项"菜单命令，然后单击"选项"对话框中的"编辑器"选项卡，再选定"要求变量声明"选项。

2. 变量的基本操作

变量的功能就是存储数据，变量所对应存储单元的数据是可以改变的，对变量的基本操作有以下两个。

（1）"写"变量

向变量中存入数据值，这个操作称给变量赋值（使用赋值号 "="）。变量可以多次赋值，但某一时刻只能有一个值，即最后一次赋的值。例如：

```
a = 5
a = 8
```

　　执行第 1 条语句时，将 5 赋值给变量 a，变量 a 对应的存储单元存储了 5。执行第 2 条语句时，将 8 赋值给变量 a，变量 a 对应的存储单元存储了 8，原来的值被抹掉。若没有再赋值给变量 a，其值始终保持不变。

（2）"读" 变量

　　获取变量的当前值，以便在程序中使用这个变量参加运算，这个操作不会改变变量的值。

```
a = 5
x = a + 1
```

　　执行第 2 条语句，读取 a 的当前值（即为 5）参加算术运算与 1 相加，将运算结果 6 赋值给变量 x，x 的值为 6，而 a 的值没有改变（仍然为 5）。

　　说明：出现在赋值号右侧表达式中的变量，是读取（引用变量值参加运算），出现在赋值号左侧的变量是写入（变量值发生改变）。

2.4　运算符和表达式

　　运算符是指某种运算的操作符号，由运算符将操作数（常量、变量、函数）连接起来的式子，称为表达式。表达式要按照规定的运算规则进行运算，并会得到一个结果，即表达式的值。单个常量、变量和函数调用也可看成一个表达式。

　　VB 按照运算符的功能将表达式分为：算术表达式、字符串表达式、日期表达式、关系表达式和逻辑表达式。本章只讨论前 3 类，后两类表达式在第 4 章节中介绍。

2.4.1　算术运算

1. 算术运算符

　　VB 提供的算术运算符及功能如表 2.2 所示。

表 2.2　算术运算符

优先次序	运 算 符	功　　能	示　　例	表达式值
1	()	圆括号	5*(1+2)	15
2	^	幂运算	2^3	8
3	-	取负	-6	-6
4	*、/	乘、除	4*5/2	10
5	\	整除	17\5	3
6	Mod	求余数	17 Mod 5	2
7	+、-	加、减	1+2-3	0

　　说明：

① 幂运算（^）用来计算乘方和方根。例如：

```
2 ^ 5          '计算 2 的 5 次方
2 ^ 0.5        '计算 2 的平方根
```

　　② 整除运算（\）的结果为整数，如果操作数带小数，先四舍五入取整后再运算。与除（/）运算的区别如下：

```
1 / 2          '运算结果为0.5
1 \ 2          '运算结果为0
3.5 \ 2        '运算结果为2
```

③ 求余运算（Mod）的结果为两个操作数相除后的余数。如果操作数带小数，先四舍五入取整后再运算。例如：

```
9 Mod 7        '运算结果为2
7 Mod 9        '运算结果为7
12.5 Mod 10    '运算结果为3
```

④ "-" 作为表示负数时是单目运算符，其他都是双目运算符。单目运算符在运算符前没有操作数，在运算符后只有一个操作数。双目运算符在运算符前后都有一个操作数。

2. 算术表达式

算术表达式是由算术运算符将操作数（数值型常量、变量、函数）连接起来的式子，其运算结果为数值型数据。例如，5+3*4/2 的运算结果为 11。

（1）算术表达式的书写规则

VB 算术表达式的书写形式与数学表达式的书写形式是有区别的。例如：

数学表达式	VB 表达式	
b^2-4ac	b*b-4*a*c	'乘号不能省略
$a+\dfrac{b+c}{4ab}$	a+(b+c)/(4*a*b)	'用圆括号帮助限定运算顺序
πr^2	3.14159*r*r	'计算机不识别 π 符号
$1+\dfrac{1}{2}$	1+1/2	'注意/和\的正确应用

（2）算术表达式的运算规则

算术表达式的求值过程遵循数学的运算规则。

① 先计算括号内再计算括号外，多层括号由内向外计算。

② 按运算符的优先级由高到低运算。优先级相同的运算符，按从左到右运算。

③ 参加算术运算的运算对象还可以是数字字符串或逻辑型。系统会自动将数字字符串或逻辑值转换成数值型后再参与运算。转换的原则是：数字符串转换成数值，逻辑型 True 转换成-1，False 转换成 0。例如，表达式 "False + 5 - "2"" 的结果为 3。

【例 2.2】　表达式值的求解。

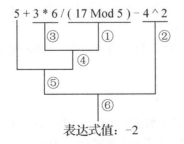

表达式值：-2

2.4.2　字符串运算

VB 提供的字符串运算只有 "&" 和 "+" 两种，实现将两个字符串连接起来。"+" 作为字符串运算符，要求运算对象均为字符型，否则出错或按算术加法进行运算。而"&"运算符两侧运算对象无论是否是字符串，都可以正常连接，"&"和运算对象之间必须有一个空格。例如：

```
"12" & "34"          '表达式值为"1234"
"12" + "34"          '表达式值为"1234"
12 & "34"            '表达式值为"1234"
12 + "34"            '表达式值为 46
12 & 34              '表达式值为"1234"
"Hi" & 12            '表达式值为"Hi12"
"Hi" + 12            '出现类型不匹配的错误
```

2.4.3　日期运算

VB 提供的日期运算符只有"+"和"-"两种，日期表达式有如下 3 种格式：

① 两个日期值相减得一个整数值，表示两个日期相差的天数。

② 日期值加整数得一个日期值。

③ 日期值减整数得一个日期值。

除这 3 种格式外，不能对日期型数据进行其他运算。例如：

```
#3/8/2020# - # 3/4/2020#     '表达式值为 4
#3/8/2020# + 2               '表达式值为#3/10/2020#
#3/8/2020# - 2               '表达式值为#3/6/2020#
```

2.5　VB 常用内部函数

函数是采用一段程序实现一种特定功能的运算。在程序中使用函数，有助于提高编程效率和增强程序可读性。

VB 函数有两类：内部函数和用户自定义函数。内部函数是 VB 提供的系统函数，在程序中要使用一个内部函数时，不必关心函数内部的处理过程，只要给出函数名并给出一个或多个参数，就能得到它的函数值。用户自定义函数是用户根据需要自行编写的一段程序，编写好的函数使用方法同内部函数，将在第 7 章中介绍。

在程序中使用函数称为函数的调用，函数调用格式如下：

```
函数名(参数表)
```

说明：

① 参数又称自变量，若有多个参数，以逗号分隔；若函数不带参数，"(参数表)"可省略。调用时需要注意参数顺序、个数及其类型。

② 函数调用后都有一个运算结果，即函数返回值，简称函数值。学习时要注意函数值的数据类型。例如：

```
y=Sqr(16)
```

其中，Sqr 是内部函数名，16 是参加函数运算的参数。该语句是调用内部函数 Sqr 求 16 的算术平方根，函数值为 4 且类型是数值型，并将函数值赋值给变量 y。

VB 提供了大量的内部函数，包括算术函数、字符函数、日期与时间函数和类型转换函数等。

2.5.1　数学函数

数学函数主要用于完成数学运算，常用的数学函数如表 2.3 所示。为便于表示函数中参数的类型，约定 x 表示浮点型表达式，n 表示整型表达式。

表 2.3　常用数学函数

函 数 名	功　　能	函数值类型	示　　例	函 数 值
Abs(x)	x 的绝对值	与 x 相同	Abs(-4.6)	4.6
Sqr(x)	x 的平方根	Double	Sqr(9)	3
Sin(x)	x 的正弦值	Double	Sin(0)	0
Cos(x)	x 的余弦值	Double	Cos(0)	1
Int(x)	求不大于 x 的最大整数	Integer	Int(99.8) Int(-99.8)	99 −100
Fix(x)	取 x 的整数	Integer	Fix(99.8) Fix(-99.8)	99 −99
Round(x,[n])	对 x 四舍五入，n 指定保留的小数位数	Double	Round(345.679, 1) Round(345.679)	345.7 346
Rnd[(x)]	产生一个 0～1 间的随机小数	Double	Rnd*10+5	5～15 之间的小数

说明：

① 在三角函数中，参数以弧度表示。

② Rnd 函数常和 Int 函数配合使用，可以产生任意范围的随机整数。产生[a，b]范围内的随机整数的表达式如下：

```
Int((b-a+1)*Rnd+a)
```

例如：产生 20～50 之间的随机整数的表达式为：Int(31*Rnd+20)

为使每次运行产生不同序列的随机数，需先使用 Randomize 语句。

【例 2.3】　产生 2 位随机整数，将其和显示在窗体上。

编写的窗体单击事件过程代码如下：

```
Private Sub Form_Click()
  Dim a As Integer, b As Integer, c As Integer
  Randomize
  a = Int(90 * Rnd + 10)          '产生 10～99 之间的随机整数
  b = Int(90 * Rnd + 10)          '产生 10～99 之间的随机整数
  c = a + b
  Print a & "+" & b & "=" & c
End Sub
```

运行程序后单击窗体，输出的结果如下：

```
44+53=97
```

再次运行程序后单击窗体，可得到另一组的输出结果：

```
66+48=114
```

2.5.2 字符串函数

字符串函数用来完成对字符串的操作和处理，常用的字符串函数如表 2.4 所示。

表 2.4   常用字符串函数

函 数 名	功 能	示 例	函 数 值
Len(字符串)	求字符串长度	Len("ABCDE") Len("中国长城")	5 4
Left(字符串, n)	取出字符串左边的 n 个字符	Left ("ABCDE", 3)	"ABC"
Right(字符串, n)	取出字符串右边的 n 个字符	Right ("ABCDE", 3)	"CDE"
Mid(字符串, m [, n])	从字符串的第 m 个位置开始取出连续的 n 个字符。若 n 省略，则取到字符串最后一个字符	Mid ("ABCDE", 2, 3) Mid ("Welcome", 4)	"BCD" "come"
LTrim(字符串)	删除字符串左边的空格	LTrim(" AB ")	"AB "
RTrim(字符串)	删除字符串右边的空格	RTrim(" AB ")	" AB"
Trim(字符串)	删除字符串左右两边的空格	Trim(" AB ")	"AB"
String(n, 字符串)	生成 n 个由字符串首字符组成的字符串	String(4 , "*") String(4 , "Visual")	"****" "VVVV"
Space(n)	生成 n 个由空格构成的字符串	Space(4)	" "
UCase(字符串)	将字符串中小写字母改成大写字母	UCase ("AbCd")	"ABCD"
LCase(字符串)	将字符串中大写字母改成小写字母	LCase ("AbCd")	"abcd"
Instr([n,]字符串 1, 字符串 2[, M])	返回"字符串 2"在"字符串 1"中首次出现的位置（从 n 开始查找，默认为 1），若没有返回为 0；参数 M 为 0（默认）或为 1，控制区分或不区分大小写	Instr("ABabcab", "ab") Instr("ABabc", "ac") Instr("ABabc", "ab",1) Instr(5, "ABabcab", "ab")	3 0 1 6

说明：除了 Len()函数、Instr()函数类型是 Integer，其它函数的函数类型都是 String。

【例 2.4】 使用字符串函数示例。

编写的窗体单击事件过程代码如下：

```
Private Sub Form_Click()
    a$ = "Visual Basic Programming"
    b$ = "C++"
    c$ = UCase(Left (a, 7)) & b & Right (a, 12)
    Print c
End Sub
```

程序运行单击窗体，输出的结果如下：

```
VISUAL C++ Programming
```

2.5.3 日期/时间函数

日期/时间函数用于进行日期和时间处理。常用的日期/时间函数如表 2.5 所示。

表 2.5　常用日期/时间函数

函 数 名	功 能	函数值类型	示 例	函 数 值
Date	返回计算机系统的当前日期	Date	Date	2019/04/08
Now	返回计算机系统的当前日期和时间	Date	Now	2019/04/08 16:30:17
Time	返回计算机系统的当前时间	Date	Time	16:30:17
Year(日期)	返回指定日期中的年值	Integer	Year(#3/12/2019#)	2019
Month(日期)	返回指定日期中的月份	Integer	Month(#3/12/2019#)	3
Day(日期)	返回指定日期中的日期值	Integer	Day(#3/12/2019#)	12
Hour(时间)	返回指定时间的小时值	Integer	Hour(#8:12:27 PM#)	20
Minute(时间)	返回指定时间的分钟值	Integer	Minute(#8:12:27 PM#)	12
Second(时间)	返回指定时间的秒值	Integer	Second(#8:12:27 PM#)	27

2.5.4　类型转换函数

VB 提供了大量的转换函数，用于将一个表达式转换成某种特定的数据类型。除了前面介绍过的函数，如 Int()函数、Fix()函数等之外，还提供了字符与 ASCII 码之间的转换函数、数值与字符之间的转换函数等。

（1）字符与 ASCII 码之间的转换函数

用于实现字符和 ASCII 码值之间的转换，如表 2.6 所示。

表 2.6　ASCII 码转换函数

函 数 名	功 能	函数值类型	示 例	函 数 值
Asc(字符串)	求字符串首字符的 ASCII 值	Integer	Asc("A") Asc("abc")	65 97
Chr(n)	求出 n 对应的字符	String	Chr(65)	"A"

说明：

① 各种类型字符的 ASCII 码值，参见表 2.7。

表 2.7　字符 ASCII

字 符 类 别	十进制 ASCII 码值
控制字符	小于 32
数字字符 "0" 到 "9"	48～57
大写英文字母 "A" 到 "Z"	65～91
小写英文字母 "a" 到 "z"	97～123
其他字符	除上述值外的其他值

② Chr()和 Asc()互为反函数，即 Chr(Asc())、Asc(Chr())的结果还是原来各自自变量的值。例如，Chr(Asc("A"))的结果还是"A"，而 Asc(Chr(65))的结果还是 65。

③ 字符串中回车换行符用 Chr(13) 、Chr(10)表示。例如：

```
"中国" + Chr(13) + Chr(10) + "长城"
```

其中，Chr(13)是回车符，Chr(10)是换行符，Chr(13) + Chr(10)是回车/换行组合符。回车换行符也可以使用系统预定义的符号常量 vbCrLf 表示。例如：

```
"中国" + vbCrLf + "长城"
```

（2）数值型和字符型之间的转换函数

实现字符型和数值型之间类型的转换，如表 2.8 所示。

表 2.8 数值型和字符型之间转换函数

函 数 名	功 能	函数值类型	示 例	函 数 值
Val(字符串)	将数字字符串转换为数值	Double	Val("13")	13
Str(n)	将数值 n 转换成数字字符串	String	Str(34)	" 34"

说明：

① Val()函数将字符串转换为数值时，先删除字符串中的空格，然后按如下原则转换：

● 字符串是由符合 VB 数值书写规则的数值字符串，则转换成相应的数值。

● 字符串是由非数字字符开头，则转换为 0。

● 字符串由数字字符开头，且混有非数字字符时，则转换到第一个非数字字符。

例如：

```
Val("12.34")          '函数值为12.34
Val("VB6.0")          '函数值为0
Val("123VB12")        '函数值为123
Val("1.2e2")          '1.2e2 是合法的单精度指数形式的常量，函数值为120
```

② Str()函数将非负数转换成字符串时，会在转换后的字符串首位增加 1 个空格。例如：

```
Str(-12)              '函数值为"-12"
Str(12)               '函数值为"□12"，□表示空格
```

2.5.5 其他实用函数

1. Format 函数

Format 函数可以将数值、日期或字符串按指定的格式输出。其调用格式如下：

```
Format(表达式[, 格式字符串])
```

其中，"表达式"指定要格式化的数值、日期或字符串表达式；"格式字符串"指定表达式值的输出格式，若省略这个参数，则 Format 函数的功能与 Str 函数基本相同，唯一不同的是将正整数转换成字符串时，前面不留空格。

格式字符串中包含的格式字符有 3 类：数值格式、日期格式和字符串格式，常用的格式字符如表 2.9 所示。

表 2.9 "格式字符串"中常用符号及含义

符 号	功 能	示 例	函 数 值
0	数字占位符，显示一位数字或零（不足补 0）	Format(5, "00")	"05"
#	数字占位符，显示一位数字或什么都不显示（不足不补 0）	Format(5, "##")	"5"

续表

符　号	功　　能	示　　例	函　数　值
@	数字位数小于符号位数时，字符串前加空格	Format(5, "@@@")	"　5"
.	设置小数点	Format(5, "##.0")	"5.0"
%	表示以百分比显示数值数据	Format(0.5, "0.00%")	"50.00%"
,	设置千位分隔	Format(1234, "###,#")	"1,234"
-、+、$ (、)、空格	显示指定的字符	Format(3245.5, "$#,##0.00")	"$3,245.50"
y、m、d	用来显示年份、月份、日期	Format(Now, "yyyy-mm-dd") Format(Date, "yyyy 年 mm 月 dd 日")	"2019-04-09" "2019 年 04 月 09 日"
h、m、s	用于显示小时、分钟、秒		
AM/PM	表示 12 小时制	Format(Now, "h:m:s AM/PM")	"12:15:47 PM"

【例 2.5】 使用 Format 函数示例。

编写如下事件过程代码，使用 Print 方法和 Format 函数将指定的数据按指定的格式显示在窗体上。

```
Private Sub Form_Click()
    a = 4513.7: b = 4513.755
    Print Tab(5); "a"; Tab(30); "b"
    Print "=========================================="
    Print Tab(5); Format(a, "#,#.##"); Tab(30); Format(b, "#,#.##")
    Print Tab(5); Format(a, "#,#.00"); Tab(30); Format(b, "#,#.00")
    Print "=========================================="
    Print Tab(5); Format(a, "00000,0.00")
End Sub
```

运行程序单击窗体，显示的结果如图 2.2 所示。

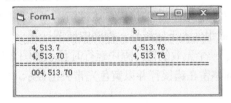

图 2.2　例 2.5 运行结果

2. IsNumeric 函数

若要判断表达式的运算结果是否为数字，则可以使用 IsNumeric 函数。其调用格式如下：

```
IsNumeric(表达式)
```

其中，"表达式"可以是任何类型，函数值为 True 或 False 指明"表达式"的值是否为数字。
例如：

```
a = 4513.7: b = "12": c = "123a"
Print IsNumeric(a)              '显示 True
Print IsNumeric(b)              '显示 True
Print IsNumeric(c)              '显示 False
```

2.6　错误类型和程序调试

程序运行时，几乎总是会包含许多错误。这些错误既可能是设计上的，也有可能是编码上的，所以必须发现并改正错误。发现和改正程序错误的过程就叫调试。

2.6.1　错误类型

VB 在程序调试中可能遇到的错误分为编译错误、运行错误和逻辑错误。

1．编译错误

编译错误是指在程序编译过程中出现的错误。这类错误是由于书写代码时违反了 VB 语法规则而产生的，也称为语法错误。如关键字写错、使用了中文标点符号、括号不匹配等。

VB 提供了自动语法检测功能，帮助用户发现此类错误。例如，用户输入中文标点符号后输入回车，系统显示如图 2.3 所示的信息框，并会指出错误的原因，并将错误行以红色字体标识。

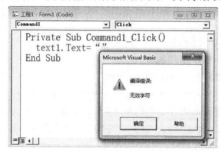

图 2.3　自动语法检测

2．运行错误

运行错误是指 VB 程序运行过程中发生的错误。这类错误主要是程序代码执行了非法操作而产生的，如除法运算中除数为零，数组元素下标越界，程序中试图打开一个不存在的文件等。例如，给文本框控件的 FontName 属性赋了一个无效的值，程序运行时显示如图 2.4 所示的对话框。单击"调试"按钮，VB 进入中断模式，光标停留在错误行并以黄色光带突出显示，如图 2.5 所示，此时允许用户修改程序代码。

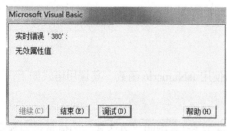

图 2.4　运行时显示的错误对话框

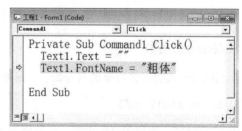

图 2.5　标识错误行

3．逻辑错误

程序运行结束得不到预期的结果，说明程序存在逻辑错误。主要是总体逻辑思路和算法方面出现的问题。例如，语句的顺序不对，在一个算术表达式中，把乘号"*"写成了加号"+"，条件语句的条件写错，循环次数计算错误等。

调试程序过程中所花的大部分时间和精力都在逻辑错误上。通常这类错误很难查找，可以借助 VB 提供的调试工具，主要通过设置断点、查看变量的值、逐行执行等跟踪手段来分析和定位逻辑错误。

2.6.2　程序调试

1. VB 程序工作模式

VB 有以下 3 种工作模式，在主窗口的标题栏上会显示当前的工作模式。

设计模式：可以设计窗体、绘制控件、设置控件属性及编写程序代码等。

运行模式：运行应用程序就进入到运行工作模式。在该模式下，用户可以与应用程序交互，查看代码但不能编辑代码，也不能编辑界面。

中断模式：运行中的应用程序暂时中断时就进入到此模式。可查看各变量的当前值，从而了解程序是否正常执行，此时可以编辑代码但不能编辑界面。

2. VB 调试工具

VB 提供了一组调试工具帮助用户排查程序中的逻辑错误，如设置断点、逐条语句执行程序、设置监视窗口等。

在运行程序之前，在一行上或几行上设置断点，程序运行到断点处时会停下来（设置了断点的语句并没有执行），程序进入中断模式，用户即可从多方面来研究操纵程序。例如：

- 显示变量表达式的值；
- 在"监视"窗口中设定一个表达式，观察它们的值是怎样变化的；
- 逐条语句运行程序；
- 继续运行到下一个断点。

下面通过一个例子来说明程序的调试过程和方法。

【例 2.6】　在窗体上显示一个 3 位整数的倒序。例如，如果整数是 157，则在窗体上显示 751。编写程序代码如下：

```
Private Sub Form_Click()
  Dim x As Integer, y As Integer
  Dim a As Integer, b As Integer, c As Integer
  x = 157
  a = x Mod 10                  '分离个位
  b = x / 10 Mod 10             '分离十位
  c = x / 100                   '分离百位
  y = a * 100 + b * 10 + c      '组合新的 3 位数
  Print x; "的倒序值是"; y
End Sub
```

运行程序单击窗体，在窗体上显示 762，明显程序结果不正确。需要调试程序找到其中的逻辑错误，则可按以下步骤进行。

① 设置断点

通过设置断点可以使程序运行到关键的语句处停下，查看变量的值或程序的运行顺序。

本例中可能出现错误的地方是分离 3 位整数时变量 a、b 和 c 的值不正确。所以，为了了解这 3 个变量值的情况，可将断点设置在如图 2.6 所示的语句行。

设置断点的方法：在代码窗口，将光标定位到要设置断点的语句，按下 F9 键，或用鼠标单击语句左侧窗体的边框位置，被设置了断点的代码行粗体并突出显示。

② 重新运行程序

设置断点后重新运行程序。程序运行时单击窗体，执行 Form_Click 事件过程代码。执行到设置断点的语句处，程序暂停，VB 切换到中断模式。在代码窗口只要将鼠标指针停留在要查看的变量上，在弹出的小方框中显示该变量的当前值。

本例中，将鼠标指针停留在 a 变量上，显示变量的当前值为 7，说明分离出的个位是正确的；将鼠标指针停留在 b 变量上，显示变量的当前值为 6（参看图 2.6），说明分离出十位的表达式出现错误。经分析应该将除（/）改成整除（\）。同理，取百位赋值给 c 的运算，将除（/）改成整除（\）。

③ 逐条语句调试

逐条语句调试也就是逐个语句执行程序，也称为单步执行。使用逐条语句运行程序可以查看程序的运行顺序和变量的值，也可以修改程序。

若要继续跟踪断点以后语句的执行情况，只要执行"调试"→"逐语句"菜单命令，或单击调试工具栏上的"逐语句"按钮，或按 F8 键即可进行逐语句执行程序，当前要执行的语句前有黄色箭头标记，语句行以黄色突出显示，参看图 2.6 所示。逐条语句执行程序，程序进入中断模式。

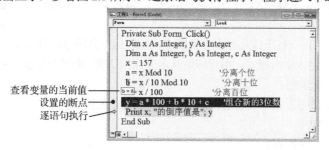

图 2.6　查看变量、设置断点和逐条语句执行

④ 取消断点

修改程序代码中的错误后再次运行程序，查看变量 b 和 c 的值正确后，就可以取消断点。

取消断点的方法是：将光标定位到设置了断点的语句，再使用和设置断点同样的操作即可。

⑤ 结束程序调试

单击工具栏上的"结束"按钮 ■，结束程序的中断模式。

除了采用以上的方法之外，还可以通过"立即窗口"、"监视窗口"和"本地窗口"显示程序运行中的变量值。

立即窗口：在程序代码中如果使用"Debug.Print 变量"的语句，变量的值将显示在"立即窗口"中，或在"立即窗口"中输入"?a"，则将 a 的当前值显示在窗口中。

监视窗口：使用该窗口可以同时查看多个变量及属性值的变化情况。添加监视可以通过"调试"→"添加监视"菜单命令，在出现的对话框中添加要监视的变量。

本地窗口：使用该窗口可以显示当前过程中所有变量的值。通过执行"视图"→"本地窗口"菜单命令，或单击"调试"工具栏上的"本地窗口"按钮，可以打开"本地窗口"。本例打开的"本地窗口"如图 2.7 所示。

在逐条语句执行时，这 3 个窗口里的变量会随着单步执行动态显示其当前值。

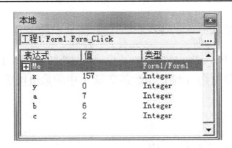

图 2.7 "本地窗口"显示各变量当前值

在调试程序中，一般通过设置断点和逐条语句执行相结合查找程序中出现的逻辑错误。要掌握调试程序的方法和技巧，需要不断实践逐步摸索。

习　题　2

一、单选题

1. 以下合法的 VB 变量名是（　　）。

A. 2xy　　　　　　　　B. x2　　　　　　　　C. "x"　　　　　　　　D. x-y

2. 关于 VB 中数的表示，以下叙述中正确的是（　　）。

A. 只有整型数在允许范围内能精确无误的表示，实型数会有误差

B. 只要在允许范围内整型数和实型数都能精确的表示

C. 只有实型数在允许范围内能精确无误的表示，整型数会有误差

D. 只有用八进制表示的数才不会有误差

3. 以下选项中合法的常量是（　　）。

A. E04　　　　　　　　B. 1.234E　　　　　　C. 1.234E+4　　　　　D. 1.234E0.4

4. 使用变量 x 存放数据 123456，应该将 x 声明的类型是（　　）。

A. Long　　　　　　　B. Integer　　　　　　C. Byte　　　　　　　D. int

5. 执行语句 Dim X, Y As Integer 后（　　）。

A. X 和 Y 均被定义为整型变量

B. X 和 Y 被定义为变体类型变量

C. X 被定义为整型变量，Y 被定义为变体类型变量

D. X 被定义为变体类型变量，Y 被定义为整型变量

6. 设有下面的事件过程：

```
Private Sub Command1_Click()
  Dim c
  a% = b + 100
  Print a
End Sub
```

其中变量 a、b 和 c 的数据类型分别是（　　）。

A. 整型、整型和变体型　　　　　　　　　B. 都是变体型

C. 整型、变体型和变体型　　　　　　　　D. 都是整型

7. 以下不能正确表示代数式 $\dfrac{2ab}{cd}$ 的 VB 表达式是（   ）。

A. 2*a*b/c/d   B. a*b/c/d*2   C. a/c/d*b*2   D. 2*a*b/c*d

8. 以下程序段功能是：将值为 3 位正整数的变量 x 中的数值按照个位、十位、百位的顺序拆开并输出。

```
x = 256
Print x Mod 10,_____, x \ 100
```

则在下画线处应该填写的内容是（   ）。

A. x Mod 10 \ 10   B. x \ 10 Mod 10   C. x / 10 Mod 10   D. x Mod 10 / 10

9. 设变量 A 的值为-2，则函数 Val ("A")的值为（   ）。

A. -2   B. 2   C. A   D. 0

10. 变量 S 中存储了一串字符（长度大于 2），去掉该字符串头尾各一个字符并显示在文本框 Text1 中，正确的语句是（   ）。

A. Text1.Text = Right(S, Len(S) - 2)   B. Text1.Text = Mid(S, Len(S) – 2, 2)

C. Text1.Caption = Mid(S, 2, Len(S) - 2)   D. Text1.Text = Mid(S, 2, Len(S) - 2)

11. 执行以下程序后输出的是（   ）。

```
Private Sub Command1_Click()
    ch$ = "AABCDEFGH"
    Print Mid(Right(ch, 6), Len(Left(ch, 4)), 2)
End Sub
```

A. CDEFGH   B. ABCD   C. FG   D. AB

12. 执行以下程序段后，变量 c 的值为（   ）。

```
a$ = "Visual Basic Programming"
b$ = "Quick"
c$ = b & UCase(Mid(a, 7, 6)) & Right(a, 12)
```

A. Visual Basic Programming   B. Visual BASIC programming

C. Quick Basic Programming   D. Quick BASIC Programming

13. 产生[10,37]之间随机整数的表达式是（   ）。

A. Int(Rnd * 27) + 10   B. Int(Rnd * 28) + 10

C. Int(Rnd * 27) + 11   D. Int(Rnd * 28) + 11

14. 如果有个变量，可能会存放数值数据或字符串数据，此时可以声明该变量为（   ）。

A. 整型   B. 单精度型   C. 变体型   D. 无法确定

15. 以下表达式的结果不是日期型的是（   ）。

A. #12/3/2020# + 3   B. Date - 3

C. #12/3/2020# - #12/3/2019#   D. Date + Year(Date) - Year(#3/23/2000#)

二、填空题

1. 写出下列数学表达式对应的 VB 表达式。

（1） $|x + y| + 2xy^2$ 对应的 VB 表达式是_____。

（2） $\dfrac{-b+\sqrt{b^2-4ac}}{2a}$ 对应的 VB 表达式是_____。

（3） $\sqrt[3]{\dfrac{a+ab}{a-b}}$ 对应的 VB 表达式是_____。

（4） $a^4-\dfrac{3ab}{3+a}$ 对应的 VB 表达式是_____。

2．确定下列表达式或函数的值。

（1） 5 Mod 3 + 3 \ 5 * 2 的值是_____。

（2） Val("16 2.3Year2018") - Val("1.2e2")的值是_____。

（3） 23 & "12" + 45 的值是_____。

（4） 若有 a = 1.2，则表达式 Len(Str(a) + Space(2) + "78")的值是_____。

（5） Abs(-5) + Len("ABCDE")的值是_____。

（6） 设 a$ = "首都北京"，b$ = "Beijing"，则表达式 Left(a, 2) + String(3, "-") + Left(b, 8)的值是_____。

（7） Format(Int(12345.6789 * 100 + 0.5) / 100, "00000,0.00")的值是_____。

（8） 设 x = 3.5, y = 4.5，表达式 x - Int(x) + Fix(y)的值是_____。

（9） 设 a$ = "BeijingShanghai"，则 Mid(a, InStr(a, "g") + 1)的值是_____。

（10） 若 x = 10，y = 20，则"x * y = " & x & " * " & y & " = " & x * y 的值是_____。

3．试确定下列数据的数据类型，并写出一个实例常量。

（1） 一个月的天数_____；实例常量为：_____。

（2） 学生成绩的平均值_____；实例常量为：_____。

（3） 胶州湾海底隧道的长度_____；实例常量为_____。

（4） 是否是党员_____；实例常量为：_____。

（5） 你的姓名_____；实例常量为：_____。

（6） 你的出生年月_____；实例常量为：_____。

第3章 顺序结构

顺序结构是结构化程序设计方法中最简单的基本结构，它不需要专门的语句来控制流程，而是按照语句在程序中出现的先后顺序逐条执行。

3.1 程序的基本结构

1. 程序和程序设计的概念

程序是各种命令的有序集合，能够完成一定功能，并输出结果。程序设计是为完成一个具体任务而编写程序的过程。程序设计的一般过程是：

① 分析需求，了解清楚程序应该具有的功能。

② 设计算法，根据功能需求，写出完成功能的具体步骤和流程。其中每一步都应当是简单的、确定的，这一步也被称为"逻辑编程"。

③ 编写程序，根据前一步设计的算法，编写符合 VB 语言规则的程序文本。

④ 运行调试程序，直到满足程序功能。

2. 三种基本结构

利用 VB 开发应用程序一般包括两个方面：一是设计应用程序界面；二是编写程序代码解决具体问题。VB 将结构化程序设计与面向对象程序设计结合在一起，使用各种控件对象设计界面，在事件过程中采用结构化程序设计方法的三种基本结构（顺序结构、选择结构和循环结构）来控制执行流程，三种基本结构的流程图如图 3.1 所示。

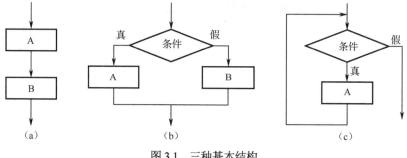

图 3.1　三种基本结构

顺序结构如图 3.1（a）所示，程序按语句的书写顺序依次执行，先执行 A，再执行 B。

选择结构如图 3.1（b）所示，根据条件是否成立在两条程序路径中选择一条执行。条件成立执行 A，不成立执行 B。

循环结构如图 3.1（c）所示，根据指定条件是否成立，控制循环体中的语句序列 A 是否需要重复执行，直到条件不成立结束循环。

各种复杂的程序都是由若干这样三种基本结构组成，使得程序结构清晰，易读性强，也易于查错和排错。

3.2 VB 中的语句

语句是执行具体操作的指令，程序就是由一行一行的语句组成的。VB 中语句一般包含说明性语句（如声明变量）、赋值语句、选择语句、循环语句、注释语句等。

在这一节中，将介绍 VB 的赋值语句、注释语句、暂停语句和结束语句，其他语句将在后续章节中介绍。

3.2.1 赋值语句

赋值语句用于对变量赋值或对控件设定属性值，是形式最简单，使用最频繁的语句。赋值语句的格式如下：

```
变量名=表达式
```

或

```
对象名.属性名=表达式
```

赋值语句的作用是先计算赋值号 "=" 右侧表达式的值，再将其存放到左边变量所标识的存储单元中，或改变对象的属性值。例如：

```
x = 10
Text1.Text = "Hello"
```

以上第一条语句的功能是将 10 赋值给变量 x，变量 x 的值为 10；第二条语句是设置文本框 Text1 的属性 Text 为 "Hello"，执行到该语句后，文本框 Text1 中显示字符串 "Hello"（不显示定界符）。

说明：

① 赋值号 "=" 的左侧必须是变量或对象的属性，右侧的表达式可以是单一的常量、变量、函数调用或表达式。例如：

```
x = 3
y = x + 10
y = Sqr(2)
```

② 变量（或对象属性）出现在赋值号 "=" 右侧，是读取变量（或对象属性）的值参加运算，变量（或对象属性）值不会改变；若出现在赋值号 "=" 左侧，则是改变变量（或对象属性）的值。例如：

```
x = 5
b = 3
x = x + b - 1
```

执行到第 3 条语句时，读取变量 x 和 b 的值参加运算，将计算结果赋值给 x，x 的值改变为 7，而变量 b 的值仍然为 3 保持不变。如果要将命令按钮对象 Command1 右移一段距离，则可以使用以下赋值语句：

```
Command1.Left = Command1.Left + 100
```

③ 赋值号 "=" 不同于数学中使用的等号，它没有相等的含义。例如：

```
x = 10
x = x + 1
```

执行第一条赋值语句，变量 x 的值为 10；执行到第二条语句，则读取 x 的值加 1 后，再存入变量 x 中，x 的值改变为 11。

④ 赋值号两侧的数据类型应该一致，即同时为数值型或同时为字符型。例如：

```
Dim x As Integer, y As String
x = 45                          '同为数值型
y = "welcome"                   '同为字符型
x = "welcome"                   '出错，不能把字符串赋值给整型变量
```

对象的属性也具有不同的数据类型，赋值时，一定要注意赋值号"="两侧的数据类型要一致。例如：

```
Form1.Caption = "OK"
Form1.Top = 0
Text1.Visible = False
```

但对于某些情况，当赋值号"="两侧类型不一致时，VB 能够自动转换。转换原则是：把赋值号"="右侧表达式值的类型强制转换为左侧变量的类型，然后再进行赋值。这种自动转换主要在整型和实型、数值和数值字符串、数值型和逻辑型之间进行。例如：

```
Dim x As Double, y As Integer
Dim s As String, a As Integer
x = 6                           '将整数 6 转换为实数赋值给变量 x，x 的值为 6.0
y = 2.7                         '将实数 2.7 转换为整数赋值给变量 y，y 的值为 3
s = 123                         '将数值 123 转换为字符串赋值给变量 s，s 的值为"123"
a = "123"                       '将数值字符串"123"转换为整数赋值给变量 a，a 的值为 123
```

若将逻辑型数据转换成数值型，则 True 转换为-1，False 转换为 0；反之，非 0 数值转换为 True，数值 0 转换为 False。

【例 3.1】　随机生成 2 个两位的整数值分别保存到变量 a 和 b 中，交换 a 和 b 的值并输出。

分析：定义 3 个整型变量 a，b 和 t。a 和 b 两个变量分别存储两个整数，这两个整数由随机函数 Rnd 生成。

交换 a 和 b 中值的方法是：首先将 a 中的值用临时变量 t 保存起来（在此可通过赋值语句"t=a"来实现），然后将 b 的值赋给 a（即"a=b"），再把保存在临时变量 t 中的值赋给 b（即"b=t"）。

编写窗体单击事件过程代码如下：

```
Private Sub Form_Click()
  Dim a As Integer, b As Integer, t As Integer
  a = Int(90 * Rnd + 10)
  b = Int(90 * Rnd + 10)
  Print " a 和 b 的初值是: ", a, b
  t = a
  a = b
  b = t
  Print " a 和 b 交换后的值是: ", a, b
End Sub
```

运行程序单击窗体，输出的结果是：

```
a 和 b 的初值是：73  54
a 和 b 交换后的值是：54  73
```

3.2.2　注释、结束和暂停语句

（1）注释语句

注释语句用于在代码中添加注释文本。代码中的注释并不会运行，只是为了方便开发者，提高程序的可读性。VB 提供两种方法添加注释，注释语句格式如下：

```
Rem 注释内容
```

或

```
'注释内容
```

例如：

```
Rem 显示两数之和
Private Sub Command1_Click()
  Dim a As Integer, b As Integer
  a = 15: b = 25
  Label1.Caption = a + b          '在标签上显示两数之和
End Sub
```

说明：

① 整行注释一般以 Rem 开头。

② 用单引号（'）引导的注释，既可以是单独一行的，也可以直接放在语句的后面。

③ 注释内容可以是任何字符（包括中文字符）。

（2）结束语句

结束语句用于在代码中结束程序的执行，语句格式如下：

```
End
```

例如：

```
Private Sub Command1_Click()
  End
End Sub
```

程序运行，单击命令按钮 Command1，结束程序的运行。

（3）暂停语句

暂停语句用于在代码中暂停程序的执行，使得程序进入中断模式，以便对程序进行检查和调试，语句格式如下：

```
Stop
```

3.2.3　语句书写规则

书写 VB 程序时应遵守相应的书写规则，不仅应该满足 VB 的语法要求，同时还应该使程序具有良好的可读性。在书写语句时，应遵守如下规则：

① 一般是一行写一条语句。若在一行书写多条语句，语句之间用冒号（:）分隔。

② 一条语句可以分多行书写，需要在除最后一行之外，其余行的行尾加续行符（空格和下画线"_"），续行符后面不能加注释。

例如：

```
a = 23                              '一行一条语句
x=4 : y=23                          '一行两条语句
'以下一条语句分两行书写
Print Text1.Text & Text2.Text _
          & Text3.Text
```

③ 书写语句时，应尽可能采用缩进格式，这样可以使代码结构清晰，方便理解和修改。例如：

```
Private Sub Command1_Click()
  a = 23: b = 47
  If a > b Then
    Print a
  Else
    Print b
  End If
End Sub
```

④ 语句中所使用的标点和特殊符号，如逗号（,）、分号（;）、冒号（:）、双引号（"）等必须是英文状态下的半角符号，不能使用中文标点符号和全角符号。

3.3　窗体和基本控件

Windows 应用程序一般由若干个窗体构成其主要界面，每个窗体又包含若干各种不同的控件对象（简称控件）。控件是窗体上和用户交互和显示信息的重要元素，只有掌握控件的属性、事件和方法，才能编写具有实用价值的应用程序。

本节主要介绍窗体和最基本控件的使用。

3.3.1　窗体和控件的基本属性

窗体和控件是 VB 中的对象，具有属性、方法和事件，以便控制控件（或窗体）的外观和行为。不同的控件有不同的属性，也有相同的属性。为了便于读者熟悉和使用，本节介绍的基本属性是窗体和大部分控件所具有的，后续章节中介绍各个控件的具体应用时，就不再重提这些基本属性了。

1. Name 属性

指定控件（或窗体）的名称。对象名称是在程序代码中用来标识一个控件（或窗体）的，是所有对象都具有的属性。系统为每个创建的对象提供一个默认的名称，如 Form1、Text1、Command1 等。

Name 是只读属性，如果需要修改对象的名称只能在属性窗口中设置，不能在程序代码中对其改变。

注意：在属性窗口中，Name 属性通常作为第一个属性条，并写作"（名称）"。

2. Caption 属性

指定显示在控件上的文本内容，默认值是控件的默认名称。该属性既可通过属性窗口设置，也可以在事件过程中通过程序代码设置。例如：

```
Form1.Caption = "Welcome"
Command1.Caption = "OK"
```

执行以上代码时，窗体（名称为 Form1）标题栏上的文本被改变为"Welcome"，命令按钮（名称为 Command1）标题文本被改变为"OK"。

注意：在属性窗口设置 Caption 属性值时，不用键入定界符（""）。

3. 设置控件颜色的属性

主要有 BackColor 属性和 ForeColor 属性，BackColor 属性指定控件的背景色，ForeColor 属性指定显示在控件上文本的颜色。

在属性窗口，通过单击属性右侧下拉按钮 ▾|，在打开的调色板选项卡中选取要设置的颜色。

在程序代码中，通常可通过 3 种方式设置颜色属性。

① 使用 RGB 函数。RGB 函数生成的颜色是由红、绿、蓝这 3 种颜色的不同比例值调和而成，函数调用的一般格式为：

```
RGB(参数1，参数2，参数3)
```

其中，参数 1、参数 2、参数 3 分别指定颜色中红色、绿色和蓝色的部分，取值范围都是 0~255 之间的整数。例如：

```
Form1.BackColor = RGB(255, 0, 0)       '设置窗体背景色为红色
```

② 颜色也可以用 QBColor 函数来表示。QBColor 函数调用格式为：

```
QBColor(颜色参数)
```

其中，颜色参数取值 0~15，每个整数值代表一种具体的颜色。例如：

```
Form1.BackColor = QBColor(12)       '设置窗体背景色为红色
```

③ 使用 VB 预定义表示颜色的常量。例如：

```
Form1.BackColor = vbRed             '设置窗体背景色为红色
```

4. 设置控件位置大小的属性

Height（高）、Width（宽）、Left（左边）和 Top（顶）4 个属性决定了控件的大小和位置，单位是 Twip（缇，1 厘米=567 缇）。Top 和 Left 表示控件左上角到窗体顶部和左边的距离。对于窗体来说 Top 和 Left 表示窗体左上角到屏幕顶部和左边的距离。VB 使用的坐标系统中，默认的坐标原点（0,0）在窗体的左上角，它们之间的关系如图 3.2 所示。

例如：

```
Form1.Top = 0
Form1.Left = 0
Command1.Width = Command1.Width + 200
```

执行以上代码时，窗体 Form1 移到屏幕的左上角，命令按钮 Command1 的宽度扩大了 200 点。

5. 设置控件字体的属性

Font 属性用于设定控件上字体的样式，通过在属性窗口该属性右侧单击 按钮，在打开的"字体"

对话框设置控件上文字的字体样式，或通过以下属性来设置控件上文字的字体样式，这些属性必须在程序代码中设置，其说明如表 3.1 所示。

表 3.1 在程序代码中使用的字体属性

属 性 名	含 义	属 性 名	含 义
FontName	设置文本字体名称，如黑体、宋体等	FontItalic	设置文本是否斜体格式，默认 False
FontSize	设置文本字体大小	FontStrikethru	设置文本是否加删除线，默认 False
FontBold	设置文本是否粗体格式，默认 False	FontUnderline	设置文本是否加下画线，默认 False

【例 3.2】 在窗体上建立一个文本框（默认名称为 Text1），在属性窗口设置其 Text 属性值为"VB 程序设计"，其余属性在 Form_Click() 过程中设置如下：

```
Private Sub Form_Click()
    Text1.FontName = "微软雅黑"
    Text1.FontSize = 12
    Text1.FontBold = True
    Text1.FontItalic = True
End Sub
```

程序运行单击窗体，窗体界面效果如图 3.3 所示。

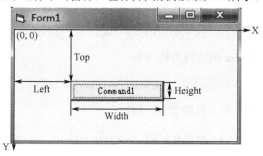

图 3.2 控件的大小和位置

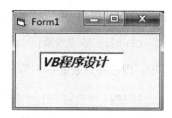

图 3.3 字体属性的设置效果

6. 设置控件行为的属性

① Enabled 属性

Enabled 属性设定运行时对象是否可用，能否对用户的操作作出响应，其属性只有 True（默认）和 False。值为 True 时允许用户操作对象，并可响应操作引发的事件，值为 False 时，运行时呈灰色，表示不可用状态。例如：

```
Command1.Enabled = False
```

执行以上代码，命令按钮 Command1 变成灰色，不响应 Click 事件。

② Visible 属性

Visible 属性设定运行时对象是否可见，当为 True（默认值）时，对象可见，为 False 时，对象不可见。在程序运行时如果需要暂时隐藏窗体，可将窗体的 Visible 属性设置为 False，例如：

```
Form1.Visible = False
```

7．控件的默认属性

当没有指定控件的具体属性时，将使用控件的默认属性，这个属性一般是控件最重要或最常用的属性。常用控件的默认属性如表 3.2 所示。

表 3.2　常用控件默认属性

控　件	默 认 属 性	控　件	默 认 属 性
命令按钮	Value	单选按钮	Value
文本框	Text	复选框	Value
标签	Caption	列表框、组合框	Text
滚动条	Value	图片框、图像框	Picture

例如：

```
Text1.Text = "VB 程序设计"
Text1 = "VB 程序设计"
```

因为文本框控件默认属性是 Text，所以上面两条语句是等价的。在某些情形下，省略常用属性名，使代码更为精简。

3.3.2　窗体

窗体（Form）是所有控件的容器，窗体的设计主要是对其属性和事件过程进行设计，为用户提供各种响应和操作界面。

1．窗体的常用属性

窗体的属性描述了窗体在设计或运行时的特征。在 VB 中新建工程时，系统会自动创建一个名称为 Form1 的空窗体，添加第 2 个窗体时，其名称默认为 Form2，…。

窗体的外观如图 3.4 所示。

（1）Caption 属性

指定窗体标题栏上的文本，默认标题文本是窗体默认名称。

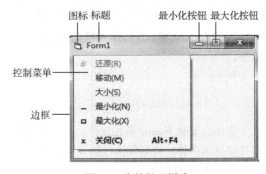

图 3.4　窗体外观样式

（2）MaxButton 属性和 MinButton 属性

指定窗体右上角最大化和最小化按钮是否有效，默认为 True，最大化（最小化）按钮有效；若设置为 False，最大化（或最小化）按钮无效，单击按钮不执行最大化（或最小化）操作。

（3）Icon 属性

指定窗体左上角的图标，在设计阶段可以通过在属性窗口单击该属性右侧的 ... 按钮，在弹出的对话框中选择一个合适的图片文件。

（4）ControlBox 属性

设置标题栏上是否出现控制栏图标，默认为 True，表示有控制栏图标，并可拉出控制菜单。

（5）BorderStyle 属性

BorderStyle 属性用来设置窗体边框样式，该属性是只读属性。可以设置如下 6 个值：

0-None：窗体无边框，没有标题栏。

1-Fixed Single：窗体大小固定，边框细线，包括控制菜单。

2-Sizable（默认）：窗体大小可变，标准粗线边框。

3-Fixed Dialog：固定对话框，窗体大小不可变。包含控制菜单和标题栏，没有最大化最小化按钮。

4-Fixed ToolWindow：窗体大小固定，标题栏上包含"关闭"按钮。

5-Sizable ToolWindow：窗体大小可变，标题栏上包含"关闭"按钮。

（6）Picture 属性

用于设置在窗体中显示的图形，通过在属性窗口该属性右侧单击 **...** 按钮，在弹出的对话框中选择一个合适的图片文件。也可以在程序代码中使用图片装载函数 LoadPicture，一般格式为：

```
[对象名.] Picture = LoadPicture("文件名")
```

（7）WindowState 属性

用来设置窗体运行时的初始显示状态，属性值可以为 0（默认）、1 和 2。0-正常状态；1-最小化状态；2-最大化状态。

2．窗体的方法

若要实现窗体的某些特定行为功能，通过在代码中调用窗体的方法实现。

（1）Show 方法

Show 方法用于显示窗体，一般格式为：

```
[窗体对象名].Show [模式]
```

其中，"模式"指定窗体的显示模式，可以取如下 2 个值：

0-vbModeless（默认）：表示窗体作为非模式对话框显示。在这种情况下，可以对其他窗体进行操作。

1-vbModel：表示窗体作为模式对话框显示。在这种情况下，只能关闭该窗口才能对其他窗体进行操作。

例如：

```
Form2.Show
```

表示将窗体 Form2 显示出来，并使该窗体变为活动窗体。执行 Show 方法时，如果窗体已加载，则直接显示窗体，否则先执行加载操作再显示。

（2）Print 方法

Print 方法用于在窗体或图片框上输出数据，一般调用格式为：

```
[对象名].Print 表达式
```

其详细介绍参见 3.4.2 节。

（3）Cls 方法

Cls 方法用于清除运行时在窗体或图片框中显示的文本或图形。例如：

```
Form1.Cls
```

表示清除窗体上运行时输出的内容。

（4）Move 方法

Move 方法用于移动窗体到一定的位置，同时可以改变其大小。一般调用格式为：

```
[对象名].Move 左边界位置[,上边界位置][,宽度][,高度]
```

例如:

```
Move Left + 100
```

表示将当前窗体水平向右移动 100 缇 (Twip)。又如:

```
Move Left + 100, Top, Width * 2, Height / 2
```

表示将当前窗体向右移动 100 缇,同时窗体的宽度是原来的 2 倍,高度缩小为原来的一半。

(5) Hide 方法

Hide 方法用于隐藏指定的窗体,但不卸载窗体。例如:

```
Form1.Hide
```

表示窗体 Form1 不可见,不能操作该窗体中的任何控件对象。

3.窗体的事件

当用户对窗体进行操作时会触发相应事件,并执行相应的事件过程。

(1) Load (装载) 事件和 UnLoad (卸载) 事件

Load 事件是当程序开始运行第一次加载窗体时自动触发的事件。通常在该事件过程中用来设置变量、数组和对象属性的初值。

当用户关闭应用程序后,将对窗体进行卸载。窗体卸载时,将会触发窗体的 UnLoad 事件。

【例 3.3】 Form_Load 事件过程示例。

在窗体上添加两个名称为 Text1 和 Text2 的文本框,一个名称为 Command1 的命令按钮,设计界面如图 3.5 (a) 所示。

编写的程序代码如下:

```
Private Sub Form_Load()
  Caption = "初始界面"
  Text1.Text = "VB 程序设计"
  Text2.Text = ""
  Command1.Caption = "结束"
End Sub
Private Sub Command1_Click()
  End
End Sub
```

程序运行后的初始界面如图 3.5 (b) 所示。

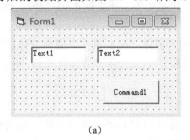

(a)

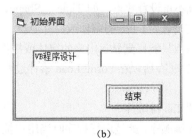

(b)

图 3.5 Form_Load()事件过程

（2）Activate（激活）事件和 Deactivate（未激活）事件

当窗体变为活动窗口时触发 Activate 事件，而另一个窗体由活动窗体变为非活动窗体时触发 Deactivate 事件。通过单击窗体或在程序中执行 Show 方法，可以把窗体变为活动窗体。

在 Form_Activate 事件过程中，主要用来显示默认的文字或画面。

（3）Click（单击）事件和 DblClick（双击）事件

用鼠标单击窗体空白处时，将触发 Click 事件，执行 Form_Click()事件过程代码。

用鼠标双击窗体空白处时，将触发 DblClick 事件，同时还将触发 MouseDown、MouseUp 和 Click 事件。

4．设置控件焦点和 Tab 键顺序

（1）设置焦点

运行程序时，用户只能操作一个对象，当前被操作的对象就是获得焦点的对象。只有当控件具有焦点时，才能接受鼠标操作或键盘输入。例如，一个文本框获得焦点，文本框中具有插入点光标，用户输入的字符就直接显示在文本框中；一个命令按钮获得焦点，其四周有虚线方框，用户输入回车键，则会触发 Click 事件。

改变焦点将触发焦点事件，控件获得焦点触发 GetFocus 事件，而失去焦点的控件触发 LostFocus 事件。

设置控件获得焦点的方法有：

① 用鼠标选定对象。

② 通过访问键选定对象。

为了提高效率或为不便操作鼠标的人提供访问途径，在控件的标题文本上往往带有用下画线标注的访问键，一般表现为带下画线的字母。通过在控件的 Caption 属性中使用"&字符"来为控件指定访问键。例如：

```
Command1.Caption = "文件(&F)"
```

图 3.6　命令按钮标题文本中的访问键

表示命令按钮标题文本中的字母"F"被标识为访问键，显示时下方会出现下画线，如图 3.6 所示。程序运行时，按下 Alt+F 即相当于用鼠标单击了该按钮。

③ 按 Tab 键或 Shift+Tab 键在当前窗体各控件之间切换焦点。

④ 使用控件的 SetFocus 方法设置焦点。如指定一个文本框 Text1 具有插入点光标，可使用如下语句：

```
Text1.SetFocus
```

利用好焦点，可以使程序显得非常人性化。但并不是所有的控件都能获得焦点，凡是没有 TabIndex 属性的控件就不可设置焦点，如 Timer、Shape、Line、Image 等。也不能把焦点移到 Enabled 属性、Visible 属性被设置为 False 的窗体或控件上。

注意：焦点只能移到显示出来的窗体或控件上。因为窗体 Load 事件完成前窗体或窗体上的控件是没有显示出来的，所以在 Form_Load 事件过程中利用 SetFocus 方法设置控件焦点，可以先调用 Show 方法。

（2）设置 Tab 键顺序

所谓 Tab 键顺序，就是运行程序时当用户按 Tab 键或 Shift+Tab 键，各控件依次获得焦点的先后顺序，其默认顺序是按添加各控件的先后排列的。通过设置控件的 TabIndex 属性（指定 Tab 键顺序号，Tab 键顺序中每个控件的 TabIndex 属性值依次为 0，1，2，…），可重新调整控件的 Tab 键顺序。

说明：只有当控件的 TabStop 属性设为 True，才可以通过 Tab 键获得焦点。

3.3.3　命令按钮

命令按钮控件（CommandButton）提供用户单击操作，用于完成某些具体的功能。其默认的名称为 Command1，Command2，…。

1. 常用属性

命令按钮的常用属性如表 3.3 所示。

表 3.3　命令按钮的常用属性

属　　性	含　　义
Caption	按钮的标题文本内容
Default	是否为缺省按钮。True：是缺省按钮，按回车键则触发 Click 事件；默认 False
Cancel	是否为取消按钮。True：是取消按钮，按 Esc 键则触发 Click 事件，默认 False
Value	设置为 True，则触发 Click 事件。默认为 False，只能在代码中使用
Style	设置是标准按钮还是图形按钮。属性可以为 0 和 1。 0-标准按钮（默认）；1-图形按钮，然后设置 Picture 为指定的图形

2. 常用方法

命令按钮控件的常用方法有 SetFocus，例如：

```
Command1.SetFocus
```

表示命令按钮 Command1 获得焦点，命令按钮四周有虚线框。

3. 常用事件

命令按钮最基本的事件是 Click（单击），以下情况可触发 Click 事件：

① 用户用鼠标单击命令按钮。

② 焦点在按钮上按回车键或空格键。

③ 将按钮的 Default 属性设置为 True，程序运行时按回车键，或将 Cancel 属性设置为 True，程序运行时按 Esc 键。

④ 在 Caption 属性设置一个访问键，程序运行时按 Alt+访问键。

⑤ 在代码中将按钮的 Value 属性设置为 True，执行到该语句时可触发 Click 事件。

⑥ 在代码中书写按钮的单击事件过程名，如 Command1_Click，执行到该语句时可触发 Click 事件。

说明：命令按钮不支持 DblClick（双击）事件。

3.3.4　标签

标签控件（Label）用于在窗体上显示某些固定不变的文本信息，一般用来对某个对象进行说明或提示，指出对象的作用和功能。其默认的名称为 Label1，Label2，…。

1. 常用属性

标签控件的常用属性如表 3.4 所示。

表 3.4　标签的常用属性

属 性 名	含 义
Caption	标签中显示的文本内容
Alignment	标签中文本的对齐方式。属性值可以是 0、1 和 2。0-左对齐（默认）；1-右对齐；2-居中
AutoSize	确定标签大小是否根据标签内容自动调整，以显示所有文本内容。默认值为 False，表示保持设计时标签的大小，标签文本过长被截去
BorderStyle	边框样式。属性值可以是 0 和 1。0-无边框（默认）；1-单线边框
BackStyle	背景样式。属性值可以是 0 和 1。0-透明背景；1-背景不透明的（默认）

2．常用事件和方法

标签可触发 Click 事件和 DblClick 事件，但一般很少使用标签事件。标签方法常用的有 Move 方法。

3.3.5　文本框

文本框控件（TextBox）与标签控件的功能很相似，两者的区别在于标签控件只能显示文本，而文本框控件除了可以显示文本外，还可以接受键盘输入或修改，是 VB 中显示和输入数据的主要方法。其默认名称为 Text1，Text2，…。

1．常用属性

（1）Text 属性

用于设置或读取文本框中显示的文本内容。

（2）MaxLength 属性

指定在文本框中允许输入的最多字符数，默认值为 0，表示对长度无限制。

（3）MultiLine 属性

指定文本框是否可以多行显示文本。默认值为 False，文本框以单行方式显示，超出文本框宽度的文本被截除。如果设置为 True，文本框以多行方式显示，即一行放不下时文字可自动换行。

说明：如果将文本框设置为多行显示，在属性窗口设置 Text 属性时，按 Ctrl+Enter 插入一空行。

（4）ScrollBars 属性

指定文本框中是否有滚动条，属性值可以为 0、1、2 和 3。0-无滚动条（默认）；1-有水平滚动条；2-有垂直滚动条；3-有水平和垂直滚动条。

注意：当 MultiLine 属性为 True 时，ScrollBars 属性才起作用。

（5）PasswordChar 属性

用于屏蔽在单行文本框中显示的字符，即文本框中所有的字符显示为某一指定的字符而不是实际的字符，常被用作密码的输入。例如，将该属性设置为"*"，则文本框中的字符全部显示为"*"。

要恢复文本框中实际字符的显示，在属性窗口将 PasswordChar 属性值删除，或在代码中进行如下设置：

```
Text1.PasswordChar = ""
```

执行到该语句，取消文本框 Text1 中文本的屏蔽，恢复实际字符的显示。

注意：文本框实际内容（Text 属性）没有改变，只是显示改变为指定的字符。

（6）Locked 属性

指定是否允许修改文本框中的文本。属性值为 True 时，表示文本框中文本不可编辑；默认值为 False，文本框中文本可以编辑。

（5）SelText、SelStart 和 SelLength 属性

这 3 个属性跟文本框中选定的文本（以蓝色光带突出显示）有关，只能在代码中使用。其中：

SelText 属性：设置或返回选定的文本。

SelStart 属性：设置或返回选定文本中第一个字符在文本框中的位置序号，文本框中文本位置序号从 0 开始，即第一个字符的位置序号为 0，第二个字符的位置序号为 1，…。

SelLength 属性：设置或返回选定文本的字符个数。

例如：

```
Text1.Text = "中国长城"
```

文本框 Text1 中显示"中国长城"，如图 3.7（a）所示。

```
Text1.SelStart = 0
Text1.SelLength = 2
```

在 Text1 中选定了文本"中国"，如图 3.7（b）所示。

```
Text1.SelText = "北京"
```

将 Text1 中选定的文本替换成"北京"，如图 3.7（c）所示。若 Text1 中没有选定的文本，则将文本"北京"插入到 Text1 的当前位置。

（a）　　　　　　　　　　（b）　　　　　　　　　　（c）

图 3.7　SelText、SelStart 和 SelLength 属性示例

除了在代码中可以设置选定的文本之外，程序运行时，用户也可以通过将插入点定位在文本框中，然后拖动鼠标选定文本。

说明：当文本框失去焦点时，文本框中选定标识（蓝色光带）会隐藏，可以将文本框的 HideSelection 属性设置为 False，则文本框失去焦点也不会隐藏选定标识。

注意：SelText 属性和 Text 属性的区别，SelText 表示当前文本框中选定的文本内容，而 Text 属性表示当前文本框中的全部文本内容。

2．常用方法

文本框最常用的方法是 SetFocus，将插入点（焦点）移到指定的文本框中。

3．常用的事件

（1）Change 事件

当文本框 Text 属性值发生改变，将触发 Change 事件。

程序运行时，用户在文本框中每输入一个字符，都会触发一次 Change 事件。例如，用户在文本框中输入"ABC"文本时，会触发 3 次 Change 事件。

在程序代码中把 Text 属性设置为新值，也将触发一次 Change 事件。例如：

```
Text1.Text = "ABC"
```

执行到上述语句，将触发一次 Change 事件。

（2）KeyPress 事件

当用户在文本框中按下和松开键盘的某个键时，将触发该文本框的 KeyPress 事件。例如：

```
Private Sub Text1_KeyPress(KeyAscii As Integer)
   Print Chr(KeyAscii), KeyAscii
End Sub
```

其中，KeyAscii 为按键对应的 ASCII 码值。程序运行时，在文本框 Text1 中输入 "ab"，以上程序在窗体上显示的结果如下：

```
a 97
b 98
```

（3）GotFocus 事件和 LostFocus 事件

当焦点进入文本框时触发 GotFocus 事件，当焦点离开文本框时触发 LostFocus 事件。

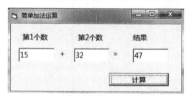

图 3.8　例 3.4 运行结果

【例 3.4】　简单的加法运算。

本例窗体的设计界面如图 3.8 所示，在窗体上放置 5 个标签 3 个文本框、一个命令按钮，名称采用系统默认。程序运行时，在文本框 Text1 和文本框 Text2 中输入两个数，单击 "计算" 按钮，计算这两个数值之和，并将结果显示在文本框 Text3 中。

分析：在 Form_Load 事件过程中设置各控件属性初值（也可以在属性窗口设置）；运行程序后将焦点设置在文本框 Text1 中，方便用户输入数据；文本框控件的 Text 属性的类型是字符串，如果要进行算术运算，应将 Text 属性的值通过 Val 函数转换成数值再运算。

编写的代码如下：

```
Private Sub Form_Load()
   Caption = "简单加法运算"
   Label1.Caption = "第1个数"
   Label2.Caption = "第2个数"
   Label3.Caption = "结果"
   Label4.Caption = "+": Label5.Caption = "="
   Text1.Text = "": Text2.Text = "": Text3.Text = ""
   Command1.Caption = "计算"
   Show
   Text1.SetFocus
End Sub
Private Sub Command1_Click()
   Text3.Text = Val(Text1.Text) + Val(Text2.Text)
End Sub
```

说明：在 Form_Load 事件过程中若要使得在 Text1 上设置焦点有效，需要先执行 Show 方法。

【例 3.5】　设计一个窗体，由两个标签控件（Label1 和 Label2）、两个文本框控件（TxtPassword 和 TxtStr）组成。第一个文本框用于输入密码，以 "#"号形式显示出来；第 2 个文本框用于以明码方式显示在第一个文本框中的内容。例如，程序运行时，在文本框 TxtPassword 中输入 "ABC"，运行结果如图 3.9 所示。

图 3.9　例 3.5 运行结果

分析：

① 根据题目要求，在属性窗口中设置第 1 个文本框的 Name 属性为 TxtPassword、Text 属性为空白、PasswordChar 属性为 "#"（不用输入定界符双引号）；第 2 个文本框的 Name 属性为 TxtStr、Text 属性为空白；设置 Label1 和 Label2 的 Caption 分别为 "密码" 和 "明码"。

② 运行程序时，在第 1 个文本框每输入一个字符，在第 2 个文本框中要同时显示第 1 个文本框中的内容，为此，在文本框 TxtPassword 上要设计如下事件过程：

```
Private Sub TxtPassword_Change()
  TxtStr.Text = TxtPassword.Text
End Sub
```

3.4　数据的输入和输出

一个完整的程序段一般都包含三部分内容，即输入数据、计算处理和输出结果。本节讨论数据的输入和输出。

3.4.1　数据的输入

数据输入是将用户从键盘上输入的内容保存到变量或指定的控件属性中。在 VB 中一般通过文本框和 InputBox 函数完成数据输入。

1. 使用文本框输入数据

如果要读取用户从键盘上输入的值，可以在窗体上添加文本框控件，在程序代码中获取文本框的 Text 属性就可以对其进行操作了。例如：

```
a = Text1.Text
```

表示读取文本框 Text1 中的内容存放到变量 a 中，对变量 a 的处理就是对用户在文本框 Text1 中输入的数据的处理。

2. 使用 InputBox 函数输入数据

InputBox 函数可以产生一个对话框，称为输入对话框。在对话框中有一个文本框以及 "确定" 和 "取消" 按钮，如图 3.10 所示。文本框用来接收用户键盘输入的数据，单击 "确定" 按钮或输入回车键，InputBox 函数返回值是文本框的内容。如果单击 "取消" 按钮，则返回长度为 0 的空串。InputBox 函数一般使用格式为：

```
变量=InputBox(提示文本[,标题][,默认值][,X坐标][,Y坐标])
```

其中：

① "提示文本" 指定在对话框中显示的文本，是必选参数；"标题" 指定在对话框标题栏上显示的文本，缺省时为工程文件名称；"默认值" 设定文本框中默认的内容，若省略，文本框中内容为空白。这 3 个参数的类型都是字符串，函数值类型也是字符串。

② X 坐标和 Y 坐标指定对话框左上角在屏幕上的位置。

例如：

```
a = InputBox("请输入数据：", "数据输入", "23")
```

执行到该语句将产生图 3.10 所示的输入对话框。

图 3.10 "数据输入"对话框

在以上对话框中，如果用户单击"确定"按钮或输入回车键，则变量 a 保存文本框中的数据。如果用户单击"取消"按钮，变量 a 保存的是一个空串。

3.4.2 数据的输出

数据输出是将变量或表达式的结果显示或打印出来的过程。在 VB 中可以将要输出的数据显示在文本框或标签上，或通过 Print 方法显示在窗体上，或通过 MsgBox 函数或语句显示在信息框中。

1. 使用文本框和标签输出数据

【例 3.6】 设计程序，计算下列表达式的值。a 和 b 的值通过 InputBox 函数输入，计算结果保留两位小数显示。

$$c = \frac{\pi ab}{a + b}$$

分析：

① 定义一个符号常量 PI 表示圆周率 π。

② 在窗体上建立两个标签 Label1 和 Label2，Label1 中显示 a 和 b 的值，Label2 中显示计算结果 c 的值。

③ InputBox 函数的返回值是字符串，若是数值字符串将其赋值给数值型变量时，系统会自动进行类型的转换，否则会引发"类型不匹配"的错误。为保证程序的正常运行，一般用 Val() 函数将 InputBox 函数的返回值转换成数值再赋值给数值型变量。

④ 在标签上要显示多个表达式的值，在表达式之间使用"&"运算符。如果表达式是数值型，通过 Str() 函数将其转换成字符串再做"&"运算。

⑤ 使用 Format() 函数，保留两位小数显示。

编写的程序代码如下：

```
Private Sub Form_Click()
  Const PI = 3.14159
  Dim a As Double, b As Double, c As Double
  a = Val(InputBox("请输入数据", "第 1 个数据"))
  b = Val(InputBox("请输入数据", "第 2 个数据"))
  c = PI * a * b / (a + b)
  Label1.Caption = "a =" & Str(a) & vbCrLf          '连接回车换行符，换行显示
  Label1.Caption = Label1.Caption & "b =" & Str(b)
  Label2.Caption = "计算结果为: " & Format(c, "#.00")
End Sub
```

程序运行单击窗体，在弹出的对话框中分别输入"5"和"2.5"（不输入双引号），输出的结果如图 3.11 所示。

如果要将结果显示在文本框 Text1 和 Text2 中，则可以使用以下语句：

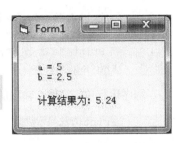

```
Text1.Text = Str(a) & Str(b)
Text2.Text = Format(c, "#.00")
```

图 3.11　例 3.6 显示结果

2. 使用 Print 方法输出数据

Print 方法用于在窗体、图片框和打印机上显示和打印输出文本。Print 方法一般形式为：

```
[对象名.]Print [表达式列表]
```

说明：

① 对象名指定表达式值显示的地方，可以是窗体（Form）、图片框（Picture）或打印机（Printer）的名称。如果省略对象名，则在当前窗体上输出表达式的值。例如：

```
Print "VB 程序设计"          '在当前窗体上输出
Picture1.Print "VB 程序设计"   '在图片框上输出
```

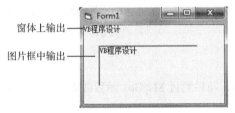

图 3.12　在窗体和图片框中输出文本

输出的效果如图 3.12 所示。

② "表达式列表"是一个或多个表达式，多个表达式之间用分隔符（逗号或分号）隔开。表达式可以是常量或变量，若是常量则原样输出，若是变量则输出变量的值，若是表达式，则先计算再在当前位置上输出。例如：

```
x = 12.637
Print x; "保留 2 位小数是: "; Int(x * 100 + 0.5) / 100
```

在窗体上显示的结果为：

```
12.637 保留 2 位小数是：  12.64
```

当输出数值数据时，前面有一个符号位（正数用空格表示），后面有一个空格，而输出字符串前后不留空格。

③ 如果分隔符是分号（;），则按紧凑输出格式输出表达式的值，即一项紧接着一项输出；如果分隔符是逗号（,），则按分区格式输出，即将一个输出行分为若干个区域，每个区域 14 个字符宽度，逗号后面的表达式在当前位置的下一个区段输出。

④ 若语句行末尾没有分隔符，Print 方法输出最后一项会自动换行。若语句行末尾有分隔符，输出最后一项以后不换行，下一个 Print 方法的输出项在当前输出位置继续输出。

⑤ 若省略了"表达式列表"，则输出一个空行。

【例 3.7】　Print 方法示例。

编写的程序代码如下：

```
Private Sub Form_Click()
  a = 3: b = 4
  Print "Print 方法显示数据"
  Print                           '输出一个空行
```

```
        Print "a ="; a, "b ="; b
        Print "a + b ="; a + b,
        Print "a * b ="; a * b
    End Sub
```

程序运行单击窗体，输出的结果是：

```
    Print 方法显示数据

    a = 3        b = 4
    a + b = 7    a * b = 12
```

⑥ 在表达式前使用 Spc() 和 Tab() 函数控制数据输出位置。

Tab(n) 函数：可以将输出位置定位在参数 n 所指定的位置，n 表示输出点距离窗体左边界的绝对位置。

Spc(n) 函数：在两个输出项之间间隔 n 个空格。

例如：

```
    Print Tab(4); "学号"; Spc(2); "姓名"
```

表示"学号"从第 4 个字符位置开始输出，然后跳过 2 个空格输出"姓名"。

注意： 在 Form_Load 事件过程中利用 Print 方法在窗体上输出数据，如果要使 Print 输出的内容可见，可以先调用 Show 方法。

3．使用 MsgBox 函数或语句输出数据

在程序设计中，经常要显示一些提示信息、错误信息等，可以通过 MsgBox 函数或语句来显示这些信息。

（1）使用 MsgBox 函数

MsgBox 函数产生的对话框，称为信息框。在对话框中包含一个图标，一个或若干个命令按钮，用户单击某个按钮，函数返回一个整数值指明用户单击了哪个按钮，如图 3.13 所示。

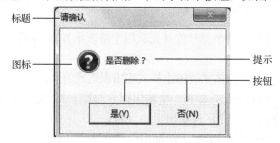

图 3.13   MsgBox 函数产生的对话框

MsgBox 函数一般使用格式为：

```
    变量=MsgBox(提示信息[,对话框类型][,对话框标题])
```

其中：

① "提示信息"指定在对话框中显示的文本，是必选参数。

② "对话框标题"指定在对话框标题栏上显示的文本，缺省时为工程名称。

③ "对话框类型"指定对话框中显示的图标类型、按钮数目和类别、默认按钮。该参数的值一般

为 3 类数值相加产生，表示为"按钮类型值+图标类型值+默认按钮类型值"，每组值可以使用表 3.5 所示的值或符号常量名称。缺省时，它的默认值为 0，对话框中只有一个"确定"按钮。

表 3.5　对话框类型及含义

类　　　别	值	符 号 常 量	含　　义
按钮 类型值	0	vbOKOnly	显示"确定"按钮
	1	vbOKCancel	显示"确定"和"取消"按钮
	2	vbAbortRetryIgnore	显示"终止"、"重试"和"忽略"按钮
	3	vbYesNoCancel	显示"是"、"否"和"取消"按钮
	4	vbYesNo	显示"是"和"否"按钮
	5	vbRetryCancel	显示"重试"和"取消"按钮
图标 类型值	16	vbCritical	显示停止图标
	32	vbQuestion	显示问号（?）图标
	48	vbExclamation	显示感叹号（!）图标
	64	vbInformation	显示消息图标
默认按钮 类型值	0	vbDefaultButton1	指定第 1 个按钮为默认按钮
	256	vbDefaultButton2	指定第 2 个按钮为默认按钮
	512	vbDefaultButton3	指定第 3 个按钮为默认按钮

例如：

```
y = MsgBox("是否删除？", vbYesNo+vbQuestion+vbDefaultButton1, "请确定")
```

执行到以上语句，将显示出 3.13 所示的信息框。其中"vbYesNo + vbQuestion+ vbDefaultButton1"表示信息框显示"是"和"否"两个按钮，问号（?）图标以及第一个按钮为默认按钮，也可以用数值 36（即 4+32+0）表示。例如：

```
y = MsgBox("是否删除？", 36, "请确定")
```

信息框显示出来后，等待用户单击按钮，函数返回一个整型值对应用户单击了哪一个按钮，如表 3.6 所示。

表 3.6　MsgBox()函数值

值	符 号 常 量	用户单击的按钮	值	符 号 常 量	用户单击的按钮
1	vbOK	"确定"按钮	5	vbIgnore	"忽略"按钮
2	vbCancel	"取消"按钮	6	vbYes	"是"按钮
3	vbAbort	"终止"按钮	7	vbNo	"否"按钮
4	vbRetry	"重试"按钮			

例如，在图 3.13 所示的信息框中，用户单击"是"按钮，函数值为 6；单击"否"按钮，函数值为 7，变量 y 保存了 MsgBox()函数的返回值。

（2）MsgBox 语句

如果信息框出现两个以上的按钮，需要判断用户的选择完成不同的功能时，则选择 MsgBox 的函数形式。若信息框只是用于简单的信息提示，不关心用户单击哪个按钮或只有一个"确定"按钮，可以选择 MsgBox 语句形式。MsgBox 语句一般形式为：

图 3.14　显示信息的信息框

> MsgBox 提示信息[,对话框类型][,对话框标题]

例如：

> MsgBox "单击确定继续...... ", , , "信息提示"

执行以上语句后，弹出的信息框如图 3.14 所示。

注意：第 2 个参数省略时，信息框中只有一个"确定"按钮，但参数之间的分隔符（逗号）不能省略。

3.5　程序举例

【例 3.8】 编写程序，在一个字符串中以某个指定字符（本例为空格）为界，将其拆分成两个字符串。如字符串为"Visual□Basic"（□表示空格），则拆分成的字符串为"Visual"和"Basic"。字符串由 InputBox 函数输入。

分析：定义一个字符串类型的变量 str 保存 InputBox 函数的值；在 str 中找出空格字符的位置 n，可以使用函数 InStr(str, " ")实现；分离左边字符串使用函数 Left(str, n - 1)实现，分离右边字符串使用函数 Mid(str, n + 1)或函数 Right(str, Len(str) - n)实现。

编写的程序代码如下：

```
Private Sub Form_Click()
  Dim str As String, lstr As String, rstr As String
  Dim n As Integer
  str = InputBox("请输入一个字符串", "输入")
  n = InStr(str, " ")
  lstr = Left(str, n - 1)
  rstr = Mid(str, n + 1)
  Print "左侧字符串为: "; lstr, "右侧字符串为: "; rstr
End Sub
```

程序运行单击窗体，在弹出的输入对话框中输入"Visual□Basic"，单击"确定"按钮，在窗体上的输出结果如下：

> 左侧字符串为: Visual　　　　右侧字符串为: Basic

【例 3.9】 编写程序，求解鸡兔同笼问题。笼中鸡和兔的总数为 h，鸡和兔的总脚数为 f，问笼中鸡和兔各多少只。h 和 f 值由文本框输入，结果显示在标签中。

分析：

① 设鸡有 x 只，兔有 y 只，根据题意得到两个二元一次方程组：

```
x+y=h
2*x+4*y=f
```

② 文本框 Text1 和 Text2 用来输入数据，要设置文本框初始内容为空白，在属性窗口分别将 Text1 和 Text2 的 Text 属性值设置为空白。文本框的 Text 属性是字符串，读取文本框内容赋值给数值型变量时，用 Val()函数进行转换。

③ 标签 Label3 用来显示数据，在属性窗口将其 Caption 属性值设置为空白，使得该标签初始文本为空。

编写的程序代码如下：

```
Private Sub Form_Click()
  Dim h As Integer, f As Integer
  Dim x As Integer, y As Integer
  h = Val(Text1.Text)
  f = Val(Text2.Text)
  y = (f - 2 * h) / 2
  x = h - y
  Label3.Caption = "鸡有： " & x & "    兔有： " & y
End Sub
```

程序运行，在 Text1 和 Text2 中分别输入"9"和"26"，单击窗体后输出结果如图 3.15 所示。

【例 3.10】 随机产生"B"～"Y"之间的一个字母，在窗体上显示其前导字母、该字母本身和后续字母组成的字符串。

分析：通过函数 Rnd 产生 66～89（"B"～"Y"的 ASCII 码值）范围之间的一个随机数 x，使用函数 Chr(x) 可以求得对应的字母并保存到变量中。

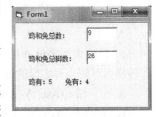

图 3.15　例 3.9 运行界面

求前导字母方法：当前字母的 ASCII 减 1 就是前导字母的 ASCII，再通过函数 Chr 求得对应的字母。

求后续字母方法：当前字母的 ASCII 加 1 就是后续字母的 ASCII，再通过函数 Chr 求得对应的字母。

最后通过"+"或"&"把三个字母组成一个新的字符串。

编写的程序代码如下：

```
Private Sub Form_Click()
  Dim chAsc As Integer
  Randomize
  chAsc = Int(24 * Rnd + 66)
  currStr$ = Chr(chAsc)
  f_currStr$ = Chr(chAsc - 1)
  s_currStr$ = Chr(chAsc + 1)
  Print f_currStr + currStr + s_currStr
End Sub
```

习　题　3

一、单选题

1. 若变量均已正确定义并赋值，以下合法的 VB 赋值语句是（　　）。

A. x+y=i　　　　　　B. x=2y　　　　　　C. y=x+3　　　　　　D. 2=x2

2. 设有以下程序段：

```
Const d As Integer = 123
Dim a, b As Integer, c As Date
a = "123": b = 7: c = Date
```

则下面语句中错误的是（　　）。

A. a＝a＋1　　　　B. b＝b＋1　　　　C. c＝c＋1　　　　D. d＝d＋1

3. 下列程序段执行后，输出的结果是（　　）。

```
a = 23: b = 12
a = a + b
b = a - b
a = a - b
Print "a="; a; "b="; b
```

A. a=12　b=23　　B. a=23　b=12　　C. a=35　b=11　　D. 23=23　12=12

4. 下列程序段执行后，变量 y 的值是（　　）。

```
x = "Visual Basic"
y = Mid("x", 1, 1)
```

A. V　　　　　　　B. Visual Basic　　　C. x　　　　　　　D. 空串

5. 已知大写字母 A 的 ASCII 码是 65，小写字母 a 的 ASCII 码是 97，以下不能将变量 c 中大写字母转换为对应小写字母的语句是（　　）。

A. c＝Chr((Asc(c) - Asc("A")) Mod 26 + Asc("a"))

B. c＝Chr(Asc(c) + 32)

C. c＝Chr(Asc(c) - Asc("A") + Asc("a"))

D. c＝Chr((Asc("A") + Asc(c)) Mod 26 - Asc("a"))

6. 以下叙述中正确的是（　　）。

A. 窗体 Name 属性指定窗体的名称，用来标识一个窗体

B. 窗体 Name 属性值是显示在窗体标题栏中的文本

C. 可以在运行期间改变窗体 Name 属性的值

D. 窗体 Name 属性值可以为空

7. 以下不能在窗体 Form1 的标题栏中显示 "VB 窗体" 的语句是（　　）。

A. Form1.Name="VB 窗体"　　　　　B. Caption="VB 窗体"

C. Form1.Caption="VB 窗体"　　　　D. Me.Caption="VB 窗体"

8. 当运行程序时，系统自动执行启动窗体的某个事件过程，这个事件过程是（　　）。

A. Click　　　　　B. Load　　　　　C. UnLoad　　　　D. GotFocus

9. 为了使命令按钮 Command1 右移 200，应使用的语句是（　　）。

A. Command1. Left= -200　　　　　　B. Command1.Left= Command1.Left+200

C. Command1. Left= 200　　　　　　 D. Command1.Left= Command1.Left-200

10. 若设置了文本框的属性 PasswordChar="$"，则运行程序时向文本框中输入 8 个任意字符后，文本框中显示的是（　　）。

A. 8 个"$"　　　　B. 1 个"$"　　　　C. 8 个"*"　　　　D. 无任何内容

11. 当用户按下回车键时，可以使得命令按钮响应 Click 事件的属性是（　　）。

A. Name　　　　　B. Enabled　　　　C. Default　　　　D. Cancel

12. 设窗体上有一个命令按钮 Command1。程序运行后，要求该命令按钮不能响应 Click 事件（呈灰色），以下能实现该操作的语句是（　　）。

A. Command1.Cancel=True　　　　　B. Command1.Enabled=False

C. Command1.Visible=False　　　　　　D. Command1.Width=0

13. 当移动控件，会自动改变的属性是（　　）。

A. Click 和 Change　　　　　　　　　B. Name 和 Caption

C. Top 和 Left　　　　　　　　　　　D. Cancel 和 Default

14. 以下关于焦点的叙述中，错误的是（　　）。

A. 如果文本框的 TabStop 属性为 False，则不能接收从键盘上输入的数据

B. 当文本框失去焦点时，触发 LostFocus 事件

C. 当文本框的 Enabled 属性为 False 时，其 Tab 顺序不起作用

D. 可以用 TabIndex 属性改变 Tab 顺序

15. 窗体上有名称为 Command1 的命令按钮和名称为 Text1 的文本框，编写如下事件过程：

```
Private Sub Command1_Click()
  Text1.Text="程序设计"
  Text1.SetFocus
End Sub
Private Sub Text1_GotFocus()
  Text1.Text="等级考试"
End Sub
```

运行以上程序，单击命令按钮后（　　）。

A. 文本框中显示的是"程序设计"，且焦点在文本框中

B. 文本框中显示的是"等级考试"，且焦点在文本框中

C. 文本框中显示的是"程序设计"，且焦点在命令按钮上

D. 文本框中显示的是"等级考试"，且焦点在命令按钮上

16. 在窗体上有一个命令按钮 Command1 和一个文本框 Text1，Text1 的 Text 属性设置为空白，然后编写如下事件过程：

```
Private Sub Command1_Click()
  a = InputBox("Enter an integer")
  b = InputBox("Enter an integer")
  Text1.Text = b + a
End Sub
```

程序运行后，单击命令按钮，如果在输入对话框中分别输入 8 和 10，则文本框中显示的内容是（　　）。

A. 108　　　　　　B. 18　　　　　　C. 810　　　　　　D. 出错

17. 当用户在文本框中输入一个字符，能同时引发的事件是（　　）。

A. KeyPress 和 Click　　　　　　　　B. KeyPress 和 LostFocus

C. KeyPress 和 Change　　　　　　　D. Change 和 LostFocus

18. 将文本框 Text1 选中的文本插入到文本框 Text2 中当前位置的语句是（　　）。

A. Text2.Text = Text1.SelText　　　　B. Text2.SelText = Text1.SelText

C. Text2.SelText = Text1.Text　　　　D. Text2.Text = Text1.Text

19. 假定有如下的命令按钮（名称为 Command1）事件过程：

```
Private Sub Command1_Click()
  x = InputBox("输入:", "输入整数")
```

```
        MsgBox "输入的数据是：", , "输入数据："+ x
    End Sub
```

程序运行后，单击命令按钮，如果从键盘上输入整数 10，则以下叙述中错误的是（　　）。

A．x 的值是数值 10

B．输入对话框的标题是"输入整数"

C．信息框的标题是"输入数据：10"

D．信息框中显示的是"输入的数据是："

20．在窗体上画两个文本框，其名称分别为 Text1 和 Text2，初始内容为空白。然后编写如下事件过程：

```
    Private Sub Text1_Change()
      Text2.Text = Text2.Text + Text1.Text
    End Sub
```

程序运行后，如果在文本框 Text1 中输入"ABC"，则在文本框 Text2 中显示的内容是（　　）。

A．ABC　　　　　　B．AABABC　　　　　C．ABCABC　　　　D．AABBCC

二、填空题

1．命令按钮的标题文本为"Open"。若要为该命令按钮设置访问键，即按下 Alt 及字母 O 时，能够执行命令按钮的 Click 事件过程，则应该设置标题文本的语句是_____。

2．程序中有语句：x=Val(InputBox("输入","数据", 100))，执行该语句输入 5 并单击"取消"按钮，则变量 x 中保存的值是_____。

3．设置窗体的名称为 Frm，它的 Load 事件过程名称是_____。

4．在程序运行时，若要调用命令按钮的 Click 事件过程，则可设置该命令按钮的_____属性为 True 来实现。

5．为了使标签能自动调整大小显示标题（Caption 属性）的全部文本内容，应把该标签_____属性设置为 True。

6．为了使文本框 Text1 具有焦点，应该执行的语句是_____。

7．在窗体上有两个文本框 Text1 和 Text2，设置 Text 属性的初值分别为"12"和"23"，一个命令按钮 Command1，并编写了如下事件过程：

```
    Private Sub Command1_Click()
      Text1.Text = Val(Text1.Text + Text2.Text)
      Text2.Text = Val(Text1.Text) + Val(Text2.Text)
    End Sub
```

程序运行时，单击命令按钮，则在文本框 Text1 和 Text2 中显示的内容分别是_____、_____。

8．有如下 3 个事件过程，运行程序单击窗体，则在 Text2 中显示的内容是_____。

```
    Private Sub Form_Click()
      Text2.Text = Text1
      Text1.Text = Text2.Text + "P"
    End Sub
    Private Sub Form_Load()
      Text1.Text = "M"
      Text2.Text = "N"
```

```
End Sub
Private Sub Text1_Change()
  Text2.Text = Text1.Text + Text2.Text
End Sub
```

9. 下列语句执行时，弹出对话框按钮的个数是_____。

```
MsgBox "确认！", vbAbortRetryIgnore + vbInformation, "提示"
```

10. 在窗体上有一个命令按钮 CmdMax，标题文本为"字体变大"。程序运行时，单击按钮，窗体上显示"欢迎来到 VB 世界"，字号每次增加 2。请填空。

```
Private Sub Form_Load()
    _____.Caption = "字体变大"
End Sub
Private Sub CmdMax_Click()
    Form1.FontSize = _____
    Print "欢迎来到 VB 世界"
End Sub
```

11. 若 x 的值为 23，在信息框中显示 x 的值，弹出如图 3.16 所示信息框的语句是_____。

图 3.16 弹出的信息框

第4章　选择结构

任何基本的程序结构，不外乎是输入及输出，根据输入的内容，经过选择判断、分析、处理之后，

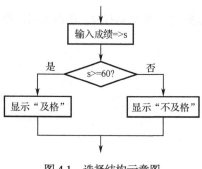

再做适当的输出。而中间的程序处理过程主要通过结构化的 3 种基本结构（顺序、选择、循环）来实现。如根据输入的成绩值，判断是否达到及格之上，成绩就需要和 60 分进行比较，程序处理过程流程如图 4.1 所示。

当比较成绩之后，大于等于 60 分的要显示"及格"，小于 60 分的显示"不及格"，这种以数据比较来选择不同的程序流程，就是选择结构。

构造选择结构基本要素有两个：一是如何表示条件（一般用关系表达式或逻辑表达式），二是实现选择结构的语句（If 语句或 Select Case 语句）。

图 4.1　选择结构示意图

4.1　条件表达式

条件表达式主要用于条件和循环语句中，用来表示判断的条件。VB 中的条件表达式主要有两类：关系表达式和逻辑表达式。

4.1.1　关系运算

关系运算主要用来比较两个数据的大小关系，用关系运算符将两个运算对象（常量、变量或表达式）连接起来的式子称为关系表达式。关系表达式的值只有两种，即 True（表示关系成立）和 False（表示关系不成立）。

例如，x>0 是比较运算，也就是关系运算，">"是一种关系运算符。如果 x 的值为 1，那么 x>0 条件满足，关系运算 x>0 的结果为 True；如果 x 的值为-1，那么 x>0 条件不满足，关系运算 x>0 的结果为 False。

VB 的关系运算符如表 4.1 所示。

表 4.1　关系运算符

运　算　符	名　　称	示　　例	结　　果
<	小于	7 < 3	False
<=	小于等于	3 <= 7	True
>	大于	"a" > "c"	False
>=	大于等于	12 >= 12	True
=	等于	1 = 0	False
<>	不等于	1 <> 0	True
Like	字符串匹配	"abcbcd" Like "*bc*"	True

说明：

① 比较运算符两侧的运算对象可以是数值型、字符串和日期型，但两侧的数据类型必须一致。

② 若运算对象是数值型，则按其大小比较。

③ 如果运算对象是字符串，比较规则是，从左到右逐个对相应位置的字符进行比较（按 ASCII 码值的大小比较），直到出现不同的字符为止，这两个不同的字符确定对应字符串的大小。例如：

```
"Abcd" = "abcd"          '结果为 False
"32" < "5"               '结果为 True
"abc" > "abd"            '结果为 False
"abcd" > "abc"           '结果为 True
```

说明：汉字字符大于西文字符。

④ 如果运算对象是日期，越早的日期越小，越晚的日期越大。

⑤ 所有关系运算符同级，低于算术运算。例如：

```
c > a + b 等价于 c > ( a + b )
```

注意：对于形如 "10<=x<=20" 的关系表达式，从语法上来说是允许的，但是它并不能正确地表示用户的意图。比如，当用户希望 x 的值在[10,20]范围内时，表达式值为 True，否则为 False。那么当 x=1 时，按照运算符的运算规则，两个 "<=" 属于同级运算，先计算左边的 10<=x，所得结果为 False，再计算 False<=20 时，系统将 True 转换成-1，False 转化成 0 再和数值 20 比较，结果为 True，显然结果不对。其实无论 x 的值为多少，按照 VB 的运算规则，表达式 "10<=x<=20" 的值都是 True。要正确表达 x 的值在[10,20]范围内，需要使用逻辑表达式。

⑥ Like 运算符用于判断一个字符串是否和另一个字符串匹配，一般使用格式为：

```
字符串 1 Like 字符串 2
```

其中：字符串 2 可以使用通配符 "?"（表示任意一个字符）和 "*"（表示 0 个和多个字符）。若 "字符串 1" 和 "字符串 2" 匹配，结果为 True，否则为 False。

例如：

```
"ABCDEF" Like "?DE?"          '结果为 False
"ABCDEF" Like "*DE*"          '结果为 True
```

【例 4.1】 关系表达式示例。

编写窗体单击事件过程如下：

```
Private Sub Form_Click()
  Dim x As Integer, y As Boolean
  x = 8
  Print x + 2 = 10,
  y = x = 10
  Print x, y, #6/7/2016# > Date
End Sub
```

程序运行单击窗体，输出的结果是：

```
True        8        False        False
```

注意：在表达式中的 "=" 是关系运算 "等于"。

4.1.2 逻辑运算

关系运算处理的是简单的比较运算，而逻辑运算则处理的是复杂的关系运算。

逻辑表达式是由逻辑运算符把关系表达式或逻辑值连接起来的式子，逻辑运算符有 Not（逻辑非）、And（逻辑与）、Or（逻辑或）、Xor（逻辑异或）、Eqv（逻辑相等）和 Imp（逻辑蕴含）。逻辑运算的结果只有两种，即 True 和 False。除 Not 是单目运算之外，其余的都是双目运算。

设 A 和 B 是两个逻辑变量，A 和 B 进行逻辑运算的规则如表 4.2 所示。

表 4.2 逻辑运算规则表

A	B	Not A	A And B	A Or B	A Xor B	A Eqv B	A Imp B
True	True	False	True	True	False	True	True
True	False	False	False	True	True	False	False
False	True	True	False	True	True	False	True
False	False	True	False	False	False	True	True

例如，要求 x 大于等于 10 且小于等于 20 时，这样的条件就要用到逻辑运算，使用如下表示形式：

```
x>=10 And x<=20
```

又如：

```
a = 27: b = 38
a > 5 And b <= 5          '结果为 False
a > 5 Or b <= 5           '结果为 True
Not (a > 5)              'a>5 为 True，再运算 Not，结果为 False
```

说明：逻辑运算的优先级顺序是：Not、And、Or、Xor、Eqv、Imp；若在表达式中有多种运算符时，先处理算术运算，再处理字符串运算，接着处理关系运算，最后处理逻辑运算。括号优先，相邻两个运算符同级按从左到右的顺序处理每个运算符。例如：

```
3<>2 And Not 4<6 Or "12"="123"
```

以上表达式先处理三个关系运算，再处理 Not 运算，然后处理 And 运算，最后处理 Or 运算，表达式结果为 False。

掌握了 VB 的关系运算符和逻辑运算符后，就可以表示一个复杂的条件了。例如，判断某一年是否是闰年。判断闰年的方法是年值须符合下面两个条件之一：

① 能被 4 整除，但不能被 100 整除。

② 能被 400 整除。

假设用变量 year 表示某一年的年值，则第一个条件可表示为：

```
year Mod 4 = 0 And year Mod 100 <> 0
```

第二个条件可表示为：

```
year Mod 400 = 0
```

综合起来，判断闰年的条件可以用一个逻辑表达式表示：

```
(year Mod 4 = 0 And year Mod 100 <> 0) Or year Mod 400 = 0
```

若表达式为真，闰年条件成立，则是闰年，否则不是闰年。

4.2 If 语句

在 VB 中可以用 If 语句构成选择结构，其语义是，根据给定条件的值，以决定执行某个分支程序段，所以也称为条件语句。

4.2.1 If 语句的 3 种形式

If 语句根据所包含的分支数，可以分为单分支 If 语句、双分支 If 语句和多分支 If 语句。

1. 单分支 If⋯Then 语句

如果只需要判断某个数据是否符合条件，符合就进行相关处理，不符合就不处理，可以使用单分支 If 语句，语句格式如下：

```
If 表达式 Then
    语句块
End If
```

其中，"表达式" 一般是关系或逻辑表达式。如果 "语句块" 只有一条语句，也可以写成一行，此时就可以省略 End If。写在一行的 If⋯Then 语句格式如下：

```
If 表达式 Then 语句
```

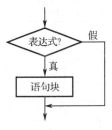

语句在执行时，先计算 "表达式" 的值，若为 True，执行 Then 后面的语句块，然后执行 If 语句的后续语句（即 End If 后面的语句）；否则不做任何操作，直接执行 If 语句的后续语句。语句执行流程如图 4.2 所示。

例如：

图 4.2 单分支 If 语句的执行流程

```
If score >= 60 Then
    Print "成绩合格！"
End If
```

表示 score 满足大于等于 60，输出 "成绩合格！"，否则不做任何处理。以上语句也可以写在一行，如：

```
If score >= 60 Then Print "成绩合格！"
```

注意：写在一行上的 If 语句没有 End If。

说明：If 语句的条件表达式还可以是数值型表达式，当数值型表达式为非零时，表示条件成立；如果是 0 值，表示条件不成立。例如：

```
If score Then Print "score 是非 0 值"
```

如果 score 的值不为 0（即非零值），则会在窗体上输出文本 "score 是非 0 值"。

【例 4.2】 任意输入两个数，求其中较大的数。

分析：设置两个变量 a、b 保存输入的数值，再设置变量 max 保存其中较大的数。首先假设 a 是较大的数，即先把 a 赋予变量 max，再用 if 语句判别 max 和 b 的大小，如果 max 小于 b，则把 b 赋予 max。因此，max 中总是较大的数，最后输出 max 的值。程序处理流程如图 4.3 所示。

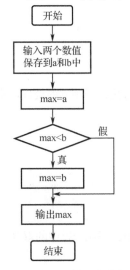

图 4.3 例 4.2 的程序流程

编写的事件过程代码如下：

```
Private Sub Form_Click()
  Dim a As Single, b As Single, max As Single
  a = Val(InputBox("请输入第 1 个数"))
  b = Val(InputBox("请输入第 2 个数"))
  max = a
  If max < b Then max = b
  Print "max="; max
End Sub
```

程序运行单击窗体，如果输入数据序列是 23 和 45，输出的结果是：

```
max=45
```

【例 4.3】 任意输入两个数，按照由小到大的顺序输出。

分析：设置两个变量 a、b 保存输入的数值；比较 a 和 b 的大小，若满足"a>b"，则将 a 和 b 中的数值互换，这样保证变量 a 保存的是较小数，变量 b 中保存的是较大数；最后先输出 a 的值，再输出 b 的值。程序流程如图 4.4 所示。

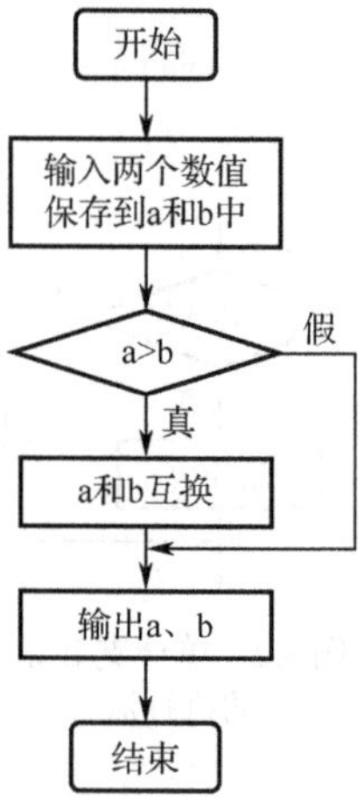

编写事件过程代码如下：

图 4.4 例 4.3 的程序流程

```
Private Sub Form_Click()
  Dim a As Single, b As Single, t As Single
  a = Val(InputBox("请输入第 1 个数"))
  b = Val(InputBox("请输入第 2 个数"))
  If a > b Then
    t = a
    a = b
    b = t
  End If
  Print "由小到大顺序为："; a; b
End Sub
```

程序运行单击窗体，如果输入数据序列是 89 和 45，输出的结果是：

```
45 89
```

2. 双分支 If…Then…Else 语句

双分支 If 语句实现的是二选一的结构，如果要对判断后的两种结果都要分别给予不同的处理，就可以使用这种结构，语句格式如下：

```
If 表达式 Then
    语句块 1
Else
    语句块 2
End If
```

如果"语句块"只有一条语句，也可以写成一行，此时就可以省略 End If。写在一行中的双分支 If 语句格式如下：

```
If 表达式 Then 语句 1 Else 语句 2
```

语句在执行时，先计算"表达式"的值，若为 True，执行 Then 后面的"语句块 1"，否则执行 Else 后面的"语句块 2"；执行"语句块 1"或"语句块 2"后接着执行 If 语句的后续语句。语句执行流程如图 4.5 所示。

例如：

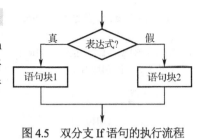

图 4.5 双分支 If 语句的执行流程

```
If score >= 60 Then
    Print "成绩合格！"
Else
    Print "成绩不合格！"
End If
```

表示 score 满足大于等于 60，输出"成绩合格！"，否则输出"成绩不合格！"。以上语句也可以写在一行，如：

```
If score >= 60 Then Print "成绩合格！" Else Print "成绩不合格！"
```

【例 4.4】 任意输入 3 个数，求其中最大的数。

分析：设置 3 个变量 a、b、c 保存输入的数值，变量 max 保存最大数。首先比较 a 和 b 的大小，将其中较大数保存到 max 中，再比较 max 和 c 的大小，将较大数保存到 max。因此，max 中总是较大的数，最后输出 max 的值，程序流程如图 4.6 所示。

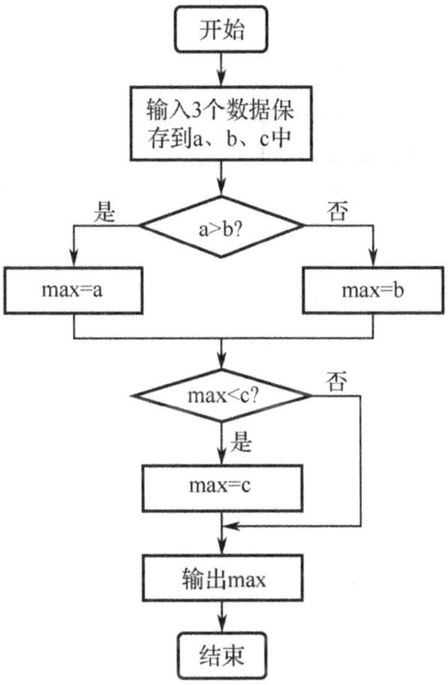

编写事件过程代码如下：

```
Private Sub Form_Click()
    Dim a As Single, b As Single, c As Single
    a = Val(InputBox("请输入第 1 个数"))
    b = Val(InputBox("请输入第 2 个数"))
    c = Val(InputBox("请输入第 3 个数"))
    If a > b Then
        max = a
    Else
        max = b
    End If
    If max < c Then max = c
    Print "max="; max
End Sub
```

图 4.6 例 4.4 的程序流程

程序运行单击窗体，输入数据序列是 36、75 和 55，输出的结果是：

```
max=75
```

3. 多分支 If···Then···ElseIf 语句

多分支 If 语句实现的是多选一的结构，主要应用在要对多个条件进行判断，但只选其中一个分支执行的情况，语句格式如下：

```
If 表达式 1 Then
    语句块 1
```

```
    ElseIf 表达式 2 Then
       语句块 2
    ElseIf 表达式 3 Then
       语句块 3
    ……
    [Else
       语句块 n]
    End If
```

语句在执行时先计算"表达式 1"的值，若为真，则执行"语句块 1"，然后执行 If 语句的后续语句（即 End If 后面的语句）。若为假，则计算"表达式 2"的值，…，依次类推，直到出现某个表达式的值为真时，则执行其对应的语句块，然后执行 End If 后面的语句；如果所有表达式均为假，则执行 Else 后面的"语句块 n"，然后执行 End If 后面的语句；若无 Else 选项，且所有条件表达式值都不为真，则不执行 If 语句中的任何语句块。多分支 If 语句执行流程如图 4.7 所示。

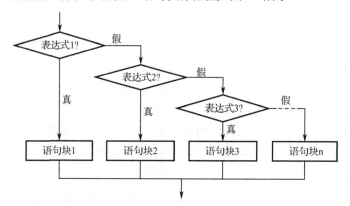

图 4.7   多分支 If 语句的执行流程

例如：

```
    If number > 100 Then
       cost = 0.15
    ElseIf number > 50 Then
       cost = 0.1
    Else
       cost = 0
    End If
```

表示 number 满足大于 100，变量 cost 的值为 0.15；否则 number 满足大于 50，变量 cost 的值为 0.1；以上两个条件都不满足，变量 cost 的值为 0。

【例 4.5】 编写程序判断从键盘输入的字符是数字字符、英文字母，还是其他字符。

分析：定义一个字符串变量 c，保存从键盘输入的字符，然后根据 c 的值来判别输入字符的类别。字符的类别只能是三类字符其中之一，属于多选一的处理，采用多分支 If 语句实现。

编写的事件过程代码如下：

```
    Private Sub Form_Click()
      Dim c$
      c = InputBox("请输入一个字符")
```

```
    If c >= "0" And c <= "9" Then
       Print c & "是数值字符！"
    ElseIf c >= "A" And c <= "Z" Or c >= "a" And c <= "z" Then
       Print c & "是英文字母！"
    Else
       Print c & "是其他字符！"
    End If
End Sub
```

程序运行单击窗体，在输入对话框输入"A"时，输出的结果是：

A 是英文字母！

【例 4.6】 已知学生的百分制成绩，编写程序按百分制分数进行分段评定，输出相应的等级。等级规则如下：

$$成绩等级 = \begin{cases} A等, & 成绩 \geqslant 90? \\ B等, & 80 \leqslant 成绩 \leqslant 89 \\ C等, & 70 \leqslant 成绩 \leqslant 79 \\ D等, & 60 \leqslant 成绩 \leqslant 69 \\ E等, & 成绩 < 60 \end{cases}$$

分析：这是一个典型的多分支选择问题。定义一个整型变量 score 保存从键盘输入的成绩，一个字符型变量 grade 表示相应的等级；用 If-Then-ElseIf 语句判断成绩所在的范围，给字符型变量 grade 赋予相应的评定等级值；最后输出 score 和 grade 的值。

编写的事件过程代码如下：

```
Private Sub Form_Click()
    Dim score As Integer, grade As String
    score = Val(InputBox("请输入成绩"))
    If score >= 90 Then
       grade = "A"
    ElseIf score >= 80 Then
       grade = "B"
    ElseIf score >= 70 Then
       grade = "C"
    ElseIf score >= 60 Then
       grade = "D"
    Else
       grade = "E"
    End If
    Print score & "的等级是：" & grade
End Sub
```

程序运行单击窗体，在输入对话框输入 89 时，输出的结果是：

89 的等级是：B

4.2.2 If 语句的嵌套

If 语句的嵌套是指在 If 语句中又包含一条或多条 If 语句。采用嵌套结构的实质是为了实现多分支选择，嵌套结构的 If 语句一般形式可表示如下：

```
If 表达式 1 Then
  If 表达式 2 Then              '内嵌 If 语句
    语句块 1
  Else
    语句块 2
  End If
Else
  If 表达式 3 Then 语句 3        '内嵌 If 语句
End If
```

该语句的功能是，如果"表达式 1"和"表达式 2"的值均为 True，则执行语句块 1；如果"表达式 1"的值为 True，而"表达式 2"的值为 False，则执行语句块 2；如果"表达式 1"的值为 False，而"表达式 3"的值为 True，则执行语句 3；如果"表达式 1"和"表达式 3"的值均为 False，则不做任何操作。所以该语句实现了 3 个分支的选择。

【例 4.7】 用 if 语句的嵌套形式完成下列分段函数的计算：

$$y = \begin{cases} -1, & x < 0 \\ 0, & x = 0 \\ 1, & x > 0 \end{cases}$$

分析：这是一个 3 分支问题，从键盘得到 x 的值，根据 x 值的范围求出 y 的值并输出。

编写的事件过程代码如下：

```
Private Sub Form_Click()
  Dim x As Double, y As Double
  x = Val(InputBox("请输入 x 的值"))
  If x = 0 Then
    y = 0
  Else
    If x > 0 Then y = 1 Else y = -1     '嵌套的 If-Else 语句
  End If
  Print "x="; x; "y="; y
End Sub
```

程序运行单击窗体，在输入对话框中输入 3 时，输出的结果是：

```
x=3 y=1
```

如果使用多分支 If 语句实现例 4.7 分段函数的计算，程序代码如下：

```
If x > 0 Then
  y = 1
ElseIf x < 0 Then
  y = -1
Else
  y = 0
End If
```

请注意理解多分支 If 语句和嵌套 If 语句编程的特点。

说明：

① 使用嵌套的 If 语句形式，嵌套必须完全嵌套，也就是内层 If 语句必须完全包含在外层 If 语句之中。

② 由于 If 语句有多种形式，所以嵌套形式也有多种，应当注意 If 与 Else 的配对关系。关键字 If 可以没有对应的关键字 Else（如单分支 If 语句），但关键字 Else 必须要有对应的关键字 If。VB 规定从最内层开始，Else 总是与位于它前面最近的未配对的 If 进行配对。例如：

```
If x >= 0 Then
  If y = 0 Then                   '嵌套的 If-Else 语句
    Print "x>=0 同时 y 为 0"
  Else
    Print "x>=0 同时 y 不为 0"
  End If
End If
Print "x<0"
```

③ 为了增强程序的可读性，嵌套的 If 语句应该采用缩进形式书写。

4.2.3　IIf 函数

如果希望表达式的运算结果有两种不同的返回值，可以通过 IIf 函数实现。IIf 函数的一般调用形式为：

```
IIf(表达式 1, 表达式 2, 表达式 3)
```

其中："表达式 1"是条件表达式，如果"表达式 1"的值为 True，函数值为"表达式 2"的值，否则为"表达式 3"的值。

IIf 函数有时候可以替代 If-Then-Else 语句，实现根据不同的条件给同一个变量赋不同的值。例如：

```
max = IIf(a > b, a, b)                  '求两个数的最大值
y = IIf(x = 0, 0, IIf(x > 0, 1, -1))    '实现例 4.7 的分段函数的计算
```

这样不但使程序简单，也提高了运行效率。

4.3　Select Case 语句

使用嵌套的 If 语句和多分支 If 可以处理多分支选择结构，但同时也应看到如果分支较多，则嵌套的 if 语句层数较多，程序冗长，可读性降低，而且编写程序容易出错。Select Case 语句是多分支结构的另一种表示形式，简单清晰容易理解，其一般形式为：

```
Select Case 测试表达式
  Case 表达式列表 1
    语句块 1
  Case 表达式列表 2
    语句块 2
    …
  Case 表达式列表 n
    语句块 n
  [Case Else
```

```
    语句块 m]
End Select
```

语句执行时，先计算"测试表达式"的值，并从第一个 Case 子句开始将其逐个与 Case 后的表达式值进行比较，当与某个 Case 子句的表达式值相等时，则执行该 Case 后的语句块，然后跳出 Select Case 语句，执行 End Select 的后续语句；Case Else 用于"测试表达式"的值和任何 Case 子句的表达式之间未找到相等的值时，执行其对应的"语句块 m"，然后执行 End Select 后面的语句；若无 Case Else 选项，"测试表达式"的值和任何 Case 子句的表达式之间未找到相等的值时，则不执行语句中的任何语句块。

说明：Case "表达式列表"中的表达式必须与"测试表达式"的类型相同，"表达式列表"有以下几种形式：

① 一个或多个表达式。多个表达式之间用逗号（,）隔开。例如：

```
Case 20                   '"测试表达式"的值是否是 20
Case 10, 34, 12           '"测试表达式"的值是否是 3 个数其中之一
```

② 使用"表达式 1 To 表达式 2"来表示数值范围。例如：

```
Case 10 To 20             '"测试表达式"的值是否是指定范围中的一个值
Case "a" To "z"           '"测试表达式"的值是否是小写字母
```

③ 使用"Is 关系运算符 表达式"来表示一个关系表达式。Is 表示是"测试表达式"的值与"表达式"进行比较。例如：

```
Case Is > 10              '"测试表达式"的值是否满足大于 10
Case Is >= 20, Is <= 10   '"测试表达式"的值是>=20 或是<=10
```

注意：Case 子句后面不能出现逻辑表达式，如"Case x>=10 And x<=20"就是错误的子句；如果"测试表达式"的值与多个 Case 子句中的表达式匹配，则只有第一个匹配后的语句被执行。

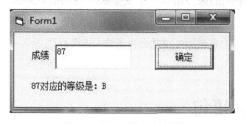

图 4.8　例 4.8 的运行界面

【例 4.8】 使用 Select Case 语句改写例 4.6。

要求在窗体上添加一个文本框 Text1、初始内容为空白；两个标签 Label1（标题文本为"成绩"）和 Label2（初始内容为空白）；一个标题文本为"确定"的命令按钮 Command1。文本框 Text1 用来输入成绩值，单击"确定"按钮，将成绩及等级信息显示在标签 Label2 中。运行结果如图 4.8 所示。

分析：各控件属性的初值，在属性窗口中进行设置；变量 score 保存 Text1 中输入的成绩值；使用 Select Case 语句测试 score 的值属于哪个范围，将表示等级的字符保存到变量 grade 中；最后将 score 和 grade 中的值通过"&"运算连接成一个字符串，赋值给标签 Label2 的 Caption 属性。

编写的事件过程代码如下：

```
Private Sub Command1_Click()
  Dim score As Integer, grade As String
  score = Val(Text1.Text)
  Select Case score
    Case 90 To 100            '也可以写成 Case Is >= 90, Is <= 100
        grade = "A"
    Case 80 To 89             '也可以写成 Case Is >= 80
        grade = "B"
```

```
        Case 70 To 79
            grade = "C"
        Case 60 To 69
            grade = "D"
        Case Else
            grade = "E"
    End Select
    Label2.Caption = score & "对应的等级是：" & grade
End Sub
```

4.4　单选按钮、复选框和框架

单选按钮和复选框属于选择性的控件，都是用来提供给用户选择某个选项的"是/否"或"真/假"的控件。在一组复选框中可以允许选择多个选项，而一组单选按钮则允许选择一个选项。这两个选框的区别是一个通过"圆圈"表示，一个通过"方框"表示。

框架主要作为容器，用来对控件进行分组。

4.4.1　单选按钮

单选按钮控件（OptionButton）也称单选钮，由一个圆圈及紧挨它的文字组成。当单击单选钮时，圆圈内出现一个黑点表示该项被选中；没有选中时，圆圈中间没有黑点（参见图 4.9）。

单选钮通常是成组使用，提供在一组选项中只能选择一项的功能。当单击其中一个单选钮后，其他的单选钮自动设置为非选择状态。单选钮控件默认的名称为 Option1，Option2，…。

1．常用属性

单选钮的常用属性如表 4.3 所示。

表 4.3　单选按钮的常用属性

属　　性	含　　义
Caption	指定单选按钮的标题文本。默认是单选按钮控件的名称，并显示在单选按钮的右侧。
Alignment	指定标题文本的对齐方式。0-左对齐（默认），标题文本显示在"圆圈"的右侧；1-右对齐，标题文本显示在"圆圈"的左侧。
Value	指定单选钮是否处于选中状态。选中时 Value 为 True，否则为 False（默认）。

2．常用事件

单选钮的常用事件就是当用户单击单选钮时发生的 Click 事件。

【例 4.9】　设计一个窗体，用 3 个单选钮实现文本框 Text1 中文字颜色的控制。

在窗体上添加一个文本框和 3 个单选按钮，名称分别为 Option1、Option2 和 Option3。在属性窗口分别设置 3 个单选钮的 Caption 属性为"红"、"蓝"和"绿"，文本框 Text1 的 Text 属性为"青岛理工大学"（参看图 4.9）。

编写 3 个单选钮的单击事件过程代码如下：

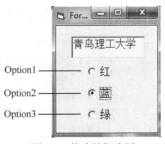

图 4.9　单选按钮应用

```
Private Sub Option1_Click()
  Text1.ForeColor = vbRed
End Sub
Private Sub Option2_Click()
  Text1.ForeColor = vbBlue
End Sub
Private Sub Option3_Click()
  Text1.ForeColor = vbGreen
End Sub
```

程序运行单击 Option2，运行结果如图 4.9 所示。

4.4.2　复选框

复选框（CheckBox）控件的组成包括一个方框及紧挨它的文字。单击复选框的方框，可以选中或取消选中。选中复选框时方框内有"√"标记；未选中时，方框内没有"√"标记（参见图 4.10）。复选框属于多选类控件，列出可供用户选择的选项，用户可以用鼠标单击复选框的方框选定其中的一个选项或多个或不选任何项。复选框控件默认的名称为 Check1，Check2，…。

1．常用属性

复选框的常用属性如表 4.4 所示。

表 4.4　复选框的常用属性

属　　性	含　　义
Caption	指定复选框的标题文本，显示在复选框的右侧，默认是该控件的名称。
Alignment	指定标题文本的对齐方式。属性值的设置参见单选钮。
Value	指定复选框的 3 种状态。0-未选中（默认）；1-选中状态；2-灰色状态，复选框方框内有"√"标记，但不允许用户修改它所处的状态。

2．常用事件

复选框的常用事件就是当用户单击复选框时发生的 Click 事件。与单选钮不同的是，每单击一次复选框，都会改变其是否选中状态（如果当前未选中，单击后改变为选中状态，再次单击，改变为未选中状态）。也就是说只会改变被单击的复选框，不会影响同组的其他复选框控件。

【例 4.10】　设计一个窗体，用 3 个复选框实现文本框 Text1 中文字字形的控制。

在窗体上添加一个文本框 Text1 和 3 个复选框（Check1～Check3）。在属性窗口分别设置 3 个复选框的 Caption 属性为"粗体"、"斜体"和"下划线"（参看图 4.10），文本框 Text1 的 Text 属性为"青岛理工大学"。

编写 3 个复选框的单击事件过程代码如下：

```
Private Sub Check1_Click()
  If Check1.Value = 1 Then          '判断复选框 Check1 是否被选中
    Text1.FontBold = True
  Else
    Text1.FontBold = False
  End If
End Sub
```

```
Private Sub Check2_Click()
  Text1.FontItalic = IIf(Check2.Value = 1, True, False)
End Sub
Private Sub Check3_Click()
  Text1.FontUnderline = Not Text1.FontUnderline
End Sub
```

程序运行单击 Check1 和 Check3 的运行结果如图 4.10 所示。

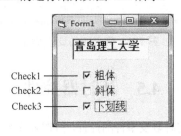

图 4.10   例 4.10 复选框的应用

4.4.3 框架

框架（Frame）是一种容器型的控件，可以利用它把其他具有相同功能的控件组织在一起形成控件组。要组成控件组，首先绘制框架，然后把控件添加在框架中。框架控件默认的名称为 Frame1，Frame2，…。

框架最常用的属性是 Caption 属性，用于设置框架的标题文本。

框架经常和单选按钮同时使用。添加到同一容器上的单选钮互为一组，如放置在窗体上的单选钮属于一组，运行程序时同一组单选钮中只能选取一项。如果要使用多组单选钮，就可以使用框架对单选钮进行分组，每个框架中的单选钮属于一组，即每个框架中可以选择一个单选钮。

【例 4.11】 设计一个窗体，理解框架应用。

在窗体上添加一个文本框（Text1），其 Text 属性设置为"青岛理工大学"；两个框架 Frame1 和 Frame2，其 Caption 属性分别设置为"字体"和"字号"；在 Frame1 上添加两个单选按钮 Option1 和 Option2，其 Caption 属性分别设置为"微软雅黑"和"隶书"；Frame2 上添加两个单选按钮 Option3 和 Option4，其 Caption 属性分别设置为"16 号"和"24 号"；两个命令按钮 Command1 和 Command2，其 Caption 属性分别设置为"确定"和"结束"（参看图 4.11）。

编写的程序代码如下：

```
Private Sub Command1_Click()
  If Option1.Value = True Then              '测试 Option1 是否处于选中
    Text1.FontName = "微软雅黑"
  Else
    Text1.FontName = "隶书"
  End If
  Text1.FontSize = IIf(Option3.Value, 16, 20)
End Sub
Private Sub Command2_Click()
  End
End Sub
```

程序运行后，用户在两个框架中分别选择字体、字号，单击"确定"按钮，文本框中文本的字体和大小都会相应发生变化，运行界面如图 4.11 所示。

图 4.11　例 4.11 的设计界面

4.5　计时器控件

计时器（Timer）控件是一种定时触发事件的控件。计时器工作时，有规律地以一定的时间间隔触发计时器事件而执行相应的程序代码。可以用来完成模拟时钟、系统延时、倒计时等工作。计时器控件默认的名称为 Timer1、Timer2，…。

1．常用属性

计时器的常用属性如表 4.5 所示。

表 4.5　计时器的常用属性

属　　性	含　　义
Enabled	当值为 True 时，启动计时器，为 False（默认）关闭计时器（计时器不工作）。
Interval	控制 Timer 事件触发的时间间隔，单位是毫秒。将该属性设置为 0，相当于关闭计时器。

说明：在设计阶段计时器显示为 图标，在运行时不可见。所以计时器控件没有 Width、Height 和 Visible 等相关属性。

2．常用事件

计时器只有一个 Timer 事件。当计时器处于启动状态时，每当达到 Interval 属性指定的时间间隔时，就会触发 Timer 事件并执行事件过程代码。

【例 4.12】动态显示时钟。

在窗体上添加一个文本框 Text1 用来显示时间，设置其 Text 属性为空白；两个命令按钮 Command1 和 Command2，分别设置其 Caption 属性为"开始"和"结束"。一个计时器控件 Timer1，设置其 Interval 属性为 1000；窗体 Form1 的 Caption 属性为"电子时钟"，设计界面如图 4.12 所示。

编写的事件过程代码如下：

```
Private Sub Form_Load()
  Text1.Text = Time         '初始显示一个静态时间
  Timer1.Enabled = False    '初始关闭计时器
End Sub
Private Sub Command1_Click()
  Timer1.Enabled = True     '启动计时器，之后每隔设定的 1 秒就会触发 Timer 事件
End Sub
```

```
Private Sub Command2_Click()
  Timer1.Enabled = False       '关闭计时器
End Sub
Private Sub Timer1_Timer()     '每隔 1 秒，执行 1 次本事件过程
  Text1.Text = Time
End Sub
```

程序运行后，文本框显示当前系统时间，单击"开始"按钮，文本框中显示的时间每隔一秒动态发生变化；单击"结束"按钮，文本框显示的时间不再发生变化。运行界面如图 4.13 所示。

图 4.12　例 4.12 的设计界面　　　　　图 4.13　例 4.12 的运行界面

【例 4.13】　设计"滚动字"。实现每隔 0.5 秒文本框中的文本向左循环滚动一个字符。

分析：为实现文字动态显示效果，可采用字符串函数来取得每次要显示的文字，并利用计时器按指定时间间隔显示文字。在窗体上添加一个文本框 Text1 用来显示滚动的文本，设置其 Text 属性为"青岛理工大学信控学院"；一个计时器控件 Timer1，设置其 Interval 属性为 500，设计界面如图 4.14 所示。

图 4.14　例 4.13 的设计界面

编写的计时器控件的 Timer 事件过程代码如下：

```
Private Sub Timer1_Timer()
   s = Text1
   Text1.Text = Mid(s, 2) + Left(s, 1)
End Sub
```

程序运行后，文本框中文本每隔 0.5 秒自左向右循环滚动。

4.6　程序举例

【例 4.14】　设计程序，模仿 Word 字处理软件中查找和替换功能。

在窗体上添加 3 个文本框，文本框 Text1 用来输入原始内容，文本框 Text2 用来输入查找文本，文本框 Text3 用来输入替换文本，分别设置这 3 个文本框的 Text 属性为空白；设置 Text1 的 MultiLine 为 True（多行文本框），ScrollBars 为 2（有垂直滚动条），HideSelection 为 False（Text1 失去焦点，其中选中文本标记不消除）；添加的两个标签和 3 个命令按钮，设置的属性如图 4.15 所示。

分析：在一个"字符串 1"中查找一个"子串"，通过使用函数 Instr("字符串 1", "子串")获取函数的值。若函数值为 0，则表示在"字符串 1"中不包含"子串"，否则表示"子串"在"字符串 1"中的位置；通过文本框控件的 SelStart、SelLength 和 SelText 这 3 个属性设置或读取选中的文本。

编写的事件过程代码如下:

```
Private Sub Command1_Click()                '单击"查找"按钮执行的代码
  Dim pos As Integer, finStr As String
  finStr = Text2.Text
  If Len(finStr) <> 0 Then                   '判断 Text2 内容是否为空
    pos = InStr(Text1.Text, finStr)          '在 Text1 中查找 Text2 的内容
    If pos = 0 Then                          'pos 为 0，表示没找到
      MsgBox "没有找到"
    Else
      Text1.SelStart = pos - 1               '找到子串，设置选中标记
      Text1.SelLength = Len(finStr)
    End If
  Else
    MsgBox "请输入查找内容！"                   'Text2 内容为空，设置 Text2 焦点
    Text2.SetFocus
  End If
End Sub
Private Sub Command2_Click()                '单击"替换"按钮执行的代码
  Dim repStr As String
  repStr = Text3.Text
  If Len(repStr) <> 0 Then
    If Text1.SelLength > 0 Then   'Text3 内容不为空且 Text1 有选定，完成替换
      Text1.SelText = repStr
    Else
      MsgBox "没有选中内容！"
    End If
  Else
    MsgBox "请输入替换内容！"
    Text3.SetFocus
  End If
End Sub
Private Sub Command3_Click()                '单击"删除"按钮执行的代码
  Text1.SelText = ""
End Sub
```

程序运行，在文本框 Text2 中输入查找文本后，单击"查找"按钮，在文本框 Text1 中找到的文本将以高亮度显示出来；单击"替换"按钮，文本框 Text1 中选定的文本将被 Text3 中文本替换；单击"删除"按钮，将文本框 Text1 中选定的内容删除。运行界面如图 4.16 所示。

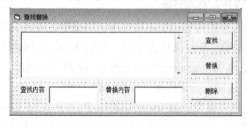

图 4.15　例 4.14 的设计界面

图 4.16　例 4.14 的运行界面

【例 4.15】 设计用户登录界面，要求对输入的"用户名"和"密码"进行检测。

在窗体上添加两个文本框，文本框 Text1 用来输入用户名，文本框 Text2 用来输入密码，分别设置其 Text 属性为空白；设置 Text2 的 PasswordChar 属性为"*"（使其具有密码的特性），MaxLength 属性值为 6（最多只能输入 6 个字符）。一个标题文本为"登录"的命令按钮 Command1。运行界面如图 4.17 所示。

图 4.17　例 4.15 的运行界面

编写的事件过程代码如下：

```
Private Sub Form_Load()
  Show
  Text1.SetFocus
End Sub
Private Sub Command1_Click()
  If Text1.Text = "admin" Then
    If Text2.Text = "123456" Then
      MsgBox "恭喜你！是合法用户"
    Else
      MsgBox "密码错！请重新输入"
      Text2.SetFocus                '设置选定 Text2 中所有内容方便修改
      Text2.SelStart = 0
      Text2.SelLength = Len(Text2.Text)
    End If
  Else
    MsgBox "用户名错！请重新输入"
    Text1.SetFocus
    Text1.SelStart = 0
    Text1.SelLength = Len(Text1.Text)
  End If
End Sub
Private Sub Text1_KeyPress(KeyAscii As Integer)
  If KeyAscii = 13 Then            '在 Text1 中输入回车，将插入点移至 Text2，方便输入
    Text2.SetFocus
  End If
End Sub
```

程序运行，用户输入用户名和密码，单击"确定"按钮，都会弹出相应的信息框。

【例 4.16】 设计一个如图 4.18 所示的窗体，完成简易计算器的功能，实现加减乘除四则运算。

在窗体上添加 5 个标签对象 Label1～Label5，分别设置其 Caption 属性为"操作数 1"、"操作数 2"、"运算结果"、"+"和"="；3 个文本框 Text1～Text3，分别设置其 Text 属性为空白；1 个复选框 Check1，设置其 Caption 属性为"立即计算"；一个命令按钮 Command1，设置其 Caption 属性为"计算"；一个框架 Frame1，设置 Caption 为"运算选择"，并在其上添加 4 个单选钮 Option1～Option4，分别设置其 Caption 属性为"加"、"减"、"乘"和"除"，设置 Option1 的 Value 属性为 True。

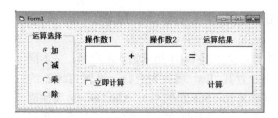

图 4.18　例 4.16 的设计界面

程序功能要求如下：

① 对输入的两个操作数具有数据合法性检验功能，只有数值才能参加运算。

② 选中"立即计算"，两个操作数只要发生变化或改变了运算模式，立即根据当前的运算模式进行计算，将计算结果显示在 Text3 中；否则，只有单击"计算"按钮才完成计算。

③ 选中某一单选钮，在标签上 Label4 上要体现出当前的运算模式（+、-、*、/）。

分析：对输入的数据进行合法性检验，在文本框的 LostFocus 事件（当文本框失去焦点时触发）代码中通过 IsNumeric 函数进行判断。如果是非法数据，设置文本框控件焦点，使焦点永远离不开文本框，直到输入合法的数据为止；当文本框的值发生变化要立即计算，响应文本框的 Change 事件；在每个单选钮的 Click 事件代码中设置 Label4 的标签文本，显示当前的计算模式；当前的计算模式可以通过测试 Label4 的 Caption 属性值（使用 Select Case 分支结构），或测试 Option1～Option4 的选中状态（使用多分支 If-Then-ElseIf 语句）。

编写的事件过程代码如下：

```
    Private Sub Command1_Click()          '单击"确定"按钮执行的代码
      If Trim(Text1) <> "" And Trim(Text2) <> "" Then
        Select Case Label4.Caption        '测试 Label4.Caption 确定运算模式
        Case "+"
          Text3.Text = Val(Text1.Text) + Val(Text2.Text)
        Case "-"
          Text3.Text = Val(Text1.Text) - Val(Text2.Text)
        Case "*"
          Text3.Text = Val(Text1.Text) * Val(Text2.Text)
        Case "/"
          If Val(Text2.Text) = 0 Then     '除数为 0，出现提示信息
            MsgBox "除数不能为 0"
            Text2 = "": Text2.SetFocus
          Else
            Text3.Text = Val(Text1.Text) / Val(Text2.Text)
          End If
        End Select
      End If
    End Sub
    Private Sub Text1_LostFocus()
      If Not IsNumeric(Text1) Then         '判断是否是数值，进行合法数据检验
        MsgBox "非法数值！"
        Text1 = "": Text1.SetFocus          '非法数据，设置焦点在 Text1 上
      End If
    End Sub
```

```
Private Sub Text2_LostFocus()          '同 Text1_LostFocus()
  If Not IsNumeric(Text2) Then
    MsgBox "非法数值！"
    Text2 = "" : Text2.SetFocus
  End If
End Sub
Private Sub Text1_Change()
  If Check1.Value = vbChecked Then       '判断是否选中 Check1
    Command1.Value = True            '触发 Command1 的 Click 事件
  End If
End Sub
Private Sub Text2_Change()            '同 Text1_Change 功能
  Text1_Change                       '执行 Text1_Change 事件过程
End Sub
Private Sub Option1_Click()           '完成 Label4 中的显示，状态改变是否需要立即计算
  Label4.Caption = "+"
  If Check1.Value = vbChecked Then Command1.Value = True
End Sub
Private Sub Option2_Click()
  Label4.Caption = "-"
  If Check1.Value = vbChecked Then Command1.Value = True
End Sub
Private Sub Option3_Click()
  Label4.Caption = "*"
  If Check1.Value = vbChecked Then Command1.Value = True
End Sub
Private Sub Option4_Click()
  Label4.Caption = "/"
  If Check1.Value = vbChecked Then Command1.Value = True
End Sub
```

在 Command1_Click 事件代码中的 Select Case 语句也可以通过测试 Option1～Option4 的选中状态实现，属于四选一的处理，使用多分支 If 语句实现。代码段如下：

```
If Option1.Value = True Then
  Text3.Text = Val(Text1.Text) + Val(Text2.Text)
ElseIf Option2.Value Then
  Text3.Text = Val(Text1.Text) - Val(Text2.Text)
ElseIf Option3.Value Then
  Text3.Text = Val(Text1.Text) * Val(Text2.Text)
Else
  Text3.Text = Val(Text1.Text) / Val(Text2.Text)
End If
```

注意：单选钮的 Value 属性是逻辑型，语句"If Option1.Value = True Then …"的形式可以简略的表示为"If Option1.Value Then …"。

习　题　4

一、单选题

1. 以下关系表达式中，其值为 False 的是（　　）。

A．"ABC">"AbC"   B．"the"<>"they"

C．"VISUAL"=UCase("Visual")   D．"Integer">"Int"

2. 执行以下程序段输出结果是（　　）。

```
x = 4: y = 4
z = x = y
x = x + 1
Print z, x = x + 1
```

A．4 6   B．True 6   C．4 False   D．True False

3. 下列关系表达式中不能判断 x 是否被 y 整除的表达式是（　　）。

A．x \ y = 0   B．Int(x / y) = x / y   C．x / y = x \ y   D．x Mod y = 0

4. 下列各语句序列中，能够将变量 u 和 s 中的较大值赋值到变量 t 中的是（　　）。

A．If u > s Then t = u   B．t = s

　　t = s   If u > s Then t = u

C．If u > s Then t = s Else t = u   D．t = u

                                      If u > s Then t = s

5. 以下程序执行后的输出结果是（　　）。

```
Private Sub Command1_Click()
  a = 5: b = 4: c = 3: d = 2
  If a > b > c Then
    Print d
  ElseIf c - 1 >= d Then
    Print d + 1
  Else
    Print d + 2
  End If
End Sub
```

A．2   B．3

C．4   D．编译时有错误，无结果

6. 下列程序段的执行结果是（　　）。

```
x = "56": y = "6"
If x < y Then z = x + y Else z = y + x
Print z
```

A．566   B．656   C．62   D．有语法错

7. 以下程序段中与语句 "k = IIf(a > b, IIf(b > c, 1, 0), 0)" 功能等价的是（　　）。

A．If a > b And b > c Then k = 1 Else k = 0

B. If a > b Or b > c Then k = 1 Else k = 0

C. If a <= b Then k = 0 Else If b <= c Then k = 1

D. If a > b Then k = 1 Else If b > c Then k = 1 Else k = 0

8. 设变量 a、b、c、d 和 y 都已正确定义并赋值。若有以下 if 语句

```
If a<b Then
  If c=d Then y=0 Else y=1
End if
```

该语句所表示的含义是（　　）。

A. $y = \begin{cases} 0 & a < b \text{且} c = d \\ 1 & a \geq b \end{cases}$ 　　　　B. $y = \begin{cases} 0 & a < b \text{且} c = d \\ 1 & a \geq b \text{且} c \neq d \end{cases}$

C. $y = \begin{cases} 0 & a < b \text{且} c = d \\ 1 & a < b \text{且} c \neq d \end{cases}$ 　　　　D. $y = \begin{cases} 0 & a < b \text{且} c = d \\ 1 & c \neq d \end{cases}$

9. 有以下计算公式

$$y = \begin{cases} \sqrt{x} & x \geq 0 \\ \sqrt{-x} & x < 0 \end{cases}$$

不能够正确计算上述公式的程序段是（　　）。

A. If x >= 0 Then y = Sqr(x) Else y = Sqr(-x)

B. y = Sqr(x)

　　If x < 0 Then y = Sqr(-x)

C. If x >= 0 Then y = Sqr(x)

　　If x < 0 Then y = Sqr(-x)

D. y = Sqr(IIf(x >= 0, x, -x))

10. 从键盘上输入一个实数 x，利用字符串函数对该数进行处理，如果输出的内容不是字符串 End，则程序输出的内容是（　　）。

```
x = InputBox("请输入一个带小数点的实数值")
n$ = Str(x)
p = InStr(n, ".")
If p > 0 Then
  Print Mid(n, p+1)
Else
  Print "End"
End If
```

A. 用字符方式输出数据 x 　　　　　　B. 输出数据的整数部分

C. 输出数据的小数部分 　　　　　　　D. 只去掉数据中的小数点，保留所有数字输出

11. 在窗体上画一个名称为 Command1 的命令按钮和两个名称分别为 Text1、Text2 的文本框，然后编写如下事件过程：

```
Private Sub Command1_Click()
  n = Text1.Text
  Select Case n
    Case 1 To 20
```

```
        x = 10
    Case 2, 4, 6
        x = 20
    Case Is < 10
        x = 30
    Case 10
        x = 40
    End Select
    Text2.Text = x
End Sub
```

程序运行后，如果在文本框 Text1 中输入 10，然后单击命令按钮，则在 Text2 中显示的内容是（　　）。

A．10　　　　　　B．20　　　　　　C．30　　　　　　D．40

12．设窗体上有一文本框和一命令按钮和以下程序：

```
Private Sub Command1_Click()
    Text1.Text = "Visual Basic"
End Sub
Private Sub Text1_LostFocus()
    If Text1.Text <> "BASIC" Then
        Text1.Text = ""
        Text1.SetFocus
    End If
End Sub
```

程序运行时，在 Text1 文件框中输入"Basic"，然后单击 Command1 按钮，则产生的结果是（　　）。

A．文本框中无内容，焦点在文本框中　　　B．文本框中为"Basic"，焦点在文本框中

C．文本框中为"Basic"，焦点在按钮上　　　D．文本框中为"Visual Basic"，焦点在按钮上

13．以下 Case 语句中错误的是（　　）。

A．Case 0 To 10　　　　　　　　　　　　B．Case Is > 10

C．Case Is > 10 And Is < 50　　　　　　D．Case 3, 5, Is>10

14．设窗体上有名称为 Option1 的单选按钮，且程序中有语句：

```
If Option1.Value=True Then
```

下面语句中与该语句不等价的是（　　）。

A．If Option1.Value Then　　　　　　　　B．If Option1=True Then

C．If Value=True Then　　　　　　　　　D．If Option1 Then

15．下列关于计时器的叙述中，正确的是（　　）。

A．可以设置计时器的 Visible 属性使其在窗体上可见

B．可以设置计时器的高度和宽度改变其大小

C．计时器可以识别 Click 事件

D．如果计时器的 Interval 属性值为 0，则计时器无效

16．要使两个单选按钮属于同一个框架，正确的操作是（　　）。

A．先画一个框架，再在框架中画两个单选按钮

B. 先画一个框架，再在框架外画两个单选按钮，然后把单选按钮拖到框架中

C. 先画两个单选按钮，再画框架将单选按钮框起来

D. 以上三种方法都正确

二、填空题

1. 写出下列表达式的值。

（1）设 a=5，b=4，c=3，d=2，则表达式 3>2*b Or a=c And b<>c Or c>d 的值是_____。

（2）设 x=4，y=8，z=7，则表达式 x<y And (Not y>z) Or z<x 的值是_____。

（3）设 x=0，则执行 x=IIf(Int(x/5)=x/5, x+2, x)后，x 的值为_____。

（4）设 a=2，b=3，c=4，d=5，则表达式 Not a<=c Or 4*c=b^2 And b<>a+c 的值是_____。

2. 写出下列等价的逻辑表达式。

（1）x+y 小于 10 且 x-y 大于 0 的表达式是_____。

（2）表示满足数学式子 "x≥y≥z" 的 VB 表达式是_____。

（3）表示 x 是数字字符的表达式是_____。

（4）表示 ch 是字母（区别大小写）的表达式是_____。

（5）表示正整数 x 能同时被 2、5 和 7 整除的表达式是_____。

3. 有以下程序：

```
x=InputBox("请输入一个数值")
If x>15 Then Print x-5;
If x>10 Then Print x;
If x>5 Then Print x+5
```

程序运行时从键盘输入 12，则程序输出结果是_____，变量 x 的值为_____。

4. 以下程序的功能是：输出 a、b、c 三个变量中的最小值。请填空。

```
Private Sub Command1_Click()
  a = Val(InputBox("请输入第 1 个值"))
  b = Val(InputBox("请输入第 2 个值"))
  c = Val(InputBox("请输入第 3 个值"))
  t1 = IIf(a < b,_____)
  t2 = IIf(c < t1,_____)
  Print t2
End Sub
```

5. 窗体上有一个单选钮 Op1 和一个复选按钮 Check1，设置 Op1 被选中使用的语句是_____，设置 Check1 被选中的语句是_____。

6. 设置名称为 Timer1 的计时器每隔 0.5 秒发生一次计时器事件，则 Interval 属性应设置为_____。

第5章 循环结构

从第4章的介绍了解到，程序在运行时可以通过判断、检验条件作出选择。此外，程序还必须能够重复，也就是有规律地重复执行某一程序段，直到满足某个条件为止。这种重复的过程就称为循环。循环结构是结构化程序设计的基本结构之一，因此熟练掌握循环结构是程序设计的基本要求。

循环结构的基本要素有3个：循环入口（即循环的初始化条件）、循环出口（即循环的终止条件）和循环体（反复执行的部分）。VB 提供多种循环语句，主要有 For 语句和 Do 语句实现循环结构。

5.1 循环语句

5.1.1 For 循环

For 循环又称计数循环，主要用于循环次数确定的情况，语句形式如下：

```
For 循环变量=初值 To 终值 [Step 步长值]
    循环体语句
Next [循环变量]
```

其中："循环变量"必须是数值型变量，是用来控制循环是否继续的变量，所以也称为循环控制变量，取值在"初值"和"终值"范围。每执行一次循环，循环变量的值自动加上"步长值"，"步长值"可以是正数，也可以是负数，当步长值为1时，Step 子句可以省略。

程序执行到 For 语句时，先将初值赋值给循环变量；然后判断循环变量的值是否小于等于终值（步长值为正的情况），或大于等于终值（步长值为负的情况）；当循环变量的值小（大）于等于终值时，则执行循环体语句，然后将循环变量的值加上步长值；再判断循环变量的值是否小（大）于等于终值，直到循环变量的值大（小）于终值时，结束 For 循环语句，并转而执行后续语句（Next 后面的语句）。

步长值为正数的 For 语句的执行流程如图 5.1 所示。

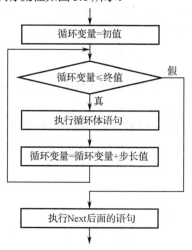

图 5.1　步长值为正数的 For 执行流程

说明：

① 若步长值为负数，则执行循环的条件要满足"循环变量≥终值"。

② 如果步长值是正数（或负数），循环变量的初值要小于等于（或大于等于）终值，循环才会进行，否则一次循环也不会执行。

③ 由循环变量的初值、终值和步长值可以确定 For 语句的循环次数为：Int((终值-初值)/步长值+1)。

④ 循环体的重复执行必须被终止，即循环必须在有限次内完成。否则一个循环执行过程无法结束，就会出现无限循环的情形，称为死循环（程序中应避免死循环的出现）。

【例 5.1】　For 循环语句用法示例。

（1）步长值为 1 的 For 循环

```
For i = 1 To 3
  Print i;
Next
```

以上 For 语句执行过程如下：

① 执行 For 语句，将 1 赋值给循环变量 i，i 的初值为 1。

② 判断循环条件"i<=3"成立，进入第 1 次循环。执行 Print，输出循环变量当前值 1 后，循环变量 i 自动加 1，i 的值被修改为 2。

③ 判断循环条件"i<=3"成立，进入第 2 次循环。执行 Print，输出循环变量当前值 2 后，循环变量 i 自动加 1，i 的值被修改为 3。

④ 判断循环条件"i<=3"成立，进入第 3 次循环。执行 Print，输出循环变量当前值 3 后，循环变量 i 自动加 1，i 的值被修改为 4。

⑤ 判断循环条件"i<=3"不成立，循环结束。

上述程序段的输出结果是：

1 2 3

注意：循环结束后，循环变量 i 的值为 4 而不是 3。

（2）步长值为正数的 For 循环

```
For i = 1 To 10 Step 2
   Print i;
Next
```

循环变量 i 的取值在 1 到 10 之间，初值从 1 开始，每执行完一次循环，循环变量 i 的值都自动增 2。第 1 次循环 i 为 1，第 2 次循环 i 为 3，…，第 5 次循环 i 为 9 时，都满足循环条件"i<=10"，都要执行循环体语句 Print 输出 i 的当前值。在执行完第 5 次循环后，循环变量 i 的值自动增 2，修改为 11 时，不满足循环条件"i<=10"，循环结束。上述程序段的输出结果是：

1 3 5 7 9

循环结束后，循环变量 i 的值为 11。

（3）步长值为负数的 For 循环

```
For i = 10 To 1 Step -2
   Print i;
Next
```

循环变量 i 的取值在 10 到 1 之间，初值从 10 开始，每执行完一次循环，循环变量 i 的值都自动减 2。第 1 次循环 i 为 10，第 2 次循环 i 为 8，……，第 5 次循环 i 为 2 时，都满足循环条件 "i>=1"，都要执行循环体语句 Print 输出 i 的当前值。在执行完第 5 次循环后，循环变量 i 的值自动减 2，修改为 0 时，不满足循环条件 "i>=1"，循环结束。上述程序段的输出结果是：

10 8 6 4 2

循环结束后，循环变量 i 的值为 0。

【例 5.2】 累加和求解算法。例如，求 1+2+3+…+100 的值。

分析：累加和的求解，就是若干个数和值的求解，是循环中最常用的算法。其基本思想是，设置累加和变量 sum，在循环体中反复进行形如 "sum=sum+k" 的相加并赋值运算，其中 k 表示每次要累加的数。

问题的核心在于每次循环要找出相加数 k 的变化规律，以及循环次数的控制，以保证将符合条件的加数 k 进行累加的需求。本例将加数 k 设置为循环变量，以控制加数的取值，取值范围是 1～100。在进入循环之前将累加和变量 sum 的初值设置为 0。

程序代码如下：

```
Private Sub Command1_Click()
    Dim sum As Integer, k As Integer
    sum = 0
    For k = 1 To 100
        sum = sum + k
    Next
    Text1.Text = sum
End Sub
```

第 1 次循环，sum 和 k 的值为 0 和 1，执行循环体语句 sum=sum+k，sum 保存当前求和结果为 1；第 2 次循环 k 为 2，执行循环体语句 sum=sum+k，sum 保存当前求和结果为 3；……以此类推，本例 For 循环共循环 100 次，分别将 1，2，…，100 累加到 sum 中。

程序运行单击命令按钮 Command1，在文本框 Text1 中显示累加和变量 sum 的值 5050。

如果要计算 1～100 之间所有奇数和，则上述程序结构不必改动，只需设定 For 语句的步长值为 2 即可，如 "For k = 1 To 100 Step 2"。

如果要计算 1～100 之间所有被 3 整除的数据之和，用 For 语句实现的程序段如下所示：

```
For k = 1 To 100
    If k Mod 3 = 0 Then
        sum = sum + k
    End If
Next
Print sum
```

【例 5.3】 根据以下公式求 π 的近似值，要求取前 5000 项来计算。

$$\frac{\pi}{4} = 1 - \frac{1}{3} + \frac{1}{5} - \frac{1}{7} + \cdots$$

分析：如果将公式改写成如下形式：

$$\frac{\pi}{4} = 1 + \frac{-1}{3} + \frac{1}{5} + \frac{-1}{7} + \cdots$$

明显就是若干个数累加和的求解问题。若用 pi 表示累加和，每次累加到 pi 的数据是一个分式。若用 s 表示分子，变化规律为+1，-1，+1，-1，…，若用 n 表示分母，初值为 1，每一项的值都是上一项加 2 的规律。用 For 语句构造进行 5000 次的循环，在循环体中执行 pi=pi+s/n，再改变 s 和 n 为下一项的分子和分母。在进入循环之前，pi 的初值置为 0、s 和 n 为第一项的分子和分母，最后输出 pi*4。

程序代码如下：

```
Private Sub Command1_Click()
  Dim pi As Single, s As Integer, n As Integer
  pi = 0
  s = 1: n = 1
  For i = 1 To 5000          '循环 5000 次，每循环一次加 1 项
    pi = pi + s / n          '加当前项
    s = -s                   '将 s 和 n 修改成下一项的分子和分母
    n = n + 2
  Next
  Print "pi="; pi * 4
End Sub
```

运行程序单击命令按钮 Command1，输出的结果如下：

```
pi= 3.141397
```

注意：循环体里语句的执行顺序，如果写成如下形式：

```
For i = 1 To 5000
  s = -s
  n = n + 2
  pi = pi + s / n
Next
```

则会少加第 1 项分式，多加了第 5001 项分式，导致程序运行结果错误。

【例 5.4】　连乘积求解算法。如求 10 !的值。

分析：连乘积的求解，就是若干个数乘积的求解，也是循环中常用的算法。求解 10!，即完成 1×2×3×…×10 的求解。其基本思想类似于累加和的求解，设置连乘积变量 ride，在循环体中反复进行形如 "ride=ride*k" 的相乘并赋值运算，其中 k 是每次要乘的数。进入循环前一定要将 ride 赋予初值 1。

程序代码如下：

```
Private Sub Command1_Click()
  Dim ride As Long, k As Integer
  ride = 1
  For k = 1 To 10
    ride = ride * k
  Next
  Print "ride="; ride
End Sub
```

程序运行单击命令按钮 Command1，输出的结果如下：

```
ride= 3628800
```

注意：如果将连乘积变量 ride 的数据类型定义为取值范围较小的类型（如 Integer），则可能会发生溢出错误。

【例 5.5】　计数问题。如统计文本框中英文字母、数字字符及其他字符的个数。

分析：计数用于统计符合某种条件数据的个数，在程序中执行形如"n=n+1"的语句，使得 n 的值增 1 达到计数的目的，所有 n 称为计数器变量。在计数之前，计数器变量应清 0。

本例需要统计 3 类字符的个数，需要设置 3 个计数器变量。基本思想是：依次取出文本框中的字符，判断其属于哪类字符，相应的计数器变量加 1。在文本框 Text1 中取第 1 个字符，使用 Mid(Tetx1,1,1)；取第 2 个字符，使用 Mid(Tetx1,2,1)；……以此类推。可以通过循环变量控制所获取的字符位置，取值范围为 1 到 Len(Text1)（从第 1 个字符到最后 1 个字符），也可以从 Len(Text1) 到 1（从最后 1 个字符到第 1 个字符）。

程序代码如下：

```
Private Sub Command1_Click()
  Dim x As String, y As String
  Dim num1 As Integer, num2 As Integer, num3 As Integer
  num1 = 0: num2 = 0: num3 = 0
  x = Text1.Text
  For k = 1 To Len(x)
    y = Mid(x, k, 1)
    Select Case y
      Case "a" To "z", "A" To "Z"
        num1 = num1 + 1
      Case "0" To "9"
        num2 = num2 + 1
      Case Else
        num3 = num3 + 1
    End Select
  Next
  Print "英文字母："; num1
  Print "数值字符："; num2
  Print "其他字符："; num3
End Sub
```

程序运行，在文本框 Text1 中输入"Visual Basic 6.0 程序设计"，再单击命令按钮 Command1，输出的结果如下：

```
英文字母：11
数值字符：2
其他字符：7
```

5.1.2　Do…Loop 循环

Do…Loop 循环根据指定的条件表达式来判断是否执行循环，主要应用在循环次数不确定的情况。Do 循环语句有两种语法格式：

格式 1	格式 2
Do [While|Until 条件表达式]	Do
循环体语句	循环体语句
Loop	Loop [While|Until 条件表达式]

Do While…Loop/Do…Loop While 循环语句执行流程图如图 5.2 和图 5.3 所示。

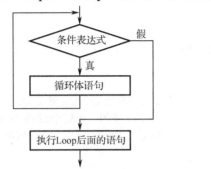

图 5.2　Do While…Loop 执行流程

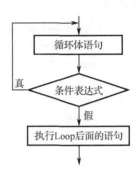

图 5.3　Do…Loop While 执行流程

Do While…Loop 语句首先检验一个条件，也就是条件表达式的值。当条件为真时，就执行循环体语句。每执行一遍循环，程序都将回到 Do While 语句处，重新检验条件是否满足。Do…Loop While 语句所不同的是循环条件的判断是在每次循环后进行。

说明：

① 格式 1 先进行条件表达式的判断，然后才决定是否执行循环体，如果开始条件就不成立，则循环体一次都不执行。格式 2 先执行循环体语句，再进行循环条件的判断，至少会执行一次循环。

② While 用于指定条件表达式为 True 执行循环体，为 False 时，结束循环。Until 用于指定条件表达式为 False 执行循环体，为 True 时，结束循环。

③ 若省略了"While|Until 条件表达式"，表示无条件循环，循环体里若没有退出循环的语句，就会陷入死循环。

④ Do 循环语句本身不会自动修改循环变量的值，所以必须在循环体内设置相应语句能够改变循环变量的值，使得整个循环趋于结束，以免死循环。Do 循环语句构造循环结构的一般形式为：

```
循环变量=初值
Do While 循环变量构成的条件表达式
    循环体语句
    改变循环变量的语句
Loop
```

例如：用 Do While 改写例 5.2 的 1～100 之间累加和求解的程序段如下：

```
k = 1                    '循环变量在循环前赋一个初值
Do While k <= 100        '循环变量构成的循环条件
  sum = sum + k          '处理循环变量
  k = k + 1              '按一定规律改变循环变量的值
Loop
Print "sum="; sum
```

【例 5.6】编写程序，完成将一个输入的正整数反向输出。如输入 12345，在文本框中输出 54321。

分析：这是将一个整数分离的问题。对于一个整数 x，要获取它的每一位数字，可以从高位开始分离，也可以从低位开始分离，但从低位开始分离更容易一些。基本思想是，通过"x Mod 10"运算可以得到 x 的个位并输出，再通过"x=x \ 10"运算将 x 的个位去掉，以此类推反复操作，可以得到所有位的值，直到 x 的值为 0（表示分离结束）。将分离出来的每一位整数 n 通过"Text1=Text1 & n"运算，将其连接到文本框中文本的尾部。

程序代码如下：

```
Private Sub Command1_Click()
  x = Val(InputBox("请输入 1 个整数值："))
  Text1.Text = ""
  Do While x <> 0
    n = x Mod 10                          '得到 x 当前值的个位存储在变量 n 里
    Text1.Text = Text1.Text + n          '与 Text1 中的文本左右连接显示在 Text1 中
    x = x \ 10                            '去掉 x 当前值的个位，x 的位数减少了 1 位
  Loop
End Sub
```

本例是通过数值计算方法分离每一位整数值，还可以通过字符串处理方法实现。将 x 定义为字符串，然后从字符串最后一个字符开始往前逐个取出字符，再连接到文本框 Text1 中文本的尾部。程序代码段如下：

```
x = InputBox("请输入 1 个整数值：")
For k = Len(x) To 1 Step -1
  Text1 = Text1 + Mid(x, k, 1)
Next
```

或从字符串第一个字符开始往后逐个取出字符，再连接到文本框 Text1 中文本的首部。例如：

```
For k = 1 To Len(x)
  Text1 = Mid(x, k, 1) + Text1
Next
```

注意：凡是用 For 语句编写的循环结构，都可以通过 Do While 语句实现，反之，则不然。

5.1.3 While 循环

While 循环与 Do While 循环类似，循环条件判断是在循环一开始的时候。语法格式如下：

```
While 条件表达式
    循环体
Wend
```

语句执行时，首先执行条件表达式，表达式为 True，执行循环体，否则结束循环。语句执行流程类似 Do While 语句，差别是 While…Wend 不能使用 Exit 语句跳出循环。

5.1.4 Exit 语句

有时会遇到这样的情况，不管循环条件是否成立，都需要强制终止循环，这时可以使用 Exit 语句终止并跳出循环，继续执行循环后续语句（Next 或 Loop 后面）。Exit 语句格式如下：

```
Exit For          '退出 For 循环
```

或

```
Exit Do          '退出 Do 循环
```

在循环体中一般要根据某个条件是否成立，确定是否退出循环。所以 Exit 语句总是用在 If 语句或

Select Case 语句中。

使用 Exit 语句可以使循环语句有多个出口，在一些场合下使编程更加灵活、方便。例如：

```
For i = 1 To 10
   If i = 5 Then Exit For
   Print i ;
Next
```

以上程序段使用 For 语句执行循环输出 10 次的操作。在循环体中判断输出的次数，当循环变量为 5 时，使用 Exit For 语句跳出循环，终止循环输出操作。输出结果为：

```
1 2 3 4
```

【例 5.7】　素数求解。给定一个正整数 n，验证其是否是素数。

分析：素数是指除了 1 和它本身以外，不能被任何整数整除的数。如 17 就是一个素数。

要验证一个数 n 是否是素数，只要确定在 2~n-1 之间是否能找到一个数能将 n 整除。如果能找到，则 n 不是素数，否则 n 是素数。

在程序中可以设计一个 For 循环，循环变量在 2~n-1 之间取值，每取一个值测试能否将 n 整除。若能整除结束循环，否则继续下一次的循环，For 循环语句如下：

```
For i = 2 To n-1
   If n Mod i = 0 Then Exit For
Next
```

这个 For 循环结束有如下两种情况：

① If 语句条件成立，也就是 i 能将 n 整除，执行了 Exit 语句结束，说明 n 不是素数。

② For 语句执行完所有的循环次数（即不满足"i<=n-1"）正常结束，则 n 是素数。

所以循环后，要使用 If 语句进一步测试是哪种情况结束循环的。若满足"i>n-1"，说明循环是第二种情况结束的。

程序代码如下：

```
Private Sub Command1_Click()
  n = Val(InputBox("输入一个要验证的整数"))
  For i = 2 To n - 1
    If n Mod i = 0 Then Exit For
  Next
  If i > n-1 Then
    MsgBox n & "是素数"
  Else
    MsgBox n & "不是素数"
  End If
End Sub
```

实际上，2 以上的所有偶数均不是素数，因此循环时可以去掉 n 为偶数的循环。此外只需对数 n 用 $2 \sim \sqrt{n}$ 去除就可判断该数是否为素数了。这样将大大减少了循环次数，缩短了程序运行时间。

在程序中如果需要使用一个判断的结果时，可以设置一个变量标识判断状态，其类型一般声明为整型或逻辑型。假设这个变量是 flag，在判断前，将 flag 初值设置为 1（或 True），在判断处理中，如果找到与 flag 初值所标识的判断状态相反的结果，就将 flag 的值反置，将其设置为 0（或 False）。最后判断 flag 的值是 1（或 True）还是 0（或 False），就能确定判断结果。

本例中设置了标志变量验证素数的程序段代码如下：

```
n = Val(InputBox("请输入一个要验证的整数"))
flag = 1                        '设置为1，默认判断状态是素数
For i = 2 To n-1
  If n Mod i = 0 Then
    flag = 0                    '若条件成立，改变 flag 的值，标识另一种判断结果
    Exit For
  End If
Next
If flag = 1 Then                '根据 flag 的值，确定最终的验证结果
  MsgBox n & "是素数"
Else
  MsgBox n & "不是素数"
End If
```

在程序中使用标志变量表示验证结果，提高了程序的可读性。

5.2　循环嵌套

在一个循环的循环体中又包含另一个循环语句，这种结构称为循环嵌套或多重循环。VB 的 3 种循环语句都可以相互嵌套，如在 For…Next 的循环体中可以使用 Do While 循环，而在 Do While 的循环体中也可以出现 For 循环等。

循环嵌套时应注意以下几个问题：

① 内循环变量不能同外循环变量同名。

② 外层循环和内层循环是包含关系，即内层循环必须被完全包含在外循环中，不得交叉。例如：

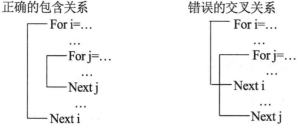

正确的包含关系　　　　　　　　错误的交叉关系

③ 程序每执行一次外层循环，内部循环都重新执行一遍。内循环完成所有的循环次数后（内循环结束），再进入到外循环的下一次循环，如此反复直到外循环结束。

例如：

```
For i = 1 To 3          '外循环
  For j = 1 To 3        '内循环
    Print i * j ,
  Next j
  Print
Next i
```

上述程序执行的过程是：

① 第 1 次执行外循环，i 值为 1。

执行内循环时，j 依次取 1～3。当 j 为 1 时，输出 1*1 的值；j 为 2 时，输出 1*2 的值；j 为 3 时，输出 1*3 的值；j 为 4 时，结束内循环；

执行 Print 语句，输出回车换行；

外循环 i 的值修改为 2。

② 第 2 次执行外循环，i 值为 2。

执行内循环时，j 依次取 1～3。当 j 为 1 时，输出 2*1 的值；j 为 2 时，输出 2*2 的值；j 为 3 时，输出 2*3 的值；j 为 4 时，结束内循环；

执行 Print 语句，输出回车换行；

外循环 i 的值修改为 3。

③ 第 3 次执行外循环，i 值为 3。

执行内循环时，j 依次取 1～3。当 j 为 1 时，输出 3*1 的值；j 为 2 时，输出 3*2 的值；j 为 3 时，输出 3*3 的值；j 为 4 时，结束内循环；

执行 Print 语句，输出回车换行。

外循环 i 的值修改为 4。

④ i 值为 4，外循环条件 "i<=3" 不成立，结束外循环。

外循环执行了 3 次，每执行一次外循环，内循环都要循环 3 次，因此整个程序会执行 9 次循环语句，输出的结果如下：

1	2	3
2	4	6
3	6	9

【例 5.8】 图形的输出。要求输出如图 5.4 所示的图形。

分析：输出图形要考虑 3 点：首先要控制输出图形的行数，其次控制每一行首字符的输出位置，最后控制每行字符的输出个数。可以通过外循环控制行数，内循环完成每一行字符的输出，内循环每循环一次输出一个字符。利用 Tab() 函数定位每一行的起始位置，每行输出后，使用 Print 语句来控制换行。

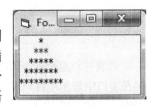

图 5.4　例 5.8 输出的图形

本例中要输出 5 行，所以外循环要循环 5 次，循环变量 i 取值 1～5。内循环输出字符的个数跟所在的第几行有关，若当前行是 i 行，本行要输出 2*i-1 个 "*" 号。每一行的起始字符至少从 6-i 列开始。

程序代码如下：

```
Private Sub Command1_Click()
  For i = 1 To 5
    Print Tab(6 - i);        '确定每行第 1 个字符的输出位置
    For j = 1 To 2 * i - 1
        Print "*";
    Next
    Print
  Next
End Sub
```

【例 5.9】 编写程序，求解 1!+2!+⋯+n!的值。

分析：本例涉及程序设计中两个重要的运算，即累加和的求解和连乘积的求解。可以采用外循环循环 10 次，完成 10 个数的累加和，内循环完成相加数（阶乘）的求解。

程序代码如下：

```
Private Sub Command1_Click()
    Dim s As Long, t As Long
    s = 0
    For i = 1 To 10
        t = 1                    '计算 i 的阶乘保存到 t 中
        For j = 1 To i
            t = t * j
        Next j
        s = s + t                '将求解的每一项阶乘进行累加
    Next i
    Print s
End Sub
```

上述问题也可以采用单循环结构完成，程序代码如下：

```
s = 0: t = 1
For i = 1 To 10
    t = t * i
    s = s + t
Next i
Print s
```

5.3   列表框和组合框

列表框与组合框都可以显示包含若干项目的列表，为用户提供选择。它们不同之处在于列表框直接在窗口中显示项目列表，简洁明了。而组合框则需要单击其右侧的下拉按钮，才可将项目列表显示出来，能够节省空间。

5.3.1   列表框

图 5.5   列表框示例

列表框（ListBox）控件显示一个项目列表，用户从中可以选择一项或多项，但不能直接修改其中的内容。如果项目总数超过设计时可显示的项目数，则系统会自动添加一个垂直滚动条来浏览列表信息。控件默认的名称为 List1，List2，…。

如图 5.5 所示，是一个包含 5 个项目的列表框，每个项目称为列表项。系统为每个列表项都设置了一个对应的数值，指定项目在列表中的位置，称为列表项的索引号（或序号），索引号是从 0 开始的整数。例如，列表框中第 1 个列表项"大学计算机"的索引号为 0，第 2 项"大学物理"的索引号为 1，……，以此类推，最后一项"VB 程序设计"的索引号为 4。

1. 常用属性

（1）ListCount 属性

表示列表框中总的项目数，只能在程序代码中使用。例如，在图 5.5 所示的列表框的 ListCount 属性值为 5。

（2）List 属性

List 属性是一个字符串数组（数组的概念将在第 6 章介绍），用来保存列表框中每个列表项的文本内容。其引用格式为：

列表框名.List(索引号)

如果列表框的名称为 List1，每一个列表项文本内容的表示如下：

> 列表框第 1 项文本：　List1.List(0)
>
> 列表框第 2 项文本：　List1.List(1)
>
> …
>
> 最后一项文本：List1.List(List1.ListCount-1)

说明：

① "列表框名.List(索引号)"出现在表达式中表示读取指定索引号的列表项文本。该引用也可以出现在赋值号的左侧，若索引号指定的列表项存在，则该项被新项替换，否则新项添加到列表框尾部。例如，对于图 5.5 所示的列表框 List1，有如下语句：

```
Print List1.List(1)
List1 .List(0)= "C 语言程序设计"
List1 .List(List1.ListCount)= "数据结构"
```

第 1 条语句执行后，在窗体上输出"大学物理"；第 2 条执行后，列表框 List1 中第一项文本"大学计算机"被替换为"C 语言程序设计"；因为序号为 List1.ListCount 的列表项不存在，所以第 3 条语句执行后，"数据结构"添加到了列表框的尾部，List1 的总项目数修改为 6。通过这种方式实现添加新列表项，需要注意的是新项的索引号必须是 ListCount 属性的值，否则会出现错误。

② 在属性窗口设置 List 属性，可向列表框中添加新项目，每输入列表项后按 Ctrl+Enter 键可以继续添加下一项。

（3）ListIndex 属性

表示当前被选中的列表项的索引号，若为-1 表示当前没有选择项目。例如，在图 5.5 所示的列表框中，选择了第 5 项，该列表框的 ListIndex 属性值为 4。在代码中要设置第 2 项被选中，可以采用以下语句：

```
List1.ListIndex = 1
```

上述语句执行后，列表框 List1 的第 2 项标识为选中，原来选中项目的标识消失。

（4）Text 属性

用于获得当前选中列表项的文本内容，是一个只读属性，不能对其进行赋值。

（5）Sorted 属性

设置列表框中的项目是否按字母表顺序排列，默认为 False，表示不进行排列。

（6）Selected 属性

Selected 属性是和 List 属性对应的一个一维数组，记录列表框中每个列表项是否被选取。其引用格式如下：

```
列表框名.Selected(索引号)
```

例如，List(1)被选取，则 Selected(1)的值为 True。若 List(1)未被选取，则 Selected(1)的值为 False。

（7）MultiSelect 属性

用于设置是否允许同时选择多个列表项，有如下 3 个取值：

0（默认）：表示不允许多选。

1：允许多选。通过单击鼠标或按下空格键在列表中选中或取消选中项。

2：允许多选。通过按 Ctrl 键，再用鼠标单击要选定的项目，可以选中不连续的列表项，或按 Shift 键配合鼠标进行连续项目的选取。

（8）SelCount 属性

如果列表框允许多选，该属性记录了列表框中被选项目的总数。

2．常用方法

列表框的方法，提供了在程序中动态添加项目和删除项目的功能。

（1）AddItem 方法

AddItem 方法用于在程序代码中添加列表项。调用格式为：

```
对象.AddItem 列表项文本 [,索引号]
```

其中，若省略"索引号"，则"列表项文本"添加在列表框的尾部，否则插入到"索引号"所指定的位置，"索引号"不能大于项目总数。例如：

```
List1.AddItem "电路原理", 2
List1.AddItem "数据库原理"
```

以上第 1 条语句执行后，将"电路原理"插入到索引号为 2 的位置，即列表框中第 3 项，原来索引号为 2～ListCount-1 的项目往后顺移；第 2 条语句执行后，将"数据库原理"添加到列表框的尾部。

注意：调用 AddItem 方法，只能向列表框中添加一项。

（2）RemoveItem 方法

RemoveItem 方法用来在列表框中删除指定索引号的列表项。调用格式为：

```
对象名.RemoveItem 索引号
```

例如，删除列表框 List1 中第 3 项，可采用如下语句：

```
List1.RemoveItem 2
```

（3）Clear 方法

Clear 方法用于删除列表框中所有列表项。调用格式为：

```
对象名.Clear
```

3．列表框的事件

列表框的主要事件有 Click（单击）和 DblClick（双击）。

4．对列表项的常用基本操作

（1）引用当前选中的列表项

程序运行时选中某列表项，要引用该项可使用以下两种形式：

```
x= List1.Text
x= List1.List(List1.ListIndex)
```

（2）读取指定索引号的列表项

```
x= List1.List(3)            '读取第 4 项
```

（3）遍历列表框

遍历列表框是指按照某种次序依次获取列表框中的每一项。可以使用 For 循环语句，通过循环变量表示当前项的索引号，控制读取顺序。

① 从第一项顺序访问到最后一项

```
For i = 0 To List1.ListCount - 1
   Print List1.List(i)
Next
```

② 从最后一项顺序访问到第一项

```
For i = List1.ListCount - 1 To 0 Step -1
    Print List1.List(i)
Next
```

（4）读取多选列表框中所有选中的列表项

```
For i = 0 To List1.ListCount - 1
   If List1.Selected(i) Then
       Print List1.List(i)
   End If
Next
```

（5）删除多选列表框中所有选中的列表项

```
For i = List1.ListCount - 1 To 0 Step -1
   If List1.Selected(i) Then
     List1.RemoveItem i
   End If
Next
```

【例 5.10】　设计窗体，包含一个列表框 List1，显示 10 个 2 位随机整数。一个标题文本为"显示"的命令按钮 Command1，该命令按钮的功能是，将列表框中所有偶数显示在标签 Label1 中。程序运行结果如图 5.6 所示。

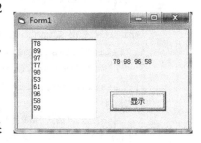

分析：生成 2 位随机整数可以通过 Int(90 * Rnd + 10)完成，在 Load 事件中，每生成一个随机整数就添加到列表框 List1 中。用 For 循环控制访问列表框每一项列表，判断是否是偶数，如果是偶数，将其和 Label1 中显示的字符串左右相连接后再赋值给 Label1 的 Caption 属性，实现将多个值显示在 Label1 中。

图 5.6　例 5.10 程序运行结果

程序代码如下：

```
Private Sub Form_Load()
  Randomize
  Label1.Caption = ""
  For i = 1 To 10
```

```
        List1.AddItem Int(90 * Rnd + 10)
      Next
    End Sub
    Private Sub Command1_Click()
      Dim n As Integer
      For i = 0 To List1.ListCount - 1          '遍历列表框每一个列表项
        n = List1.List(i)
        If n Mod 2 = 0 Then
          Label1.Caption = Label1.Caption & Str(n)    '将符合的值连接成字符串
        End If
      Next
    End Sub
```

【**例 5.11**】 设计程序，添加两个列表框 List1 和 List2，其中 List1 中初始显示若干个选项。两个

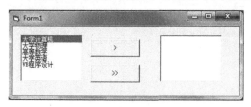

图 5.7   例 5.11 程序运行初始界面

命令按钮 Command1 和 Command2，单击 Command1 时，将 List1 选中的内容移到 List2。单击 Command2，则将 List1 中所有的内容都移到 List2 中。程序运行初始界面如图 5.7 所示。

分析：将 List1 中当前选中项移至 List2 中，对 List2 是添加一新项，对 List1 是删除当前项；将 List1 中所有的内容移至 List2，则需要遍历 List1 中每个列表项，每

访问一个列表项，将该项添加到 List2 中，最后清空 List1。

程序代码如下：

```
    Private Sub Form_Load()
      List1.AddItem "大学计算机"
      List1.AddItem "大学物理"
      List1.AddItem "高等数学"
      List1.AddItem "大学英语"
      List1.AddItem "VB 程序设计"
      List1.ListIndex = 0                        '设置选中 List1 中的第 1 项
    End Sub
    Private Sub Command1_Click()
      If List1.ListIndex <> -1 Then              '判断 List1 中是否有选中项
        List2.AddItem List1.Text                 '在 List2 中添加
        List1.RemoveItem List1.ListIndex         '在 List1 中删除当前项
      Else
        MsgBox "请选择项目！"
      End If
    End Sub
    Private Sub Command2_Click()
      For i = 0 To List1.ListCount - 1           '遍历 List1 中每一项
        List2.AddItem List1.List(i)
      Next
      List1.Clear
    End Sub
```

5.3.2 组合框

组合框（ComboBox）是组合了列表框和文本框功能的一种控件。它与列表框有许多共同之处，不同之处在于该控件不仅允许选择下拉列表中的列表项，还可以直接在文本框内输入文本。在初始状态只显示文本框而不显示列表框，当单击文本框右侧的下拉按钮时才会展开选项列表。控件默认名称为 Combo1，Combo2，…。

1．常用属性

组合框不允许多项选择。除了不具有 MultiSelect 属性以外，其他的常用属性与列表框基本一样，这里仅列出其特有的属性。

（1）Style 属性

用于指定组合框的类型，有 3 种取值：

0（默认）：设定组合框的类型是下拉组合框，由一个文本框和下拉列表组成。允许用户在文本框中输入文本，或单击文本框右侧的下拉按钮，从展开的列表中选取，选定内容会显示在文本框中。

1：设定组合框的类型是简单组合框，由一个没有下拉按钮的文本框和列表框组成。其中列表框始终显示在窗体上，允许用户在文本框中输入文本或从列表框中选取列表项。

2：设定组合框的类型是下拉列表框，由一个文本框和下拉列表组成。只允许从下拉列表中选取列表项，不允许在文本框中输入数据。

（2）Text 属性

Text 属性用来获取文本框中显示出来的文本。若 Style 属性为 0 和 1，在程序代码中可给该属性赋值。Style 属性为 2 时，该属性是只读的。

2．常用方法和事件

所有类型的组合框都具有 Click 事件。对 Style 属性为 0 和 1 的组合框，可以响应通过鼠标或键盘操作使组合框的当前值发生了变化的 Change 事件。

组合框的常用方法与列表框完全相同，此处不再赘述。

【例 5.12】 组合框应用示例。

在窗体上放置一个组合框 Combo1，用于提供若干课程名称的选择。一个标签 Label1，用于显示所选取的课程名称。两个标题文本为"添加"和"删除"的命令按钮 Command1 和 Command2，完成对组合框中课程的添加和删除。添加项目时，若组合框存在相同项则不添加。程序的运行结果如图 5.8 所示。

图 5.8 例 5.12 运行界面

程序代码如下：

```
Private Sub Form_Load()
  Combo1.AddItem "大学计算机"
  Combo1.AddItem "大学物理"
  Combo1.AddItem "高等数学"
  Combo1.AddItem "大学英语"
  Combo1.Text = ""
  Label1.Caption = ""
End Sub
Private Sub Combo1_Click()
```

```
        Label1.Caption = Combo1.Text
      End Sub
      Private Sub Command1_Click()                '单击"添加"按钮执行的代码
        x = Combo1.Text
        f = False                                 '设置标志量，标识查找结果状态
        For i = 0 To Combo1.ListCount - 1
            If Combo1.List(i) = x Then            '若 x 的值在列表框存在，不再继续查找
                f = True
                Exit For
             End If
         Next
         If f = False Then                        '判断 f 的值，不存在则添加
           Combo1.AddItem x
         Else
           MsgBox "列表中存在: " & x
         End If
         Combo1.Text = ""
      End Sub
      Private Sub Command2_Click()                '单击"删除"按钮执行的代码
        If Combo1.ListIndex <> -1 Then            '若有选中项目再删除
           Combo1.RemoveItem Combo1.ListIndex
        End If
      End Sub
```

5.4　程序举例

在循环程序中，除了前面介绍过的基本算法，如用累加、连乘和计数来进行问题的求解之外，还可以通过穷举法、递推法等常用算法解决问题。本节将介绍几种常用且易学的算法，其他的算法在后续章节中介绍。

1. 累加、连乘和计数

【例 5.13】 求 $s=2+22+222+2222+22222+\cdots$ 的值。累加的项数由键盘输入，要求用 Do While 语句实现。

分析：这是一个累加问题。问题的关键是找出累加项的一般式。可以看出，后一个累加项是将前一个累加项的值扩大 10 倍后再加上一个 2，即 $t_{n+1}=t_n\times10+2$。

算法描述如下：

① 定义变量 count、tn、sum 和 n，并设置变量的初值，使得 count=1，sum=0，tn=0。其中，count 用于记录循环的次数，tn 表示累加的一般项，sum 用于求和，n 表示累加的项数。

② 若 count>n，则执行④。

③ 执行"tn=tn*10+2 :sum=sum+tn : count=count+1"语句转向②。

④ 输出结果 sum。

程序代码如下：

```
      Private Sub Command1_Click()
        Dim count As Integer, n As Integer
```

```
    Dim sum As Long, tn As Long
    count = 1
    sum = 0: tn = 0
    n = Val(InputBox("请输入 n 值"))
    Do While (count <= n)
        tn = tn * 10 + 2
        sum = sum + tn
        count = count + 1
    Loop
    Print "2+22+…="; sum
End Sub
```

程序运行，若输入 3，输出结果为：

```
2+22+…=246
```

2. 极值问题

极值问题常用的算法是"打擂台算法"。其基本思想是，先从所有参加"打擂"的人中选第 1 个人站在台上，第 2 个人上擂台与之比较，胜者留在台上，败者下台。再上去第 3 个人，与台上的擂主比较，胜者留在台上，败者下台。循环往复，后面的每个人都与台上的人比较，直到所有的人都比过为止，最后留在台上的就是优胜者。

【例 5.14】　在 10 个数中找出最大数。

分析：这是一个应用"打擂台算法"的问题。设置一个变量 max 保存最大数（相当于擂台），从第 2 个数开始，每个数依次和 max 中的数进行比较，较大数保存在 max 中（相当于优胜者留在台上）。所有数都比较完，max 里保存的就是最大数。

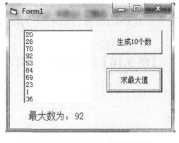

本例要求随机生成 1～100 之间的 10 个数，显示在列表框 List1 中，最大数显示在标签 Label1 中。运行程序，单击命令按钮 Command1 生成随机数，单击命令按钮 Command2 查找最大数并显示。程序运行的结果如图 5.9 所示。

图 5.9　例 5.14 运行界面

程序代码如下：

```
Private Sub Command1_Click()
    List1.Clear
    Randomize
    For i = 1 To 10
        List1.AddItem Int(100 * Rnd + 1)
    Next
End Sub
Private Sub Command2_Click()
    Dim max As Integer
    max = List1.List(0)
    For i = 1 To List1.ListCount - 1
        If List1.List(i) > max Then max = List1.List(i)
    Next
    Label1.Caption = "最大数为: " & max
End Sub
```

3．穷举法

穷举法也称枚举法，是编程中常用的算法之一。基本思想是，一一列举出该问题所有可能的解，并逐个检验是否是问题真正的解。若是，采纳这个解，否则不处理。在列举的过程中，既不能遗漏也不能重复。

【例 5.15】 在 1～100 中，输出所有能同时被 3 和 7 整除的数。

分析：假设用 i 表示要列举的自然数，通过循环结构控制 i 的取值范围为 1～100。在循环中通过 If 语句测试 i 是否符合同时被 3 和 7 整除，如果满足条件则输出 i，否则不输出。继续循环，取下一个数判断，直到每一个可能的值都测试结束。

程序代码如下：

```
Private Sub Command1_Click()
   For i = 1 To 100
      If i Mod 3 = 0 And i Mod 7 = 0 Then Print i;
   Next
End Sub
```

程序运行输出的结果是：

21　42　63　84

4．递推法

递推法也称为迭代法，是利用问题本身所具有的一种递推关系求解问题的一种方法。基本思想是，把一个复杂的计算过程转化为简单过程的多次重复，每次重复都是从旧值推出新值，并由新值代替旧值。

【例 5.16】 Fibonacci 数列问题。Fibonacci 数列，满足如下规律：

$$F_n = \begin{cases} 1 & n=1 \\ 1 & n=2 \\ F_{n-1}+F_{n-2} & n \geq 3 \end{cases}$$

则这个数列前几项的值依次为：1，1，2，3，5，8，13，…

分析：这是一个递推问题。已知数列的前两个数 f1 和 f2 分别为 1 和 1，通过 f1+f2 推出第 3 个数保存在 f 中。然后改变 f1 和 f2 为原来 f2 和 f 的值，再通过 f1+f2 推出第 4 个数保存在 f 中，…以此类推，直到解决了问题。

本例要求输出 Fibonacci 数列前 40 项，每行 5 个显示在窗体上。程序运行输出的结果如图 5.10 所示。

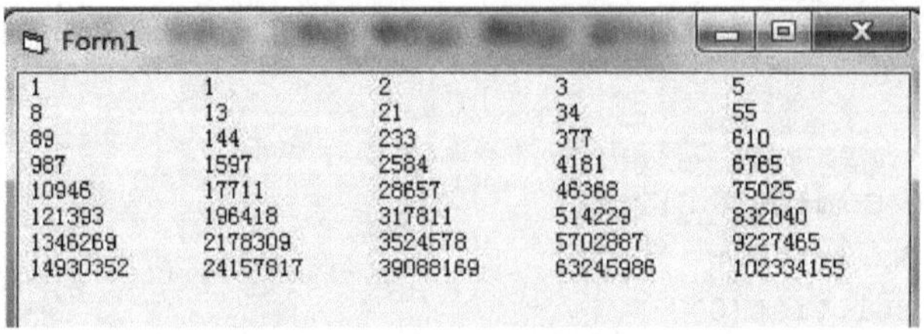

图 5.10　例 5.16 运行结果。

程序代码如下：

```
Private Sub Form_Click()
   Dim f1 As Long, f2 As Long, f As Long
```

```
    f1 = 1: f2 = 1              '设置前两个数并输出
    Print f1, f2,
    For i = 3 To 40             '通过循环求数列的 3～40 之间的数
      f = f1 + f2               '根据已知值推出下一个值, 并输出
      Print f,
      If i Mod 5 = 0 Then Print '判断是否需要输出回车换行符
      f1 = f2                   '新值代替旧值
      f2 = f
    Next
  End Sub
```

【例 5.17】 根据以下公式, 求 e^x 的近似值, 直到某一项小于 10^{-5} 为止。

$$e^x = 1 + \frac{x}{1!} + \frac{x^2}{2!} + \frac{x^3}{3!} + \cdots + \frac{x^n}{n!}$$

分析: 从以上公式中可以看出, 相邻两项之间存在着如下关系:

$$\frac{x^k}{k!} = \frac{x^{k-1}}{(k-1)!} \times \frac{x}{k}$$

程序代码如下:

```
Private Sub Command1_Click()
  Dim sum As Single, y As Single, x As Single
  x = Val(InputBox("请输入 x 的值"))
  sum = 1                      '表示累加和
  n = 2
  y = x                        '表示累加项, 初值为第 2 项的值
  Do While y >= 1E-5
    sum = sum + y              '当前项加累加和
    y = y * x / n              '由当前项 y 推出下一项
    n = n + 1
  Loop
  Print sum
End Sub
```

程序运行, 输入 2 时, 输出结果为 7.389047。

习　题　5

一、单选题

1. 以下程序段的运行结果是 (　　)。

```
Sum = 0
For i = 5 To 40 Step 5
  Sum = Sum + i
Next
Print Sum
```

A. 225　　　　　　B. 180　　　　　　C. 140　　　　　　D. 148

2. 窗体上有一个命令按钮 Com1，并有如下程序：

```
Private Sub Com1_Click()
  Dim x As Integer, y As Integer
  y = 0
  For k = 1 To 10
    x = Int(Rnd * 90 + 10)
    y = y + x Mod 2
  Next k
  Print y
End Sub
```

程序运行后，单击命令按钮，输出的结果是（   ）。

A. 十个数中偶数累积和   B. 十个数中奇数累积和
C. 十个数中偶数的个数   D. 十个数中奇数的个数

3. 以下程序代码所计算的数学式是（   ）。

```
s = 1: n = 2
Do While n < 1000
  s = s + n
  n = n + 2
Loop
Print "s="; s
```

A. s=1+2+4+6+…+998   B. s=1+2+4+6+…+1000
C. s=2+4+6+…+998   D. s=2+4+6+…+1000

4. 有以下程序段：

```
t = 1: s = 0
n = Val(InputBox("请输入一个整数"))
Do
    s = s + t
    t = t - 2
Loop While t <> n
```

为使此程序段不陷入死循环，从键盘输入的数据应该是（   ）。

A. 任意正奇数   B. 任意负偶数
C. 任意正偶数   D. 任意负奇数

5. 变量已正确定义，要求程序段完成 5!的计算，能完成此操作的程序段是（   ）。

A. For i = 1 To 5   B. For i = 1 To 5
     p = p * i   p = 1
   Next   p = p * i
                                          Next

C. p = 1   D. p = 1
   For i = 0 To 5   For i = 5 To 1 Step -1
     p = p * i   p = p * i
   Next   Next

6. 若 k 是 Integer 类型变量，且有以下 For 语句：

```
For k = 1 To 5 Step -1
  Print "***"
Next
```

下面关于语句执行情况的叙述中正确的是（　　）。

A. 循环体执行一次　　　　　　　　　　B. 循环体执行两次

C. 循环体一次也不执行　　　　　　　　D. 构成无限循环

7. 下列各种形式的循环中，输出"*"个数最少的循环是（　　）。

A. a = 5: b = 8

  Do

  Print "*"

  a = a + 1

  Loop While a < b

B. a = 5: b = 8

  Do

  Print "*"

  a = a + 1

  Loop Until a < b

C. a = 5: b = 8

  Do While a < b

  Print "*"

  a = a + 1

  Loop

D. a = 5: b = 8

  Do Until a < b

  Print "*"

  a = a + 1

  Loop

8. 执行程序段后，变量 k 的值是（　　）。

```
k = 0
For i = 3 To 1 Step -1
  For j = 1 To 2
    k = k + 1
  Next
Next
```

A. 5　　　　　　　　B. 0　　　　　　　　C. 6　　　　　　　　D. 7

9. 有以下程序，程序的运行结果是（　　）。

```
i = 5
Do
  If i Mod 3 = 1 Then
    If i Mod 5 = 2 Then
        Print "*" & i
        Exit Do
    End If
  End If
  i = i + 1
Loop While i <> 0
```

A. *7　　　　　　　　B. *3*5　　　　　　　　C. *5　　　　　　　　D. *2*6

10. 执行以下语句，a 的值是（　　）。

```
Dim a As Integer
Do Until a = 100
```

```
      a = a + 2
   Loop
```

A. 99   B. 100   C. 101   D. 死循环

11. 在窗体上画一个列表框、一个文本框及一个命令按钮，然后编写如下事件过程程序：

```
Private Sub Command1_Click()
   List1.ListIndex = 3
   Print List1.Text + Text1.Text
End Sub
Private Sub Form_Load()
   List1.AddItem "357"
   List1.AddItem "246"
   List1.AddItem "123"
   List1.AddItem "456"
   Text1.Text = ""
End Sub
```

程序运行后，在文本框中输入"789"，然后单击列表框中的"456"，再单击命令按钮，则输出结果为（   ）。

A. 456   B. 456789   C. 789456   D. 123789

12. 在组合框 Cmb1 中选定某一列表项后，单击命令按钮即可删除该项，在下划线处填写的是（   ）。

```
Private Sub Command1_Click()
  If Cmb1.ListIndex <> -1 Then
     Cmb1.RemoveItem _____
  End If
End Sub
```

A. Cmb1.ListCount   B. Cmb1.ListIndex
C. Cmb1.Text   D. Combo1. ListIndex

13. 下面程序运行后，在窗体上显示的是（   ）。

```
Private Sub Command1_Click()
   a$ = "*": b$ = "#*"
   For k = 1 To 3
      x$ = String(Len(a) + k, b)
      Print x;
   Next
End Sub
```

A. 6个#   B. 9个#   C. #*#*#*   D. 9个*

二、填空题

1. 以下程序的功能是计算：s=1+12+123+1234+12345。请填空。

```
Private Sub Command1_Click()
   t = 0: s = 0
```

```
   For i = 1 To 5
      t = i + _____
      s = s + t
   Next
   Print "s="; s
End Sub
```

2. 程序运行，单击命令按钮时显示在窗体上的结果是_____。

```
Private Sub Command1_Click()
  n = 0
  a$ = "333333"
  x = Len(a)
  For i = 1 To x - 1
    b$ = Mid(a, 1, 2)
    If b = "33" Then n = n + 1
  Next
  Print n
End Sub
```

3. 有以下程序段：

```
s = 1
For k = 1 To n
  s = s + 1 / (k * (k + 1))
Next
Print "s="; s
```

且变量 n 已正确定义和赋值，要使下面程序段的功能完全相同。请填空。

```
s = 1: k = 1
While (_____)
  s = s + 1 / (k * (k + 1))
  _____
Wend
Print "s="; s
```

4. 在文本框 Text1 中输入英文单词，要求单词之间用空格隔开（最后一个单词没有空格）。单击命令按钮将 Text1 中用空格隔开的单词添加到 List1 列表框中。请填空。

```
Private Sub Command1_Click()
  Dim st$, word$, c$
  st = Text1
  n = Len(st)
  For k = 1 To n
    _____ = Mid(st, k, 1)
    If c <> " " Then
      word = word & c
    Else
      List1.AddItem word
      _____ = ""
```

```
    End If
    Next
    List1.AddItem word
End Sub
```

5. 以下程序的功能是从键盘上输入若干学生的考试成绩，统计并输出最高分和最低分。当输入负数时结束输入并输出结果，请将程序补充完整。

```
Private Sub Command1_Click()
    Dim x As Integer, xmax As Integer, xmin As Integer
    x = InputBox("请输入成绩值：")
    xmax = x :  xmin = x
    Do While _____
      If x > xmax Then xmax = x
      If _____ Then xmin = x
      x = InputBox("请输入成绩值：")
    Loop
    Print "max="; xmax, "min="; xmin
End Sub
```

6. 下面程序用来输出九九乘法表，如图 5.11 所示。请填空。

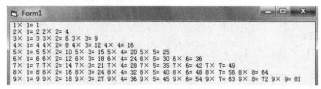

图 511. 九九乘法表

```
Private Sub Command1_Click()
    s = ""
    For i = 1 To 9
      For j = 1 To _____
         s = s & Str(i) & "×" & Str(j) & "=" & Str(i * j)
      Next
      s = _____
    Next
    Print s
End Sub
```

7. 下列程序段用来计算 1+2+…，当和大于 100 时停止计算，请填空。

```
s=0
For i = 1 To 100
  s = s + i

  _____
Next
Print s
```

8. 引用列表框 List1 最后一个列表项应该使用_____。

9. 在窗体上有一个列表框 List1，然后编写如下两个事件过程程序：

```
Private Sub Form_Click()
  List1.RemoveItem 1
  List1.RemoveItem 2
End Sub
Private Sub Form_Load()
  List1.AddItem "itemA"
  List1.AddItem "itemB"
  List1.AddItem "itemC"
  List1.AddItem "itemD"
End Sub
```

运行程序后单击窗体，列表框中显示的项目是_____和_____。

10. 以下程序运行时，单击命令按钮 Command1，将列表框 List1 中选定的若干个列表项移到列表框 List2 中；单击命令按钮 Command2，则在文本框 Text1 中显示这些选中的列表项。请完善下列程序。

```
Private Sub Command1_Click()
  Dim k%
  For k = List1.ListCount - 1 To 0 _____
    If List1.Selected(k) = True Then
        List2.AddItem _____
        List1.RemoveItem _____
     End If
   Next k
End Sub
Private Sub Command2_Click()
  Dim k%
  Text1 = ""
  For k = 0 To List2.ListCount - 1 Step 1
   Text1 =_____ & " " & List2.List(k)
  Next k
End Sub
```

第6章　数组

在编写程序的过程中，当涉及的数据量较少时，可以使用简单变量进行值的存取和处理。但在实际应用中，经常会遇到需要使用很多数据量的情况，处理每一个数据量都要有一个相对应的变量，如果每个变量都要单独进行定义，编程过程则会变得极其烦琐。使用数组就可以很好地解决这个问题，数组是一个非常重要的概念，可以简化大量数据的存储和处理。

6.1　数组的概念

一个简单变量一次只能存储一个数据。如果要存储一个班级 30 名学生的成绩，采用简单变量存储，则需要使用 30 个变量。程序中引入太多的简单变量，使得程序的编写和阅读都变得困难甚至无法完成。

【例 6.1】　要求计算一门课 4 个学生的平均成绩，然后统计高于平均分的人数。

根据前面所学知识，采用简单变量和循环结构相结合，求平均成绩的程序段如下：

```
avg = 0
For i = 1 To 4
  cj = Val(InputBox("输入第" & i & "位学生的成绩"))
  avg = avg + cj
Next i
avg = avg / 4
```

但若要统计高于平均分的人数，则无法实现。因为 cj 是一个简单变量，每输入一个数据就会覆盖原来的数据。循环结束后 cj 存放的是最后一个学生的成绩，前面成绩没有保存而无法再处理。

用已有知识解决的话，在程序中定义 4 个简单变量 cj1、cj2、cj3、cj4，分别存储 4 个学生的成绩，则输入成绩及求平均值只能采用 4 条类似的语句：

```
cj1 = Val(InputBox("输入第 1 位学生的成绩"))
cj2 = Val(InputBox("输入第 2 位学生的成绩"))
cj3 = Val(InputBox("输入第 3 位学生的成绩"))
cj4 = Val(InputBox("输入第 4 位学生的成绩"))
avg = (cj1 + cj2 + cj3 + cj4) / 4
```

存放每个成绩的变量要逐一与 avg 比较，才能统计出高于平均分的人数，需要使用 4 条类似的 If 语句：

```
If cj1 > avg Then n = n + 1
If cj2 > avg Then n = n + 1
If cj3 > avg Then n = n + 1
If cj4 > avg Then n = n + 1
```

假设要统计一个班级甚至一个年级高于平均分的人数，可想而知，采用简单变量根本无法解决此类问题。

在程序设计中引入数组，就是为了解决大量数据的存储和处理问题。在学习数组知识之前，先了解 VB 数组的几个概念。

数组：是由相同类型的变量组成的。每一个数组都有一个名字标识，称为数组名。

数组元素：组成数组的每一个变量称为数组元素。在内存中，这些数组元素占用的是一组连续的存储单元，采用下标区别每个数组元素。下标是一个整数值，表示数组元素在数组中的位置，因此数组元素又称为下标变量，表示为"数组名(下标)"。一个数组元素存储一个数据，所以一个数组同时可以存储多个数据。

数组大小：数组中数组元素的个数。

数组维数：每个数组元素下标的个数。只有一个下标的数组元素组成的数组，称为一维数组。具有两个下标的数组元素组成的数组，称为二维数组，…。定义数组时用几个下标就表示数组是几维数组，VB 最多允许 60 维。

VB 中有两类数组，一类是静态（定长）数组，另一类是动态（可变长）数组。静态数组中数组元素的个数固定不变，占用的存储空间是固定的。而动态数组可以在运行时根据数据量的大小来动态改变数组的大小，即数组元素个数不是固定的。

6.2 一维数组

一维数组用以存储一维数列中数据的集合，如存储一个班级所有同学同一门课程的成绩等。

6.2.1 一维数组的声明和数组的引用

1. 一维数组的声明

数组声明，也称数组的定义。在 VB 中，数组必须先声明后使用，目的是让系统在内存中为数组分配一个连续的存储空间，用来存储数据元素。一维数组的声明格式为：

```
Dim 数组名([下界 To ]上界) [As 数据类型]
```

此语句声明了数组名、数组维数、下标范围、数组大小、数组元素类型。

说明：

① 数组名的命名规则与简单变量相同。同一过程中，数组名与变量名不能同名。

② 上界和下界的值必须为数值常量或常量表达式，不能是变量。"下界 To 上界"规定了数组的大小为"上界-下界+1"。同时它还限定了数组元素下标的范围，下标的有效范围是，下界～上界。省略下界，则默认下界为 0。

例如：

```
Dim a (1 To 5) As Integer
```

定义了一个数组名为 a、长度为 5 的一维整型数组，数组下标的有效范围为 1～5，包含 5 个数组元素：a(1)、a(2)、a(3)、a(4)、a(5)。

又如：

```
Dim b(5) As Integer
```

定义了一个数组名为 b、长度为 6 的一维整型数组，数组下标的有效范围为 0～5，包含 6 个数组元素：b(0)、b(1)、b(2)、b(3)、b(4)、b(5)。

而用"Dim c(n) As Integer"语句声明数组，是不合法的定义，将产生出错信息。

③ 由于下界的缺省设置是 0，在实际使用数组时，如果希望数组下标从 1 开始，可以使用 Option Base 语句将缺省下界设为 1。Option Base 语句格式为：

```
Option Base [0|1]
```

其作用是在声明数组省略下标下界时，确定下标下界的起始值是 0 或 1。该语句只能在模块的通用声明段内（代码窗口所有过程定义的最前面）使用。例如：

```
Option Base 1                      '通用声明段
Private Sub Form_Click()
  Dim arr(5) As Integer
  …
End Sub
```

在事件过程中声明了一个长度为 5 的整型数组 arr，数组元素下标的有效范围为 1～5，包含 5 个数组元素：arr(1)、arr(2)、arr(3)、arr(4)、arr(5)。

④ 没有下界和上界的数组，称为空数组，主要用于建立动态数组。例如：

```
Dim arr() As Integer
```

数组 arr 的大小在程序执行时由 ReDim 确定，请参看 6.4.1 节。

⑤ 数组元素的类型由"As 数据类型"指定，称为数组类型，也可以在数组名后用类型符确定。但两者不能同时使用。例如，Dim arr%(10)等价于 Dim arr(10) As Integer。

如果声明数组时两者都省略，则数组元素是变体型，此时数组可以存储不同类型的数据。否则，数组存储的是相同类型的数据。

⑥ 数组在声明时，系统给每个数组元素分配了一定的存储单元，与简单变量一样它们会得到一个默认值。默认值和数据类型有关，如数值类型的默认值为 0，字符型数据的默认值为空串，布尔型数据的默认值为 False。

⑦ 数组在内存中占据一片连续的存储单元，数组中的每个数组元素在这片连续的存储单元中按序存储。如图 6.1 所示为数组 a 在内存的结构，图中同时表明了每个存储单元（数组元素）的名字，可以用这样的名字引用各存储单元。

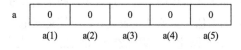

图 6.1　一维数组的存储结构

除了使用关键字 Dim 声明数组外，还可以使用关键字 Public、Private、Static，用来定义不同作用域的数组，将在 7.3.4 节讨论。

2. 一维数组元素的引用

数组声明时用数组名表示该数组的整体，数组元素是具体存储数据的存储单元，对数组中数据的处理，是针对每个数组元素进行的。因此，数组的引用单位是数组元素。数组元素的引用如下：

```
数组名(下标表达式)
```

说明：

① 下标表达式必须为数值型，可以是常量、变量或表达式。如果下标表达式的值为实数，系统

将自动四舍五入后取整。数组元素实际上就是一个带下标的变量，它的使用方法与同类型的简单变量一样。例如：

```
Dim a(5) As Integer
a(2) = 7                    '下标是常量
k = 3
a(k) = 10                   '下标是变量
a(k+1) = a(k) + a(2)        '下标是表达式
```

第 1 条声明语句，声明的整型数组 a 由 6 个数组元素组成，数组元素下标范围是 0～5，每个数组元素初值为 0。第 2 条语句表示，将 7 保存到下标为 2 的数组元素中（数组第 3 个存储单元）。第 4 条语句表示，将 10 保存到下标为 3 的数组元素中（数组第 4 个存储单元）。第 5 条语句表示，读取下标为 3 和下标为 2 的数组元素，并将其和保存到下标为 4 的数组元素中（数组第 5 个存储单元），其他数组元素的值没有改变。执行以上操作之后，数组 a 的结构和内容如图 6.2 所示。

图 6.2　数组 a 的结构和内容

② 注意不要使数组的下标越界，以免程序在运行时出错。例如，有以下数组声明：

```
Dim score( 1 To 50) As Single
```

score(1)、score(15)是正确的数组元素引用。score(0)则不是正确的数组元素引用，运行时将出现下标越界错误。

③ 在数组声明中的下标说明了数组的整体，即每一维的大小，数组元素的下标表示数组中的一个元素。两者写法形式相同，但意义不同。例如：

```
Dim x(10) As Integer        '声明了数组 x 有 11 个元素
x(10)=100                   '给 x(10)这个数组元素赋值
```

【例 6.2】利用数组解决例 6.1 的问题。

分析：要解决这个问题，需要保存 4 个输入的成绩。如果用简单变量来保存这些数据，就必须定义 4 个变量，写 4 条输入语句和 4 条条件语句，显然这样的处理是十分烦琐和低效的。而利用数组可以非常方便地完成这一功能，定义长度为 4 的整型数组 cj 存储 4 个成绩。利用循环结构，用循环变量表示数组元素的下标，可方便地实现对各个数组元素的输入和输出。

程序代码如下：

```
Private Sub Form_Click()
  Dim cj(1 To 4) As Integer
  avg = 0: n = 0
  For i = 1 To 4                '输入成绩
    cj(i) = Val(InputBox("请输入第 " & i & " 个学生成绩"))
    avg = avg + cj(i)          '将成绩累加
  Next
  avg = avg / 4                '计算平均分
  For i = 1 To 4                '统计高于平均分的人数
    If cj(i) > avg Then n = n + 1
```

```
        Next
        Print "平均分为: "; avg, "高于平均分的人数为: "; n
End Sub
```

第 1 个 For 循环结构执行 4 次输入语句，读入 4 个成绩，依次存入数组 cj 的各个元素中，再进行累加。数组元素的下标用循环变量控制，随着循环的进行，循环变量不断改变，从而顺序访问了数组的各个元素。第 2 个 For 循环结构按顺序依次把 cj(1)、cj(2)、cj(3)、cj(4)和平均分 avg 进行比较，统计高于平均分的人数。

本例体现了一维数组的编程特点，在程序中利用循环变量控制数组元素的下标按一定规则变化，便可依次处理存储在数组元素中的数据。

6.2.2　一维数组的基本操作

数组的基本操作包括输入、输出，这些操作都是针对数组元素进行的。

1．一维数组的输入

（1）使用赋值语句

与普通变量的赋值相同，可以将一个常量、变量、表达式或数组元素的值赋给一个数组元素。例如：

```
        Dim a(1 To 3) As Integer
        a(2) = 1
        a(3) = a(2)
        a(a(2)) = a(2) + a(3)
```

以上语句执行后，数组元素 a(1)、a(2)、a(3)的值分别为 2、1、1。

（2）使用循环语句有规律的赋值

给数组中的各元素赋值可用循环来实现。因为数组元素的下标可以是变量，所以通过循环变量控制访问数组元素的下标，实现依次访问数组元素，控制数组的输入和输出。这也是使用数组替代简单变量的好处。

例如，若有数组声明"Dim arr(1 To 5) As Integer"，如果要实现对数组元素依次赋值，通常有如下几种情况。

① 数组元素的值来自表达式的计算结果

```
        For i = 5 To 1 Step -1
           arr(i) = i + 1
        Next
```

执行循环后，数组元素 arr(1)～arr(5)的值依次为 2、3、4、5、6。

② 数组元素的值来自 InputBox 函数的输入

```
        For i = 1 To 5
           arr(i) = Val(InputBox("请输入数据"))
        Next
```

执行循环时，键盘上输入的第 1 个数存放在 arr(1)，第 2 个数存放在 arr(2)，…。这种方式虽增强了与用户的交互，但适合少量数据的输入。

③ 数组元素的值来自随机生成

```
For i = 1 To 5
  arr(i) = Int(90 * Rnd + 10)
Next
```

（3）使用 Array 函数整体赋值

可以用 Array 函数把一组数据依次赋给指定数组中的各个元素。Array 函数调用格式如下：

数组变量名=Array(值 1, 值 2, 值 3, …)

其中，"数组变量名"是预先定义的数组名。函数参数"值 1, 值 2, 值 3, …"指定赋值给数组中各个元素的值。

说明：

① 数组变量名必须声明为 Variant 型，或是数组类型为 Variant 型的空数组。下界默认为 0 或通过语句"Option Base 1"指定下界为 1，上界由参数中数据的个数确定。也可以通过函数 LBound()和 UBound()获得数组的下界和上界。

② Array 函数只能给一维数组赋值，不能给二维或多维数组赋值。

【例 6.3】 Array 函数使用示例。

```
Private Sub Form_Click()
    Dim a                        '或 Dim a()
    a = Array(1, 2, 3, 4, 5)
    For i = LBound(a) To UBound(a)    '或 For i=0 To 4
        Print a(i);
    Next
End Sub
```

执行"a＝Array(1, 2, 3, 4, 5)"语句后，建立数组 a，并将 1, 2, 3, 4, 5 依次赋值给 a(0)、a(1)、a(2)、a(3)、a(4)。执行 For 循环，依次访问数组元素并输出，在窗体上显示的结果是：

1 2 3 4 5

（4）使用 Split 函数

Split 函数是一个用于分离字符串的函数。它把一个字符串内容中的一个（或几个连续的）特定的字符作为分离点的标志，将这个字符串分离成若干个子字符串，并将每个子字符串保存到字符数组中。Split 函数的调用格式为：

数组变量名=Split(字符串,分隔符)

其中："数组变量名"预先声明为 Variant 型，或是数组类型为 String 的空数组。"字符串"是包含子字符串和分隔符的字符串表达式。该函数产生的是一个字符串数组。

【例 6.4】 Split 函数使用示例。

窗体上添加一个文本框 Text1，运行程序在 Text1 中输入若干个数据，数据之间以逗号","分隔；单击命令按钮 Command1，将文本框中以逗号","分隔的数据保存到一个数组中，并显示在窗体上。运行界面如图 6.3 所示。

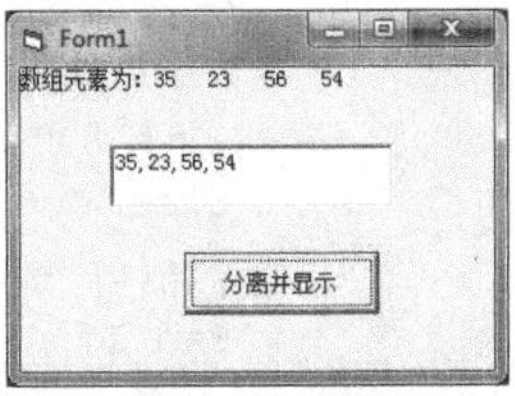

图 6.3 例 6.4 运行界面

程序代码如下：

```
Private Sub Command1_Click()
    Dim a                        '或 Dim a() As String
    a = Split(Text1.Text, ",")
```

```
        Print "数组元素为：";
        For i = LBound(a) To UBound(a)
                Print a(i); Spc(3);
        Next
End Sub
```

（5）数组之间的整体赋值

VB 提供了可对数组整体赋值的功能，方便了数组对数组的操作。数组赋值的形式如下：

　　数组 2=数组 1

说明："数组 2" 只能声明为 Variant 型，赋值后数组 2 的大小、维数、类型同 "数组 1"。

例如：

```
Dim a(1 To 5), b As Variant
For i = 1 To 5
  a(i) = i + 1
Next
b = a
Print b(3)
```

以上程序段执行后，在窗体上显示出 4。

2. 一维数组的输出

数组元素和普通变量一样，可以使用 Print 方法输出，也可以使用标签、文本框、列表框、组合框等控件输出。

【例 6.5】 声明一个一维整型数组，数组大小为 10，下标下界为 1。运行程序时，给一维数组赋值，下标为偶数的数组元素赋值 0，下标为奇数的数组元素值取下标值。将数组元素按每行 5 个数据的格式在窗体上输出。

分析：利用循环语句依次访问每个数组元素，判断其下标是否能被 2 整除。如果能整除，则将数组元素赋值为 0，否则赋值为下标值。输出第 5 个、第 10 个数据后需要换行，下标表示数组元素在数组中的位置，所以换行要满足的条件是，当前数组元素的下标是 5 的倍数。

编写的程序代码如下：

```
Option Base 1
Private Sub Command1_Click()
  Dim a(10) As Integer, i As Integer
  For i = 1 To 10                '给数组元素赋值
    If i Mod 2 = 0 Then
      a(i) = 0
    Else
      a(i) = i
    End If
  Next i
  Print
  For i = 1 To 10                '输出数组元素，每行输出 5 个
    Print a(i);
    If i Mod 5 = 0 Then Print
```

```
    Next i
End Sub
```

程序运行，单击命令按钮，在窗体上的输出结果为：

```
1 0 3 0 5
0 7 0 9 0
```

3. For Each…Next 循环语句

For Each…Next 语句是针对一个数组或集合中的每个元素，重复执行一组语句的循环语句。一般格式为：

```
For Each 成员 In 数组名
    循环体
Next [成员]
```

其中："成员"是一个 Variant 型变量，"数组名"是数组的名字，不包括括号和上下界。

执行 For Each 循环时，"成员"变量依次取数组元素的值，每取一个值都执行循环体，直到取完所有的数组元素，循环结束。For Each 循环的次数由数组中元素的个数确定，也就是说，数组中有多少个元素，循环就执行几次。例如：

```
Dim a, x
a = Array(11, 20, 32, 41)
For Each x In a
   If x Mod 2 = 0 Then Print x;
 Next
```

执行 For Each 语句时，第 1 次循环 x 取数组元素 a(0)的值，第 2 次循环 x 取数组元素 a(1)的值，第 3 次循环 x 取数组元素 a(2) 的值，第 4 次循环 x 取数组元素 a(3)的值。循环结束后，在窗体上显示 20 和 32。

可以看出，For Each…Next 语句在不知道数组中数组元素的数目时，比较有用。

6.2.3 一维数组的应用

基于一维数组的常用算法有：求最大最小值、排序、查找元素、插入元素、删除元素等。在数组中插入或删除元素将在 6.4.1 节中讨论。

1．求数组最大和最小值、位置的算法

【例 6.6】 产生 100 个 0～100 的随机整数存放在一维数组中，求其中的最小值及其下标位置。

分析：定义一个长度为 100 的整型数组 a，存放产生的 100 个随机整数。定义两个简单变量 min 和 pos，分别记录 100 个数中的最小值和最小值在数组中的位置，即下标。程序开始时首先利用循环结构给每个数组元素赋值，然后假定数组的第 1 个元素是其中的最小值，记下它的值和下标，即进行"min=a(1): pos=1"的赋值操作。接着利用循环结构将 min 与其余的每一个数组元素比较大小，如果 a(i)（i 表示当前数组元素下标）小于 min，则更新 min 和 pos，即进行"min=a(i): pos=i"的赋值操作。所有元素比较完成后，min 中保存的就是 100 个数中的最小值，pos 是其位置，最终输出 min 和 pos 的值。

编写程序代码如下：

```
Option Base 1
Private Sub Command1_Click()
  Dim a(100) As Integer, min As Integer, pos As Integer
  For i = 1 To 100          '给数组元素赋值，每行 10 个显示在窗体上
    a(i) = Int(Rnd * 101)
    Print a(i);
    If i Mod 10 = 0 Then Print
  Next
  min = a(1): pos = 1
  For i = 2 To 100
    If a(i) < min Then
      min = a(i)
      pos = i
    End If
  Next
  Print "最小值为: " & min, "其下标为: " & pos
End Sub
```

2. 数组排序

排序是计算机内经常进行的一种操作方法，其目的是将一组"无序"的数据序列调整为"有序"的（递增或递减）数据序列。选择法排序和冒泡法排序是两种常用的排序方法，排序算法的实现要借助数组进行。

【例 6.7】 利用选择法对 6 个整数进行递增（由小到大）排序。

选择法排序的思路是：先从待排序的 6 个数据中找出最小的数，把它和数组的第 1 个元素交换，完成第 1 轮排序。接着在剩余的 5 个数据中找出最小的数和数组的第 2 个元素交换，完成第 2 轮排序，…，如此反复。经过 5 轮排序后，原始数组已经有序。

假定有 6 个数的数组 a，要求按照递增次序排序，其选择排序的过程如下：

第 1 轮查找交换：在 a(1)～a(6)中找出最小值，然后和 a(1)交换。数据的最小值就保存到 a(1)，a(1) 不再参加下一轮的比较。

第 2 轮查找交换：在 a(2)～a(6)中找出最小值，然后和 a(2)交换。这个范围的最小值就保存到 a(2)，a(2)不再参加下一轮的比较。

第 3 轮查找交换：在 a(3)～a(6)中找出最小值，然后和 a(3)交换。这个范围的最小值就保存到 a(3)，a(3)不再参加下一轮的比较。

第 4 轮查找交换：在 a(4)～a(6)中找出最小值，然后和 a(4)交换。这个范围的最小值就保存到 a(4)，a(4)不再参加下一轮的比较。

第 5 轮查找交换：在 a(5)～a(6)中找出最小值，然后和 a(5)交换。此时 a(6)存放的就是最大值。选择排序的示意图如图 6.4 所示。

原始数据	9	4	21	10	8	2
第1轮查找:	9	4	21	10	8	2
交换:	2	4	21	10	8	9
第2轮查找:	2	4	21	10	8	9
交换:	2	4	21	10	8	9
第3轮查找:	2	4	21	10	8	9
交换:	2	4	8	10	21	9
第4轮查找:	2	4	8	10	21	9
交换:	2	4	8	9	21	10
第5轮查找:	2	4	8	9	21	10
交换:	2	4	8	9	10	21

图 6.4 选择排序示意图

分析：n 个数据的查找和排序过程需要两重循环才能实现。内循环完成在指定数组范围查找最小数的位置（下标）。外循环控制每轮查找范围第一个数据元素的下标及排序的

次数。

在窗体上添加 4 个标签 Label1~Label4，Label1 和 Label2 标题分别为 "排序前数据" "排序后数据"，Label3 和 Label4 用于显示排序前数据和排序后数据，初始文本都为空。两个命令按钮 Command1 和 Command2，标题分别为 "生成随机数" 和 "排序"。第一个命令按钮完成生成随机数保存在数组中，并在 Label3 中显示。第二个命令按钮完成数组排序，排序结果显示在 Label4 中。

编写程序代码如下：

```
Dim a(1 To 10) As Integer, n As Integer   '定义模块级变量
Private Sub Form_Load()
  Label1.Caption = "排序前数据："
  Label2.Caption = "排序后数据："
  Label3.Caption = "": Label4.Caption = ""
  n = 6                                     'n 表示排序的数据个数
End Sub
Private Sub Command1_Click()                '给数组元素赋值，并显示在 Label3 中
  Randomize
  For i = 1 To n
   a(i) = Int(Rnd * 90 + 10)
   Label3.Caption = Label3.Caption + Str(a(i))
   Next i
End Sub
Private Sub Command2_Click()                '采用选择法对数组进行排序
   For i = 1 To n - 1                       '外循环变量控制每轮排序第 1 个元素的下标
     iMin = i
     For j = i + 1 To n                     '查找 a(i)~a(n) 最小元素下标
       If a(j) < a(iMin) Then iMin = j
     Next j
     t = a(i): a(i) = a(iMin): a(iMin) = t  '完成两个数组元素的交换
   Next i
   For i = 1 To n                           '在 Label4 上输出排序后的数组内容
     Label4.Caption = Label4.Caption + Str(a(i))
   Next i
End Sub
```

运行结果如图 6.5 所示。

注意： 数组 a 和变量 n 是模块级变量，定义在窗体的通用声明段，在本窗体的所有过程中都可以对其进行访问和处理。有关模块级变量参看 7.3.4 节。

【例 6.8】 利用冒泡排序法对 6 个整数进行递增排序。

冒泡法排序是对 *n* 个数进行 *n*-1 轮排序，每一轮将对未排好的数组元素进行两两比较，只要次序不对立即进行交换。一轮排序下来，该轮最大数据通过交换放到最后一个存储单元，较小的数逐步被交换到前面，也就像冒泡一样而得名冒泡法。

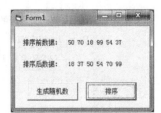

图 6.5　例 6.7 运行结果

假定有 6 个数的数组 a，要求按递增次序排序，冒泡排序的过程如下：

① 在 a(1)~a(6)中找到最大元素放在 a(6)中，方法是从第 1 个元素开始，进行两两比较，即：

a(1)与 a(2)比较，若 a(1)>a(2)，则交换 a(1)与 a(2)；

a(2)与 a(3)比较，若 a(2)>a(3)，则交换 a(2)与 a(3)；

a(3)与 a(4)比较，若 a(3)>a(4)，则交换 a(3)与 a(4)；

a(4)与 a(5)比较，若 a(4)>a(5)，则交换 a(4)与 a(5)；

a(5)与 a(6)比较，若 a(5)>a(6)，则交换 a(5)与 a(6)。

6 个数据经过上面的 5 次比较就可以找到最大的一个数据放在 a(6)中，这是第一轮的排序结果，a(6)就不再参与下一轮的排序。

② 在第 2 轮排序中，进行 a(1)与 a(2)比较、a(2)与 a(3)比较、a(3)与 a(4)比较、a(4)与 a(5)比较。在 a(1)~a(5)中找到最大数放在 a(5)中，a(5)就不再参与下一轮的排序。

③ 在第 3 轮排序中采用同样的方法，在 a(1)~a(4)中找到最大数放在 a(4)中。

④ 在第 4 轮排序中，在 a(1)~a(3)中找到最大数放在 a(3)中。

⑤ 在第 5 轮排序中，在 a(1)~a(2)中找到最大数放在 a(2)中。

分析：第 1 轮比较 5 次，最大值放在 a(6)中；第 2 轮比较 4 次，最大值放在 a(5)中；第 3 轮比较 3 次，最大值放在 a(4)中；第 4 轮比较 2 次，最大值放在 a(3)中；第 5 轮比较 1 次，最大值放在 a(2)中，最后只剩下 a(1)就是最小的。由此可知，6 个数据冒泡排序要经过 5 轮，所有数都放入正确位置，数组成为有序。冒泡排序法的示意图如图 6.6 所示。

初始数据	9	4	6	5	8	2
第1轮排序:	4	6	5	8	2	9
第2轮排序:	4	5	6	2	8	9
第3轮排序:	4	5	2	6	8	9
第4轮排序:	4	2	5	6	8	9
第5轮排序:	2	4	5	6	8	9

图 6.6　冒泡排序示意图

编写程序代码如下：

```
Option Base 1
Private Sub Command1_Click()
    Dim a()
    a = Array(9, 4, 6, 5, 8, 2)
    n = UBound(a)
    For i = 1 To n - 1              '进行 n-1 轮比较
        For j = 1 To n - i         '在 a(1)~a(n-i)进行相邻两个数的比较
            If a(j) > a(j + 1) Then
                t = a(j): a(j) = a(j + 1): a(j + 1) = t
            End If
        Next j
    Next i
    Print "排序后的数组元素内容: ";
    For i = 1 To n
        Print a(i);
    Next i
End Sub
```

程序运行，单击命令按钮 Command1，在窗体上显示的结果是：

排序后的数组元素内容：2 4 5 6 8 9

3．在数组中查找数据

排序除在数组中排出大小顺序以外，另一个主要的目的是有效地查找数据。查找的方法有很多种，在无序数组中通常采用顺序查找，在有序数组中采用折半查找可提高查找效率。

【例 6.9】 已知一个一维数组中的各个元素值均不相同，编写程序查找数组中是否有值为 x 的数组元素。如果有，输出相应的下标；如果没有，输出查找失败的信息。

顺序查找的思想是：从第一个数据顺序往下找，一直找到所需要的数据，或者查找完全部元素为止。

分析：利用循环结构依次访问数组中的每个元素，各个元素与 x 比较，一旦发现有值为 x 的数组元素，即无须继续循环，这时可能循环还未正常结束，需要用到 Exit 语句跳出循环结构。

编写的程序代码如下：

```
Option Base 1
Private Sub Command1_Click()
  Dim a, x As Integer
  a = Array(1, 32, 14, 56, 74, 3, 65, 6, 9, 12)
  x = Val(InputBox("请输入待查找的数据"))
  For i = 1 To UBound(a)
    If a(i) = x Then Exit For          '找到了退出循环
  Next
  If i = UBound(a) + 1 Then            '判断上述循环是哪种情况结束的
    MsgBox x & "在数组中不存在"
  Else
    MsgBox x & "在数组中的下标是: " & i
  End If
End Sub
```

程序运行，单击命令按钮，从键盘上输入 56，则在信息框中的显示如图 6.7 所示。

顺序查找是最简单的一种查找方法，虽然顺序查找效率不高，但是无论数组是否有序，都可以采取顺序查找。如果数组是有序的，为了提高查找效率，可以采用折半查找（也称二分查找）方法。

图 6.7　例 6.9 查找成功显示结果

【例 6.10】 采用折半查找方法，在有序数组中查找是否有值为 x 的数组元素。

折半查找思想：设数组中元素排列有序（如：升序），被查找元素为 x，则将 x 与数组的中间元素进行比较。比较的结果有 3 种情况：

若 x 等于中间元素的值，则查找成功，查找结束。

若 x 小于中间元素的值，则在数组的前半部分（即中间元素以前的部分）以相同的方法进行查找。此时查找范围缩小了一半。

若 x 大于中间元素的值，则在数组的后半部分（即中间元素以后的部分）以相同的方法进行查找。此时查找范围缩小了一半。

重复以上过程直到查找成功或不是有效范围为止。

分析：设置两个变量 Low、High 为查询范围第 1 个元素和最后一个元素的下标；设置变量 Mid 记录中间元素下标，计算方法是： (Low+High)\2。

假设有一个有序数组 a 的内容为：10、16、20、36、46、68、80、98。若 x 为 46，在数组 a 中查找 x 的过程如下：

① 第 1 次在 a(1)～a(8)范围中进行查找。设置 Low 和 High 为 1 和 8，通过计算得到中间元素的下标 Mid 为 4，如图 6.8（a）所示。满足 x>a(Mid)，确定下一步的查找范围在 a(Mid+1)～a(8) 之间进行。

② 第 2 次在 a(Mid+1)～a(8) 范围中进行查找。第 1 个元素的下标 Low=Mid+1，Low 改变为 5，High 不变仍为 8。计算得到中间元素的下标 Mid 为 6，如图 6.8（b）所示。满足 x<a(Mid)，确定下一步的查找范围在 a(5)～a(Mid-1) 之间进行。

③ 第 3 次在 a(5)～a(Mid-1) 范围中进行查找。第 1 个元素的下标 Low 为 5，High=Mid-1，High 改变为 5。计算得到中间元素的下标 Mid 为 5，如图 6.8（c）所示。满足 x=a(Mid)，查找成功。

若 Low>High，则不是有效查找范围，表示查找失败。

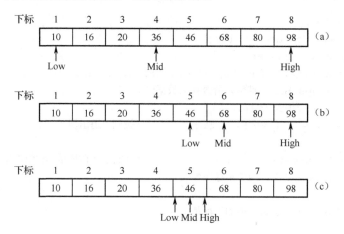

图 6.8　折半查找过程示意

编写的程序代码如下：

```
Option Base 1
Private Sub Command1_Click()
  Dim Low As Integer, High As Integer, Mid As Integer
  Dim a, x As Integer
  a = Array(10, 16, 20, 36, 46, 68, 80, 98)
  x = Val(InputBox("请输入待查找的数据"))
  Low = LBound(a) : High = UBound(a)
  f = 0                            '设置标识查找结果的变量
  Do While Low <= High            '查找范围有效继续查找
    Mid = (Low + High) \ 2
    If x = a(Mid) Then            '查找成功，跳出循环
      f = 1
      Exit Do
    ElseIf x > a(Mid) Then        '减少查找范围
      Low = Mid + 1
    Else
      High = Mid - 1
    End If
  Loop
    If f = 1 Then                 '根据标识变量的值，确定查找结果
      MsgBox (x & "在数组中的位置是:" & Mid)
    Else
    MsgBox (x & "不在数组中")
```

```
        End If
    End Sub
```

运行程序，单击命令按钮 Command1，从键盘上输入 46，运行结果如图 6.9 所示。

图 6.9　例 6.10 查找成功的运行结果

6.3　二维数组

二维数组描述的是一个由若干行和若干列组成的数据阵列，比如一个班 30 名学生 5 门课程的成绩表就是一个由 30 行 5 列数据组成的一个数据阵列。二维数组中的各个数组元素用一个统一的数组名和两个不同的下标来标识，表示形式为"数组名(下标 1,下标 2)"。第一个下标表示行，第二个下标表示列，说明该数组元素在二维数组中的位置。

6.3.1　二维数组的声明和数组的引用

1．二维数组的声明

二维数组的声明和一维数组类似，其格式如下：
Dim 数组名([下界 1 To]上界 1, [下界 2 To]上界 2) [As 类型]
说明：

① 二维数组声明中的"[下界 1 To]上界 1"表示该数组具有的行数，同时确定了行下标的取值范围。第 2 个"[下界 2 To]上界 2"表示该数组具有的列数，同时确定了列下标的取值范围。行数和列数之积是组成该数组的数组元素的个数，即二维数组的长度。下界省略默认为 0。例如：

```
    Dim a(1 To 2, 1 To 3) As Integer
```

上面语句声明了一个名为 a，具有 2 行 3 列 6 个元素的二维整型数组，数组的长度为 6。二维数组 a 的 6 个数组元素的逻辑排列为：

$$a = \begin{bmatrix} a(1,1) & a(1,2) & a(1,3) \\ a(2,1) & a(2,2) & a(2,3) \end{bmatrix}$$

② 二维数组在内存中占据一片连续的存储单元，二维数组的各个元素在这片连续的存储单元中是按行优先的顺序存储的，即在内存中先顺序存放第 1 行的元素，再存放第 2 行的元素，以此类推。例如，数组 a 存放数据的顺序如图 6.10 所示，图中标明了每个存储单元的名字（数组元素），可以用这样的名字引用各存储单元，整型数组元素的初值为 0。

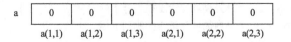

图 6.10　二维数组的存储结构

2. 二维数组元素的引用

二维数组元素的引用形式为：

数组名(下标表达式1，下标表达式2)

其中，"下标表达式 1"和"下标表达式 2"一般为整型表达式。如果下标表达式的值为小数，系统自动四舍五入后取整。"下标表达式 1"称为行下标，"下标表达式 2"称为列下标。例如，如果二维数组 a 的行下标和列下标的下界都是从 1 开始，则数组中的第 2 行、第 3 列的数组元素表示为 a(2, 3)。

注意： 行下标和列下标不能超出声明数组时指定的下标范围。

可以对二维数组元素进行与普通变量相同的操作，因为它们的本质就是一个普通变量，如运算、赋值等。例如：

```
a(1, 1) = a(1, 2) / 3 - 30
Print a(1, 1)
```

类似于一维数组，请读者严格区分在定义数组时使用的维数和各维大小与引用数组元素时下标值的不同。例如：

```
Dim a(3, 5) As Integer
a(3, 5)=6
```

两者中 a(3, 5)的写法一样，但含义是不同的，请大家自己分析。

6.3.2　二维数组的基本操作

二维数组通常与二重循环相配合，将外、内循环变量分别和行、列下标相关联，实现对二维数组元素的处理。只有掌握了二维数组的最基本操作，才能解决较复杂的问题。

例如，有如下数组声明：

```
Dim a(1 To 3, 1 To 4) As Integer
```

假设赋值后的数组 a 内容如下：

a	73	58	62	36	37	79	11	78	83	73	14	47
	a(1,1)	a(1,2)	a(1,3)	a(1,4)	a(2,1)	a(2,2)	a(2,3)	a(2,4)	a(3,1)	a(3,2)	a(3,3)	a(3,4)

以下以数组 a 为例，讨论两种次序访问二维数组元素的方法。

（1）按行顺序依次处理二维数组元素

按行顺序访问数组元素的次序是：首先访问第 1 行的 4 个元素 a(1,1)、a(1,2)、a(1,3)、a(1,4)，每个元素行下标是 1，列下标变化规律是 1～4。再访问第 2 行的 4 个元素 a(2,1)、a(2,2)、a(2,3)、a(2,4)，每个元素行下标是 2，列下标变化规律是 1～4。接着访问第 3 行的 4 个元素 a(3,1)～a(3,4)。

通过外循环变量控制行下标的变化，内循环变量控制列下标的变化，便可实现行顺序的依次访问和处理。若要按矩阵形式输出二维数组元素，注意输出一行后要输出一个空行，程序段如下：

```
For i = 1 To 3          '外循环变量 i 控制行下标
  For j = 1 To 4        '内循环变量 j 控制列下标
    Print a(i, j);
  Next j
```

```
        Print
      Next i
```

执行以上程序，在窗体上显示的结果如图 6.11 所示。

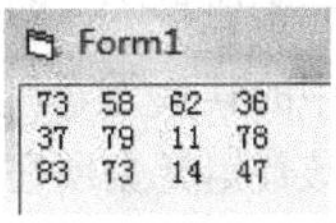

（2）按列顺序依次处理二维数组元素

按列顺序访问数组元素的次序是：首先访问第 1 列的 3 个元素 a(1,1)、
a(2,1)、a(3,1)，每个元素列下标是 1，行下标变化规律是 1～3。再访问第 2
列的 3 个元素 a(1,2)、a(2,2)、a(3,2)，每个元素列下标是 2，行下标变化规
律是 1～3。接着访问第 3 列的 3 个元素 a(1,3)、a(2,3)、a(3,3)。最后访问第
4 列的 3 个元素 a(1,4)、a(2,4)、a(3,4)。

图 6.11　按行顺序输出二维数组元素

通过外循环变量控制列下标的变化，内循环变量控制行下标的变化，便可实现列顺序的依次访问
和处理。程序段如下：

```
For j = 1 To 4          '外循环变量 j 控制列下标
  For i = 1 To 3        '内循环变量 i 控制行下标
      Print a(i, j);
  Next i
  Print                 '输出回车换行，实现换行
Next j
```

执行以上程序，在窗体上显示的结果如图 6.12 所示。

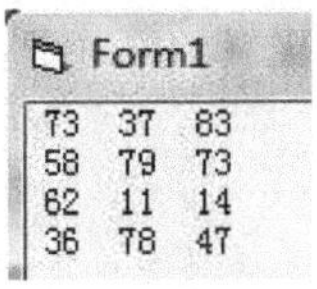

（3）访问方阵下三角元素

例如，有如下数组声明：

```
Dim a(1 To 3, 1 To 3) As Integer
```

图 6.12　按列输出二维数组元素

假设赋值后的数组 a 内容如下：

a	73	58	62	36	37	79	11	78	83
	a(1,1)	a(1,2)	a(1,3)	a(2,1)	a(2,2)	a(2,3)	a(3,1)	a(3,2)	a(3,3)

数组 a 为方阵（行大小、列大小相等的数组），对该类数组常用的操作有访问上三角元素、下三角
元素等。

按行顺序输出下三角元素的程序段如下：

```
For i = 1 To 3
  For j = 1 To i
      Print a(i, j);
  Next j
  Print
Next i
```

执行以上程序，在窗体上显示的结果如图 6.13 所示。

访问上三角元素和对角线上的元素，请读者自行分析。

6.3.3　二维数组的应用

【例 6.11】编写程序求一个 3×4 整数矩阵中的最大元
素及它所在的行号和列号。

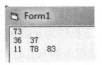

图 6.13　按行顺序输出二维数组下三角元素

分析：定义一个 3 行 4 列的二维整型数组"Dim m(1 To 3, 1 To 4)"存放矩阵中的元素。定义整型变量 max、row 和 col 分别表示数组元素中的最大值及相应的行号和列号。假定二维数组第 1 行第 1 列的元素值最大，即进行"max=m(1, 1): row=1: col=1"的赋值操作，然后使用二重循环按行依次检查数组中的其余元素，如果某个数组元素的值大于当前的 max，则更新 max、row 和 col 分别为该数组元素及该数组元素所在的行号和列号。当数组中的所有元素都检查完毕后，便得到了该数组的最大值及其所在行号和列号。

编写的程序代码如下：

```
Option Base 1
Private Sub Command1_Click()
    Dim m(3, 4) As Integer
    Dim max As Integer, row As Integer, col As Integer
    Print "二维数组的内容"
    Print "--------------------"
    For i = 1 To 3                         '按行给各个数组元素赋值
        For j = 1 To 4
          m(i, j) = Int(90 * Rnd + 10)
          Print m(i, j);
        Next j
        Print
    Next i
    max = m(1, 1): row = 1: col = 1        '假定第 1 个元素最大
    For i = 1 To 3
      For j = 1 To 4
        If m(i, j) > max Then
          max = m(i, j): row = i: col = j
        End If
      Next j
    Next i
    Print "--------------------"
    Print "最大元素:"; max; "在第" & row & "行第" & col & "列"
End Sub
```

图 6.14　例 6.11 运行结果

程序运行，单击命令按钮 Command1，运行结果如图 6.14 所示。

【例 6.12】　求二维数组的转置矩阵。

假设数组 a 是 2 行 3 列，b 数组是 3 行 2 列，将数组 a 的行和列元素互换，存到数组 b 中，则数组 b 就是 a 的转置矩阵。例如：

$$a = \begin{bmatrix} 1 & 2 & 3 \\ 4 & 5 & 6 \end{bmatrix} \implies b = \begin{bmatrix} 1 & 4 \\ 2 & 5 \\ 3 & 6 \end{bmatrix}$$

分析：矩阵转置实际就是行列互换，就是把原来的行的内容换到列的内容。对于 2 行 3 列的数组 a，把 a 的行下标作为 b 的列下标，a 的列下标作为 b 的行下标。即将第 1 行的元素 a(1, 1)、a(1, 2)、a(1, 3)依次赋给数组 b 的 b(1, 1)、b(2, 1)、b(3, 1)，得到 b 的第一列。将 a 的第 2 行元素 a(2, 1)、a(2, 2)、a(2, 3)依次赋给数组 b 的 b(1, 2)、b(2, 2)、b(3, 2)，…，直到处理完数组 a 的所有行，即可得到转置矩阵 b。

数组元素之间的关系为：a(i, j)=b(j, i), i=1～2，j=1～3。

编写的程序代码如下：

```
Option Base 1
Private Sub Command1_Click()
  Dim a(2,3) As Integer, b(3, 2) As Integer
  Print "数组 a 的数据: "
  Print "----------------"
  For i = 1 To 2
    For j = 1 To 3
      a(i, j) = Int(Rnd * 100)
      Print a(i, j);
    Next j
    Print
  Next i
  For i = 1 To 2                  '完成转置
    For j = 1 To 3
      b(j, i) = a(i, j)
    Next j
  Next i
  Print
  Print "数组 b 的数据: "
  Print "----------------"
  For i = 1 To 3
    For j = 1 To 2
      Print b(i, j);
    Next j
    Print
  Next i
End Sub
```

运行后结果如图 6.15 所示。

【例 6.13】 输出如图 6.16 所示的杨辉三角的前 10 行。

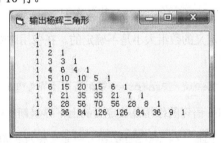

图 6.15 例 6.12 的输出结果　　　　　　　图 6.16 输出杨辉三角形

分析：杨辉三角形的数据特点是：每一行的第一个数据和最后一个数据都为 1，其余各元素等于它上面一行的同一列和前一列数据之和。如果用数组 10 行 10 列的二维数组保存杨辉三角的数据，则数据的特点可以描述为：

```
s(i, 1) = 1: s(i, i) = 1              i=1~10
s(i, j) = s(i - 1, j - 1) + s(i - 1, j)    i=3~10, j=2~i-1
```

编写的程序代码如下：

```
Private Sub Command1_Click()
  Dim s(10, 10) As Integer
  For i = 1 To 10
    s(i,1) = 1: s(i, i) = 1
  Next
  For i = 3 To 10
    For j = 2 To i-1
       s(i, j) = s(i-1, j-1) + s(i-1, j)
  Next j, i
  For i = 1 To 10
    Print Tab(5);                  '确定每行第 1 个数据的输出位置
    For j = 1 To i
      Print s(i, j);
    Next j
    Print
  Next i
End Sub
```

6.4　动态数组

前面使用的都是静态数组，通过 Dim 声明后，其维数和大小都不能改变。使用动态数组在程序运行期间可以根据需要改变数组的元素个数，从而有效地利用存储空间。

6.4.1　动态数组的声明和应用

1. 动态数组的声明

在声明动态数组时，首先使用 Dim 语句声明没有上下界的空数组，然后在过程中用 ReDim 语句指明该数组的大小。动态数组的声明形式为：

> Dim 数组名() [As 数据类型]

此时定义的数组大小是不确定的。在使用时随时可用 ReDim 语句指定数组的大小。ReDim 语句的格式如下：

> ReDim [Preserve]数组名([下界1 To]上界1, [[下界2 To]上界2]) [As 数据类型]

ReDim 语句的作用是按定义的上下界重新给数组分配存储空间。例如：

```
Dim s() As Single      '定义 s 为单精度空数组
 …
ReDim s(4, 8)          '重新定义数组 s 为 5 行 9 列共 45 个元素的二维数组
 …
ReDim s(5)             '重新定义 s 为 6 个元素的一维数组
```

说明：

① 关键字 Dim 是声明变量的说明性语句，可以出现在过程内或通用声明段部分。而 ReDim 语句是执行语句，只能出现在过程内。

② 当数组使用 ReDim 语句重新声明后，原来数组内的数据会全部被清除。如果希望数组经过重

新声明数组大小后，能够保有原来数组中的数据，那么就要加上 Preserve 关键字。例如：

```
Dim arr() As Integer
ReDim arr(2)
For i = 0 To 2
   arr(i) = i + 1
Next
…
ReDim arr(5)
```

第 2 行 ReDim 语句重新定义数组的大小为 3；执行 For 循环后，数组 arr 三个数组元素 arr(0)、arr(1)、arr(2)的值分别为 1、2、3；接着再使用 ReDim 语句将数组 arr 的大小改变成含有 6 个数组元素 a(0)～a(5)，并且清空所有数组元素的值，则 a(0)～a(5)这 6 个元素都为 0。如果将第 2 个 ReDim 语句改成如下形式：

```
ReDim Preserve arr(5)
```

表示扩大数组大小的同时，原来数组中的内容保留，扩大的存储空间根据其类型自动置相应的初值（整型数组置 0，字符串数组置空串）。所以 arr(0)、arr(1)、arr(2)保留原值 1、2、3，而扩大的元素 arr(3)、arr(4)、arr(5)的值为 0。

注意：使用 ReDim 语句改变数组的维数，就不能用 Preserve 来保留数组中的数据。

③ ReDim 中的上界和下界可以是常量，也可以是有确定值的变量和表达式。

```
Dim arr() As Integer
n = 3
ReDim arr(1 To n)
```

数组 arr 被重新定义的大小为 3，包含 3 个元素。

④ 如不省略"As 数据类型"，则类型必须与 Dim 定义时的类型一致，即重定义数组不能改变其原来的数据类型。例如：

```
Dim a() As Variant       '或 Dim a()
ReDim a(8) As Variant     '或 ReDim a(8)
```

而不能写成 ReDim a(8) As Integer

除了使用关键字 Dim 声明空数组外，还可以使用关键字 Public、Private 在过程外声明空数组。

2．动态数组的应用

在数组中插入数据和删除数据也是数组常用的操作。数组元素的个数随着插入和删除会动态发生变化，所以采用动态数组存储数组元素比较合理。

【例 6.14】　在有序数组中插入一个数，使得数组仍然保持升序。

分析：假定有序数组 a 已经按升序排列，插入算法是：

① 查找待插入数据 x 在数组中的位置 k。

② 然后从最后一个元素开始往前直到下标为 k 的元素依次往后移动一个位置。假设数组 a 中目前有 6 个元素，插入位置 k 的值是 4，则依次执行 a(6)→a(7)，a(5)→a(6)，a(4)→a(5)的赋值完成移动。

③ 将数据 x 保存到 a(k)，完成插入。

④ 数据元素个数增 1。

编写的程序代码如下：

```
Private Sub Form_Click()
  Dim a(), x%
  a = Array(2, 4, 6, 7, 11, 15, 18, 24, 29, 32)
  x = Val(InputBox("请输入待插入数据"))
  n = UBound(a)
  For k = 0 To n                '查找插入位置
    If x < a(k) Then Exit For
  Next k
  n = n + 1
  ReDim Preserve a(n)
  For i = n - 1 To k Step -1
    a(i + 1) = a(i)
  Next i
  a(k) = x
  Print "插入" & x & "后数组序列为: ";
  For i = 0 To n
    Print a(i);
  Next i
End Sub
```

程序运行，单击窗体，从键盘上输入 27，在窗体上显示的结果为：

插入 27 后数组序列为：2 4 6 7 11 15 18 24 27 29 32

【例 6.15】 在数组 a 中删除指定数组元素。

分析：首先在数组中找到欲删除的数组元素位置 k，然后从 k+1 到 n 的数组元素依次向前移动，最后将数组个数减 1。

编写的程序代码如下：

```
Private Sub Form_Click()
  Dim x%, k%, n%, a()
  a = Array(2, 4, 6, 7, 11, 15, 18, 24, 29, 32)
  x = Val(InputBox("请输入待删除数据"))
  n = UBound(a)
  For k = 0 To n                '查找待删除数据
    If x = a(k) Then Exit For
  Next k
  If k > n Then
    MsgBox "在数组中不存在数据: " & x
  Else
    For i = k + 1 To n          '将删除位置后面的数据依次前移
      a(i-1) = a(i)
    Next i
    n = n-1
    ReDim Preserve a(n)
    Print "删除" & x & "后数组序列: ";
    For i = 0 To n
      Print a(i);
```

```
        Next i
     End If
  End Sub
```

程序运行，单击窗体，从键盘上输入 24，则在窗体上输出如下：

删除 24 后数组序列：2 4 6 7 11 15 18 29 32

6.4.2　数据刷新语句

数组刷新语句 Erase 可以清除静态数组的内容，或动态数组占用的存储空间。语句格式为：

```
Erase 数组名[,数组名] [, …]
```

例如：

```
Dim a(20) As Integer, s() As String
Redim s(9)
…
Erase a, s
```

说明：对于静态数组 a，将所有数组元素重新初始化为 0（数值型）或空串（字符型），数组仍然存在。对于动态数组 s，释放其使用的存储空间，即动态数组执行 Erase 后不复存在了。

6.5　控件数组

当在窗体中使用许多相同的控件，执行大致相同的操作时，为了程序的编写方便，可以将这些控件设置为"控件数组"，也就是把这些控件当作数组的元素来使用。

6.5.1　控件数组的概念

控件数组由一组相同类型的控件组成，它们共用一个控件名，具有相同的属性，共享相同的事件过程。建立控件数组时系统自动给每个控件赋一个唯一的索引号（Index），通过索引号来标识和区分控件数组中的每个控件对象。每一个控件对象称为控件数组的一个元素，表示为：

```
控件数组名(索引号)
```

引用控件数组元素的属性表示为：

```
控件数组名(索引号).属性名
```

说明：每个控件的 Name 属性是相同的，Name 属性指定了控件数组的名称，相当于一般数组的数组名。索引号相当于一般数组的下标，控件数组的索引号始终由 0 开始。

例如，有一个名称为 Command1 的命令按钮数组，包括 3 个按钮。每个按钮控件的名称为 Command1(0)、Command1(1)、Command1(2)。运行程序时，无论单击哪个命令按钮，都是触发同一个 Click 事件。为了在事件过程中区别控件数组中的每一个元素，VB 会把表示元素的下标值（Index 属性）传送给事件过程。因此，在控件数组的事件过程中加入了一个下标参数，其 Click 事件过程结构如下：

```
Private Sub Command1_Click(Index As Integer)
  …
End Sub
```

可以看出比一般命令按钮的 Click 事件多了一个参数(Index As Integer)，过程代码中通过 Index 来区分触发事件的是哪个按钮。

注意：Command1(0)、Command1(1)是控件数组，而 Command1、Comman2 等则不是控件数组。

6.5.2　控件数组的建立和应用

控件数组的建立与一般数组的声明不同，通常有以下两种方法。

① 在窗体上创建控件，再通过复制粘贴的方法产生第二个控件。

② 若是想要将窗体上现有的相同种类的控件变成控件数组，可以将这些控件的 Name 属性修改为相同的名称。

以上两种方法创建控件数组时，VB 会显示一个对话框，确认是否要创建控件数组。选择对话框中的"是"按钮，则将该控件添加到控件数组中。

控件数组建立以后，只要改变其中某个控件的 Name 属性值，就能把该控件从控件数组中删除。

【例 6.16】 控件数组使用示例。

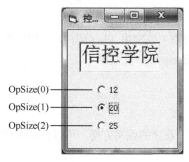

OpSize(0) ——— C 12
OpSize(1) ——— • 20
OpSize(2) ——— C 25

图 6.17　例 6.16 运行结果

建立含有 3 个单选按钮的控件数组，单击某个单选按钮，分别设置文本框 Text1 中文本字体的大小，运行界面如图 6.17 所示。

建立步骤如下：

① 在窗体上建立一个单选按钮，将其 Name 属性设为 OpSize，通过工具栏上的"复制"按钮和"粘贴"按钮复制两个单选按钮，再建立一个文本框 Text1。

② 在属性窗口，把 3 个单选按钮的 Caption 属性分别设置为 "12" "20" "25"，文本框 Text1 的 Text 属性设置为 "信控学院"。

③ 双击任一个单选按钮进入 OpSize_Click 事件的代码编辑环境。

在控件数组的事件过程代码中，通常使用 Select Case 语句，来判断事件过程参数 Index（记录引发该事件的控件数组元素的下标）的值，从而确定是单击哪个单选按钮时执行的操作。

编写的程序代码如下：

```
Private Sub OpSize_Click(Index As Integer)
  Select Case Index
    Case 0
      Text1.FontSize = 12
    Case 1
      Text1.FontSize = 20
    Case 2
      Text1.FontSize = 25
  End Select
End Sub
```

运行程序，当用户单击不同的单选按钮时，文本框 Text1 中文本字体的大小随之改变。也可以将上述程序代码简化为以下程序：

```
Private Sub OpSize_Click(Index As Integer)
  Text1.FontSize = Val(OpSize(Index).Caption)
End Sub
```

合理使用控件数组的好处，就在于可以有效简化程序代码。

6.6　滚动条、图片框与图像框

6.6.1　滚动条

滚动条控件可以为不能自动支持滚动的控件提供滚动功能，也可以作为数据输入的工具，控制数据在某个范围内。VB 的滚动条分为水平滚动条（HScrollBar）控件和垂直滚动条（VScrollBar）控件。默认名称为 HScroll1（VScroll1），HScroll2（VScroll2），…。

除方向不同外，水平滚动条和垂直滚动条在结构和操作上是一样的。滚动条的两端各有一个滚动箭头，在两者之间有一个滚动框，如图 6.18 所示。

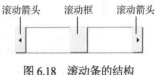
图 6.18　滚动条的结构

1．常用属性

滚动条除了 Enabled、Visible、Top、Left、Width、Height 属性之外，还有下列常用属性。

（1）Min、Max 属性

设置滚动条能代表数值的最小值和最大值，取值范围为−32768～32767。Min 默认值为 0，Max 默认值为 32767。水平滚动条的最左端代表最小值，最右端代表最大值，由左往右移动滚动框代表的值随之增大。垂直滚动条最上方代表最小值，最下方代表最大值，由上往下移动滚动框时，代表的值随之增大。

（2）Value 属性

在滚动条中，滚动框所处的位置可以代表一个值。Value 属性值即代表滚动框在滚动条中位置所对应的数值。对于水平滚动条，当滚动框位于最左边时，Value 取值最小。对于垂直滚动条，当滚动框位于最上方时，Value 取值最小。反之，Value 取值最大。

Value 属性默认值为设定的最小值（Min 属性设定的值）。

（3）SmallChange 属性

表示单击滚动箭头时，Value 增加或减少的增量值。

例如，将滚动条 HScroll1 的 SmallChange 属性设置为 8，每单击一次水平滚动条右端的滚动箭头时，Value 属性的值改变为 HScroll1.Value+8。

（4）LargeChange 属性

表示单击滚动箭头和滚动框之间的空白区域，Value 增加或减少的增量值。这个增量值设置的要比 SmallChange 属性的值要大些。

2．常用事件

滚动条控件识别十个事件，而最常用的是 Scroll 和 Change 事件。

（1）Scroll 事件

当用鼠标拖动滚动框时，即可触发 Scroll 事件。

（2）Change 事件

当改变 Value 属性值时，可触发 Change 事件。

程序执行时，改变 Value 属性值的方法有 4 种：通过给 Value 属性赋值；单击滚动条的滚动箭头改变 Value 属性的值；拖动滚动框改变 Value 属性的值；单击滚动箭头和滚动框之间的空白区域改变

Value 属性的值。

注意：单击滚动箭头、滚动箭头和滚动框之间的空白区或拖动滚动框后，才能引发 Change 事件。而拖动滚动框时，只引发 Scroll 事件。

【例 6.17】 利用滚动条改变文本框中文字的大小及颜色。

在窗体添加一个文本框 Text1、3 个标签、一个垂直滚动条，3 个水平滚动条。垂直滚动条 VS1 用来改变文本框中文字的大小，设定其 Min、Max 属性值分别为 10、100，SmallChange 和 LargeChange 分别设定为 1 和 4。3 个水平滚动条 HS1、HS2、HS3 产生 RGB 函数中红色、绿色和蓝色的颜色值，改变文本框中文字的颜色。HS1、HS2 和 HS3 的 Min、Max 属性值分别为 0、255，SmallChange 和 LargeChange 属性值分别设定为 1 和 10。运行界面如图 6.19 所示。

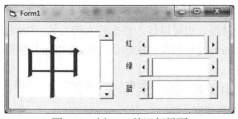

图 6.19　例 6.17 的运行界面

编写的程序代码如下：

```
Private Sub VS1_Change()
  Text1.FontSize = VS1.Value
End Sub
Private Sub HS1_Change()
  Text1.ForeColor = RGB(HS1.Value, Hs2.Value, Hs3.Value)
End Sub
Private Sub HS2_Change()
  Text1.ForeColor = RGB(HS1.Value, Hs2.Value, Hs3.Value)
End Sub
Private Sub HS3_Change()
  Text1.ForeColor = RGB(HS1.Value, Hs2.Value, Hs3.Value)
End Sub
```

6.6.2　图片框和图像框

图片框（PictureBox）控件和图像框（Image）控件都用于显示图形，可以显示的图形文件包括.bmp、.ico、.jpg、.gif 等类型。

1. 图片框

除了显示图片之外，图片框还可以作为其它控件的容器，在图片框上面放置其它控件后，这些控件可以随图片框的移动而移动，还可以通过 Print 方法在图片框中显示数据。图片框控件默认名称为 Picture1、Picture2、…。

（1）常用属性

图片框的常用属性如表 6.1 所示。

表 6.1　图片框的常用属性

属　　性	含　　义
Picture	用于设置在图片框中显示的图形文件
AutoSize	确定图片框如何与图片相适应。False（默认），图片框保持原始尺寸，当图片比图片框大时，超过的部分被截去。设置为 True，图片框会自动调整大小与加载的图片大小一致

说明：Picture 属性的值既可以在设计阶段通过属性窗口设置，也可以在代码中通过调用 LoadPicture 函数设置。

① 属性窗口中，选择 Picture 属性，单击右侧 按钮以显示"加载图片"对话框，在对话框中选择图形文件。在设计阶段清除图片，只要选择 Picture 属性，按 Delete 键即可。

② 在代码中加载图片，使用 LoadPicture 函数。LoadPicture 函数格式如下：

```
[对象名].Picture=LoadPicture("包含路径的图形文件名")
```

例如，在图片框 Picture1 中加载 c:\vb 文件夹下的 dog.jpg 图片时，可以使用如下语句：

```
Picture1.Picture=LoadPicture("c:\vb\dog.jpg")
```

在代码中也可以通过属性赋值获得另一个图形，使用形式为：

```
对象1.Picture=对象2.Picture
```

例如，将图片框 Picture1 的图形赋给窗体 Form1，可以使用如下语句：

```
Form1.Picture=Picture1.Picture
```

如果要清除图片框中显示的图片，则 LoadPicture 函数参数为空，不需要给出文件名。例如：

```
Picture1.Picture=LoadPicture("")  或  Picture1.Picture=LoadPicture()
```

表示清除图片框 Picture1 中加载的图片。

③ 在实际应用中，一般把图片文件和程序文件保存在同一个文件夹下。为了避免文件夹的移动造成找不到图片文件的错误，可以通过 VB 的系统对象 App 的 Path 属性获得当前应用程序文件的路径。

例如，当前应用程序所在的路径是"d:\vb\1"，在该路径下有一个名称为 qq.jpg 的图片文件，要将该图片加载到图片框 Picture1 上，可以使用以下语句：

```
FileName = App.Path & "\" & "qq.jpg"
Picture1.Picture = LoadPicture(FileName)
```

此时，App.Path 的值为"d:\vb\1"，通过"App.Path & "\" & "qq.jpg""组成图片文件的完整路径"d:\vb\1\qq.jpg"保存在变量 FileName 中。如果将应用程序所在文件夹"1"移动到 C 盘的"exam"文件夹下，则 App.Path 的值为"c:\exam\1"，变量 FileName 的值为"c:\exam\1\qq.jpg"，保证了图片文件路径的正确性。

（2）主要方法和事件

Print 方法：向图片框输出文本。

Cls 方法：清除图片框文本内容。

Move 方法：改变图片框的位置和大小。

例如：

Print "显示在窗体上"

Picture1.Print "显示在图片框内"

Picture1.Circle (1000, 1000), 500, vbRed

以上程序段执行后，显示的结果如图 6.20 所示。

图6.20　图片框 Picture1 中显示文本和图形

2. 图像框

图像框与图片框一样，使用 Picture 属性设置要加载显示的图片。但不能作为其它控件的容器，也不能通过 Print 方法显示数据。但图像框占用的内存空间小，显示速度快。图像框控件默认名称为 Image1、Image2，…。

图像框特有的属性 Stretch 用于伸展图形。当 Stretch 值为 False（默认），图像框自动改变大小以适应其中的图片。设置为 True 时，加载的图形自动调整尺寸以适应图像框的大小，这样可能会导致被加载的图片变形。

图片框相应的事件有 Click、DblClick 和 Change，图像框没有 Change 事件。它们通常用于加载显示图形，很少编写事件过程代码。

【例 6.18】 利用图片框模拟月亮的变化。

在窗体上添加一个计时器控件 Timer1，一个包含 7 个图片框的控件数组 P。在属性窗口设置每一个图片框的 Picture 属性，添加对应的月亮形状图片，如图 6.21 所示。

图 6.21　月亮形状图片

编写的程序代码如下：

```
Dim n As Integer
Private Sub Form_Load()
  Timer1.Interval=1000
  n = 0
  For i = 1 To 6
    P(i).Visible = False
  Next i
End Sub
Private Sub Timer1_Timer()
  n = n + 1
  If n = 7 Then n = 0
  For i = 0 To 6
    P(i).Visible = False
  Next i
  P(n).Visible = True
End Sub
```

图 6.22　月亮变化的模拟

程序运行后，运行界面如图 6.22 所示。

6.7　程序举例

【例 6.19】 窗体上画一个文本框 Text1，一个图片框 Picture1，两个命令按钮 Cmd1 和 Cmd2，其 Caption 属性分别为"统计"和"退出"。在文本框中输入一串字符，单击"统计"按钮统计各字母出现的次数（字母不区分大小写），统计结果显示在图片框中。

分析：需要统计 26 个字母出现的个数，声明一个具有 26 个元素的数组，每个元素的下标表示对应的字母，元素的值表示对应字母出现的次数。通过循环控制从输入的字符串中逐一取出字符，转换成大写字符（使得大小写不区分），进行判断和统计。

编写的程序代码如下：

```
Private Sub Cmd1_Click()
   Dim A(1 To 26) As Integer, c As String
   For i = 1 To Len(Text1.Text)
      c = UCase(Mid(Text1.Text, i, 1))
      If c >= "A" And c <= "Z" Then
           j = Asc(c) - 64
           A(j) = A(j) + 1
       End If
   Next i
   Picture1.Cls                              '清除已显示的内容
   For i = 1 To 26
      Picture1.Print Spc(2); Chr(i + 64); "="; Format(A(i), "@@");
      If  i Mod 6 = 0 Then Picture1.Print    '每行输出 6 个
   Next i
End Sub
Private Sub Cmd2_Click()
  End
End Sub
```

程序运行后结果如图 6.23 所示。

图 6.23　例 6.19 运行结果

【例 6.20】　单击"交换"按钮，将数组 a 的各元素倒排，在图片框 P1 中显示交换前后的数据。若数组 a 元素的值依次为 2, 5, –3, 15, –6, 10, 8, 9，经过倒排后 a 内的元素依次是 9, 8, 10, –6, 15, –3, 5, 2。

分析：对于包含 n 个元素的数组，将数组第一个元素和最后一个交换，第二个元素和倒数第二个交换，以此类推，直到前 n/2 个元素和后 n/2 个元素全部交换完毕。

编写的程序代码如下：

```
Private Sub Command1_Click()
   Dim a
   a = Array(2, 5, -3, 15, -6, 10, 8, 9)      '初始化数组
   P1.Cls
   P1.Print
   P1.Print Tab(4); "   交换前数组中的值"
   P1.Print Tab(2); "-----------------------------------"
   For i = LBound(a) To UBound(a)             '打印原数组值
```

```
        P1.Print a(i); Spc(2);
    Next i
    n = UBound(a)                                      '实现倒排
    For i = LBound(a) To n \ 2
       t = a(i): a(i) = a(n - i): a(n - i) = t
    Next
    P1.Print: P1.Print
    P1.Print Tab(4);   交换后数组中的值"
    P1.Print Tab(2); "--------------------------------------"
    For i = LBound(a) To UBound(a)                     '打印倒排后的数组值
       P1.Print a(i); Spc(2);
    Next i
End Sub
```

运行界面如图 6.24 所示。

【例 6.21】 随机生成 10 个两位随机整数保存在数组 a，并显示在标签 Label1 中。单击窗体，将数组 a 中所有偶数保存到数组 b，并显示在标签 Label2 中。运行结果如图 6.25 所示。

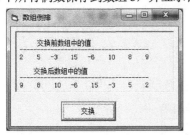
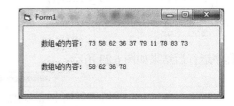

图 6.24   例 6.20 运行结果   图 6.25   例 6.21 运行结果

分析：通过循环变量控制数组 a 元素的下标，依次访问每个元素，如果是偶数，则将其赋值给数组 b 当前数据元素。对数组 b 需要设置一个指示当前保存偶数位置的变量 ib，初始值为第一个数组元素的下标，存放了偶数后，ib 增 1 指示下一个存储位置。

程序代码如下：

```
Option Base 1
Private Sub Form_Click()
  Dim a(10) As Integer, b(10) As Integer
  Dim ia As Integer, ib As Integer
  Label1.Caption = "数组 a 的内容: "
  For i = 1 To 10
    a(i) = Int(90 * Rnd + 10)
    Label1.Caption = Label1.Caption + Str(a(i))
  Next
  ib = 1
  For ia = 1 To 10
    If a(ia) Mod 2 = 0 Then
       b(ib) = a(ia)
       ib = ib + 1
    End If
  Next
```

```
    Label2.Caption = "数组 b 的内容: "
    For i = 1 To ib - 1
      Label2.Caption = Label2.Caption + Str(b(i))
    Next
  End Sub
```

【例 6.22】已知一个小组 4 名学生的 5 门课成绩，要求分别求每门课的平均成绩和每个学生的平均成绩。

要求将学生成绩按行显示在多行文本框 Text1 中，每门课的平均成绩显示在控件数组 Lab1 中，每个学生的平均成绩显示在 Lab2 控件数组中。运行结果如图 6.26 所示。

分析：定义一个 5 行 4 列的二维数组 score，其中 score 每一行的 4 列分别表示 4 名学生的 5 门课成绩，如 score(1,1)、score(1,2)、score(1,3)和 score(1,4)分别存储第一门课 4 个学生的成绩，score(2,1)～score(2,4) 分别存储第二门课 4 个学生的成绩，…。利用双重循环结构计算每门课程的平均成绩放入控件数组 Lab1 的各个控件中。再利用双重循环结构计算每个学生的 5 门课平均成绩放入控件数组 Lab2 的各个控件中。

图 6.26 例 6.22 运行结果

```
Dim score(5, 4) As Integer        '定义模块级数组
Private Sub Form_Load()
  For i = 1 To 5                   '生成 5 门课 4 个学生成绩，显示在多行文本框 Text1 中
    For j = 1 To 4
      score(i, j) = Int(61 * Rnd + 40)
      Text1 = Text1 & score(i, j) & Space(4)
    Next j
    Text1 = Text1 & vbCrLf
  Next i
End Sub
Private Sub Command1_Click()
  For i = 1 To 5                   '计算每门课的平均成绩
    Avg = 0
    For j = 1 To 4
      Avg = Avg + score(i, j)
    Next j
    Lab1(i - 1).Caption = Format(Avg / 4, "00")
  Next i
  For j = 1 To 4                   '计算每个学生的平均成绩
    Avg = 0
    For i = 1 To 5
      Avg = Avg + score(i, j)
    Next i
    Lab2(j - 1).Caption = Format(Avg / 5, "00")
  Next j
End Sub
```

习　题　6

一、单选题

1. 默认情况下，下面声明的数组元素的个数是（　　　）。

```
Dim a(5, -2 To 2)
```

A．20　　　　　　　　B．24　　　　　　　　C．25　　　　　　　　D．30

2. 在 VB 语言中，定义数组时下标允许是（　　）。

A．常量　　　　　　　B．变量　　　　　　　C．算术表达式　　　　D．以上都可以

3. 若有声明 Dim a(4, 5) As Integer，则下面正确的叙述是（　　）。

A．只有 a(0,0)初值为 0　　　　　　　　B．数组 a 中每个元素的初值都为 0

C．每个元素都有初值，但未必都为 0　　D．数组 a 共有 20 个数组元素

4. 下列关于 VB 数组的说法正确的是（　　）。

A．一个数组所包含的元素只能是相同类型的数据

B．数组只能在模块中定义，不能在过程中定义

C．同普通变量一样，数组也可以不定义，先使用

D．在引用数组时，数组的每一维使用的下标必须是常数，不能是变量或表达式

5. 设有以下数组声明语句：

```
Option Base 1
Dim s(3,2 To 5)
```

则数组 s 包含的数组元素个数是（　　　）。

A．7　　　　　　　　　B．8　　　　　　　　　C．9　　　　　　　　　D．12

6. 假定建立了一个名为 Command1 的命令按钮数组，则以下说法中错误的是（　　　）。

A．数组中每个命令按钮的名称（Name 属性）均为 Command1

B．数组中每个命令按钮的标题（Caption 属性）都一样

C．数组中所有命令按钮可以使用同一个事件过程

D．用名称 Command1(下标)可以访问数组中的每个命令按钮

7. 有如下程序：

```
Option Base 1
Private Sub Form_Click()
  Dim arr, Sum
  Sum = 0
  arr = Array(1, 3, 5, 7, 9, 11, 13, 15, 17, 19)
  For i = 1 To 10
    If arr(i) / 3 = arr(i) \ 3 Then
      Sum = Sum + arr(i)
    End If
  Next i
  Print Sum
End Sub
```

程序运行后，单击窗体，输出结果为（　　）。

A. 25　　　　　　　　B. 26　　　　　　　C. 27　　　　　　　D. 28

8．在窗体上画一个命令按钮，然后编写如下事件过程：

```
Private Sub Command1_Click()
  Dim a(5) As String
  For i = 1 To 5
    a(i) = Chr(Asc("A") + (i - 1))
  Next i
  For Each b In a
    Print b;
  Next
End Sub
```

程序运行后，单击命令按钮，输出结果是（　　）。

A. ABCDE　　　　　　B. 1 2 3 4 5　　　　C. abcde　　　　　　D. 出错信息

9．在窗体上画一个名称为 Command1 的命令按钮，然后编写如下程序：

```
Option Base 1
Private Sub Command1_Click()
  Dim c As Integer, d As Integer
  d = 0 : c = 6
  x = Array(2, 4, 6, 8, 10, 12)
  For i = 1 To 6
    If x(i) > c Then
      d = d + x(i)
      c = x(i)
    Else
      d = d - c
    End If
  Next i
  Print d
End Sub
```

程序运行后，如果单击命令按钮，则在窗体上输出的内容为（　　）。

A. 10　　　　　　　　B. 16　　　　　　　C. 12　　　　　　　D. 20

10．设窗体上有一个滚动条，要求单击滚动条右端的按钮一次，滚动条移动一定的刻度值，决定此刻度的属性是（　　）。

A. Max　　　　　　　B. Min　　　　　　　C. SmallChange　　　D. LargeChang

11．在窗体上画一个名为 Command1 的命令按钮，然后编写以下程序：

```
Private Sub Command1_Click()
  Dim M(10) As Integer
  For k = 1 To 10
    M(k) = 12 - k
  Next k
  x = 8
  Print M(2 + M(x))
End Sub
```

运行程序，单击命令按钮，在窗体上显示的是（   ）。

A. 6   B. 5   C. 7   D. 8

12. 有以下程序：

```
Option Base 1
Private Sub Form_Click()
  Dim arr() As Integer
  ReDim arr(3, 2)
  For i = 1 To 3
   For j = 1 To 2
    arr(i, j) = i * 2 + j
   Next
  Next
  ReDim Preserve arr(3, 4)
  For j = 3 To 4
   arr(3, j) = j + 9
  Next
  Print arr(3, 2) + arr(3, 4)
End Sub
```

程序运行后，单击窗体，输出结果为（   ）。

A. 21   B. 13   C. 8   D. 25

13. 下列程序的运行结果是（   ）。

```
Private Sub Form_Click()
  Dim a(10, 10) As Integer, i As Integer, j As Integer
  For i = 2 To 4
   For j = 4 To 6
    a(i, j) = i * j
   Next j
  Next i
  Print a(1, 10) + a(2, 4) + a(4, 5)
End Sub
```

A. 19   B. 38   C. 28   D. 26

14. 若窗体中已经有若干个不同的单选按钮，要把它们改为一个单选按钮数组，在属性窗口中需要且只需要进行的操作是（   ）。

A. 把所有单选按钮的 Index 属性改为相同值

B. 把所有单选按钮的 Index 属性改为连续的不同值

C. 把所有单选按钮的 Caption 属性值改为相同

D. 把所有单选按钮的名称改为相同，且把它们的 Index 属性改为连续的不同值

15. 要求产生 10 个随机整数，存放在数组 arr 中。从键盘输入要删除的数组元素的下标，将该元素删除，后面元素中的数据依次前移，并显示删除后剩余的数据。现有如下程序：

```
Option Base 1
Private Sub Command1_Click()
  Dim arr(10) As Integer
```

```
        For i = 1 To 10                        '循环1
            arr(i) = Int(Rnd * 100)
            Print arr(i);
        Next
        x = InputBox("请输入 1-10 的一个整数：")
        For i = x + 1 To 10                    '循环2
            arr(i - 1) = arr(i)
        Next
        For i = 1 To 10                        '循环3
            Print arr(i);
        Next
    End Sub
```

程序运行后发现显示的结果不正确，应该进行的修改是（　　　）。

A．产生随机数时不使用 Int 函数

B．循环 2 的初值应为 i=x

C．数组定义改为 Dim a(11) As Integer

D．循环 3 的循环终值应改为 9

16．单击滚动条的滚动箭头时，产生的事件是（　　　）。

A．Click　　　　　　　　B．Scroll　　　　　　　C．Change　　　　　　　D．Move

17．以下关于图片框控件的说法中，错误的是（　　　）。

A．可以通过 Print 方法在图片框中输出文本

B．清空图片框控件中图形的方法之一是加载一个空图形

C．图片框控件可以作为容器使用

D．用 Stretch 属性可以自动调整图片框中图形的大小

18．假定在图片框 Picture1 中装入了一个图形，为了清除该图形（不删除图片框），应采用的正确方法是（　　　）。

A．选择图片框，然后按 Del 键

B．执行语句 Picture1.Picture=LoadPicture("")

C．执行语句 Picture1.Picture=""

D．选择图片框，在属性窗口中选择 Picture 属性，然后按回车键

二、填空题

1．声明数组 s 并用 Array 赋值("a","b","c")的语句为_____。

2．设有数组声明 Dim a(-2 to 1, 2) As Integer ，则数组名为_____，数组类型为_____，维数为_____，各维的上下界为_____，数组的大小为_____。

3．默认情况下，需要数组 a 保存一个 3 行 4 列的矩阵，其数组声明语句为_____。如果通用声明部分有语句 Option Base 1，则相应的数组声明语句为_____。

4．将 C 盘根目录下的图形文件 moon.jpg 装入图片框 Picture1 的语句是_____。

5．以下程序的执行结果是_____。

```
    Option Base 1
    Private Sub Command1_Click()
        Dim a
```

```
  a = Array(1, 2, 3, 4)
  j = 1
  For i = 4 To 1 Step -1
    s = s + a(i) * j
    j = j * 10
  Next
  Print s
End Sub
```

6. 下列程序运行后，窗体上显示的结果是_____。

```
Option Base 1
Private Sub Form_Click()
  Dim a(3) As Integer, i As Integer, j As Integer
  For i = 1 To 3
    For j = 1 To 3
      a(j) = a(i) + 1
    Next j
  Next i
  Print a(3)
End Sub
```

7. 下列程序段的执行结果是_____。

```
Dim a(3, 3)
For i = 1 To 3
  For j = 1 To 3
    If j = i Or j = 3 - i + 1 Then
      a(i, j) = 1
    Else
      a(i, j) = 0
    End If
  Next j
Next i
For i = 1 To 3
  For j = 1 To 3
    Print a(i, j);
  Next
  Print
Next
```

8. 窗体上有 Command1、Command2 两个命令按钮。现编写以下程序：

```
Dim a() As Integer, m As Integer
Private Sub Command1_Click( )
  m=InputBox("请输入一个正整数")
  ReDim a(m)
End Sub
Private Sub Command2_Click( )
  m=InputBox("请输入一个正整数")
```

```
    ReDim a(m)
  End Sub
```

运行程序时，单击 Command1 按钮后输入整数 10，再单击 Command2 按钮后输入整数 5，则数组 a 中元素的个数是_____。

9. 下列程序的功能是：随机产生 50 个两位整数，统计其中素数的个数，计算非素数的和。请将程序补充完整。

```
Private Sub C1_Click()
  Dim a(50) As Integer
  For i = 1 To 50
    a(i) = Int(Rnd * 90 + 10)
  Next i
  For i = 1 To 50
    For j = 2 To a(i) - 1
      If _____ Then
        Exit For
      End If
    Next j
    If _____ Then
      k = k + 1
    Else
      s = s + a(i)
    End If
  Next i
  Print k, s
End Sub
```

10. 下列程序的功能是：统计一个字符在一个字符串中出现的次数，字符串和字符分别保存在字符数组 a 中。例如，统计字符"p"在"abxpdpfpgphjpklpuiu"中出现的次数。

```
Private Sub Command1_Click()
  Dim a(), s$, i%, n%
  a = Array("abxpdpfpgphjpklpuiu", "p")
  For i = 1 To _____
    s = _____
    If s = a(1) Then
      n = n + 1
    End If
  Next
  Print n
End Sub
```

11. 下列程序的运行结果是_____。

```
Option Base 1
Private Sub Command1_Click()
  Dim a
  a = Array(24, 38, 16, 37, 54, 23)
```

```
    n = 6
    For k = 1 To 3
      t = a(1)
      For i = 2 To n
        a(i - 1) = a(i)
      Next i
      a(n) = t
    Next k
    For i = 1 To n
        Print a(i);
    Next
    End Sub
```

12. 在窗体上画一个文本框和一个图片框，然后编写如下两个事件过程：

```
Private Sub Form_Click()
    Text1.Text = "VB 程序设计"
End Sub
Private Sub Text1_Change()
    Picture1.Print "VBProgramming"
End Sub
```

程序运行后，单击窗体，在文本框中显示的内容是_____，而在图片框中显示的内容是_____。

第 7 章　过程

在程序设计中，通常把一个较复杂的问题分解成若干个有联系的程序模块。通过实现每个模块特定的功能，从而实现对复杂问题的解决。这样可以减低程序设计的难度，使程序更加容易阅读和理解，提高程序的可维护性。

在高级语言中通常使用子程序来实现各个程序模块。在 VB 中，子程序的作用由过程来完成，过程是 VB 程序的基本组成单元。利用过程可以实现模块化的功能，也可以减少重复编写代码的工作量。

7.1　过程概述

过程是程序中的一段代码，完成某一独立的功能。VB 程序由若干个过程组成，包括事件过程和通用过程。

在前面各章中所讨论的都是事件过程，这些事件过程构成应用程序的主体。事件过程是当某个事件（Click、KeyPress）发生时，写在事件过程里的代码才会执行。

有时候在不同的事件过程中可能会使用一些功能相同的程序代码，可以将这些功能类似或重复的程序代码独立出来编写成过程，并提供给其他程序调用，这样的过程称为通用过程。

【例 7.1】　通用过程示例，编写程序求下列表达式的值。

$$C_5^2 = \frac{5!}{2! \times 3!}$$

根据已有的知识，编写的程序代码如下：

```
Private Sub Form_Click()
  Dim m, n, f, i
  m = 1            '求 5!
  For i = 1 To 5
    m = m * i
  Next
  n = 1            '求 2!
  For i = 1 To 2
    n = n * i
  Next
  k = 1            '求 3!
  For i = 1 To 3
    k = k * i
  Next
  Print m / (n * k)
End Sub
```

在上述程序中，要计算 3 个数的阶乘，需要重复编写 3 个求阶乘的程序段，如此程序代码冗长且不好维护。这时只需要编写一个求阶乘功能的过程，然后将 5、2、3 分别传递给该过程进行阶乘的求解，以达到程序简化及重复利用的功能。编写的求某数阶乘的过程代码如下：

```
Function Fac(n As Integer) As Double
   Dim f As Double
   f = 1
   For i = 1 To n
     f = f * i
   Next
   Fac = f
End Function
```

通过调用过程 Fac 求得 5 的阶乘，可表示为 Fac(5)，同理 Fac(2)和 Fac(3)分别求出 2 的阶乘和 3 的阶乘。上述的事件过程 Form_Click()就可以简写成如下形式：

```
Private Sub Form_Click()
   Dim m, n, f, i
   m = Fac(5)
   n = Fac(2)
   k = Fac(3)
   Print m / (n * k)
End Sub
```

这样可以使得程序代码更容易维护、更加简洁。Fac 就是 VB 的一个通用过程，和事件过程不同，通用过程必须被调用才能执行，而且可以被多次调用。调用 Fac 的过程称为调用过程，如上例的 Form_Click()事件过程，而 Fac 称为被调用过程。

通用过程 Fac 被调用的流程如图 7.1 所示。

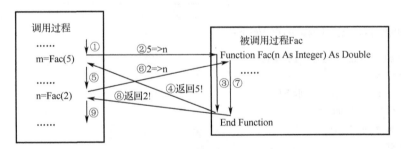

图 7.1   通用过程 Fac 被调用流程

在调用过程中执行到 "m=Fac(5)" 语句时，程序转去执行 Fac 过程的代码，同时将 5 赋值给 n，Fac 过程计算 5!后返回到调用过程，将 5!赋值给变量 m，接着继续执行 "m=Fac(5)" 语句的后续语句。在调用过程执行到 "n=Fac(2)" 语句时，程序又转去执行 Fac 过程的代码，同时将 2 赋值给 n，Fac 过程计算 2!后返回到调用过程，将 2!赋值给变量 n，接着继续执行 "n=Fac(2)" 语句的后续语句，直到调用过程执行完毕。

可以看出，通用过程一般由编程人员建立，可以建立在窗体模块中，也可以建立在标准模块中，而事件过程只能建立在窗体模块中。

VB 的通用过程分为两类：子程序过程和函数过程，前者称为 Sub 过程，后者称为 Function 过程。
本章主要讨论通用过程的建立和使用。

7.2 通用过程

7.2.1 Sub 过程

1. Sub 过程的定义

Sub 过程是一个以 Sub 开头以 End Sub 结束的单独的过程代码块，定义格式一般为：

```
[Private|Pulbic|Static] Sub 过程名([形式参数表])
    局部变量或常数定义
    语句块
End Sub
```

说明：

① Private 表示过程是局部的和私有的，只能供本模块中的其它过程调用。Public 表示过程是全局的和公有的，可在程序的任何模块中调用，缺省默认是全局的。Static 表示 Sub 过程中的局部变量都是静态变量，静态变量将在 7.3.4 节中介绍。

② 过程名与变量名的命名规则相同。在同一模块中，过程名必须唯一。

③ "形式参数表"指明了使用该过程时需要的参数的个数和类型，参数表中的参数简称为形参。当形参个数多于一个时，各形参之间用逗号分隔。每一个参数的定义格式为：

```
[ByVal|ByRef] 变量名[()] [As 数据类型]
```

其中："变量名"指定了形参的名字，"变量名"后面无括号表示是简单变量，有括号表示是数组。ByVal 表示其后的形参是按值传递，若省略或用 ByRef 表示其后的形参是按地址传递的（在 7.3.2 节介绍）。"As 数据类型"用于指明形参的数据类型，若省略表示形参是变体型。

若省略"形式参数表"，则称为无参过程，此时过程名后的一对括号不能省略。

④ 在 Sub 和 End Sub 之间的语句块称为过程体。过程体包含了该过程的说明语句和实现过程功能的执行语句。在过程体内可以使用 Exit Sub 语句强制退出过程，提前结束过程的执行。

⑤ 过程不能嵌套定义，即在一个 Sub 过程内不能再定义另外一个 Sub 过程，但可以嵌套调用。

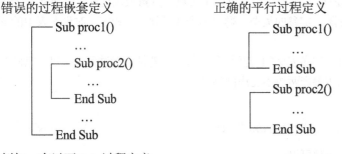

错误的过程嵌套定义　　　　　　正确的平行过程定义

例如，有以下 Sub 过程定义：

```
Sub Mp(x As Integer, ByVal y As Integer)
    x = x + 100
    y = y * 6
    Print x, y
End Sub
```

以上定义的 Sub 过程是个过程名为 Mp 的公用过程（Public）。过程的形参有两个 x 和 y，表示使用该过程时需要两个数据，第 1 个数据保存在形参 x 中，第 2 个数据保存在形参 y 中，并且都是整数。传递给过程的第一个数据和形参 x 之间采用的是传递地址的方式，传递给过程的第二个数据和形参 y 之间采用的是传递值的方式。过程体的代码是有关形参 x 和 y 的运算和处理。

2．Sub 过程的创建

建立通用过程有如下两个基本方法。

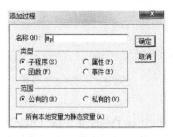

图 7.2 "添加过程"对话框

方法 1：在代码编辑窗口，依次执行"工具"→"添加过程"菜单命令，在打开如图 7.2 所示的对话框中输入过程名称，并选择类型和范围。在代码窗口会自动生成过程模板，然后在新创建的过程中输入过程处理代码。

方法 2：在代码窗口的对象下拉列表中选择"通用"选项，在代码编辑区输入"Private Sub 过程名"后按回车键，便可创建一个 Sub 过程模板。

Sub 过程可以在窗体模块（.frm）中建立，也可以建立在标准模块（.bas）中。

3．Sub 过程的调用

过程调用就是在事件过程或其他通用过程中，使用过程调用语句，执行相应的通用过程。如果 f1() 过程调用 f2()过程，那么 f1()过程称为调用过程，f2()过程称为被调过程。

（1）调用 Sub 过程的语句

可以通过下面两种形式调用 Sub 过程：

```
Call 过程名([实际参数表])
```

或

```
过程名 [实际参数表]
```

说明：

① "实际参数表"中的参数简称为实参，实参可以是常量、变量或表达式。如果实参表中包含多个实参，各实参之间要用逗号分隔。实参的类型、顺序和个数必须与过程定义时形参表中的形参一致。

② 使用 Call 调用 Sub 过程时，实参表必须用圆括号括起来，若是无参过程，可以省略圆括号。如果采用第二种形式调用过程，则实参表两边不能用圆括号。

例如：若有以下赋值语句：

```
a = Val(Text1.Text): b = Val(Text2.Text)
```

则调用 Mp 过程，以下两条语句都可以：

```
Call Mp(a, b)
Mp a, b
```

③ 使用这两种格式还可以调用 Function 过程，甚至可以调用事件过程。例如，假设程序中有一个 Command1_Click()事件过程，可以在代码中使用如下两种语句形式调用该事件过程，执行其事件过

程代码：

```
Call Command1_Click
Command1_Click
```

由此可见，事件过程有两种调用方法：一是通过触发某对象的某个事件后由系统自动调用；二是通过过程调用语句调用并执行事件代码。

（2）通用过程的调用流程

在调用过程中，执行到过程调用语句时，程序的执行过程是：

① 程序的流程转到被调用过程；

② 将实参的值按照位置一一对应传递给形参，如果定义过程中没有参数，则不进行参数的传递；

③ 从被调用过程的第一条语句开始执行过程体语句；

④ 执行完所有过程体语句，或遇到 Exit Sub 语句时，被调用过程执行结束，程序的流程又返回到调用过程，继续执行过程调用语句后续的语句。

过程调用的流程参看图 7.1 所示。

参数是过程与外部调用程序传递信息的方式。调用程序调用过程时需要把原始数据作为实参传递给过程，在过程中根据功能要求处理数据，然后通过形参把处理结果传递回调用过程。所以，编写一个过程时，应确定需要输入哪些原始的数据，对数据处理后要输出哪些结果。调用时要考虑调用过程和被调用过程之间的数据通过参数是如何传递的。

如果要将过程中的结果值通过形参带回到调用过程，则过程的形参必须说明为 ByRef 或省略 ByRef（按地址传递），而对应的实参要获得 Sub 过程的返回值，实参只能是变量或数组名。如果实参是常量或表达式，则得不到被调过程通过形参返回的结果。

下面通过几个简单例子体会 Sub 过程的定义及调用，有关参数之间传递数据原理将在 7.3.2 节详细讨论。

【例 7.2】 编写一个过程，实现在一行中打印 n 个 "*" 的功能。

分析：过程需要设置一个形参 n 保存需要打印 "*" 的个数。因为 n 只是保存对应实参的值而不需要将值传回给实参，将其指定为 ByVal（按值传送）。

编写的程序代码如下：

```
Private Sub PStar(ByVal n As Integer)
  For i = 1 To n
    Print "*";
  Next
End Sub
Private Sub Command1_Click()
  Call PStar(15)          '调用过程 PStar 输出连续 15 个 "*"
  Print
  PStar 2                 '调用过程 PStar 输出连续 2 个 "*"
  Print Spc(3); "Hello"; Spc(3);
  PStar 2                 '调用过程 PStar 输出连续 2 个 "*"
  Print
  Call PStar(15)          '调用过程 PStar 输出连续 15 个 "*"
End Sub
```

程序运行，单击命令按钮 Command1，在窗体上显示的结果是：

```
          ***************
          **   Hello   **
          ***************
```

【例 7.3】 编写一个过程 Max，求解两个数中的最大值。

分析：过程需要设置两个形参 x 和 y，用来保存两个要比较的数。如果要将最大值带回调用过程，还需设置一个按地址传递的形参 z，在过程中把结果赋值给变量 z 即可。

在窗体上创建 3 个文本框（Text1～Text3）和一个命令按钮 Command1，在 Text1 和 Text2 中输入两个数，单击按钮调用 Max 过程求出两者之中最大值，并显示在 Text3 中。

编写的程序代码如下：

```
Private Sub Max(ByVal x As Integer, ByVal y As Integer, z As Integer)
  If x > y Then z = x Else z = y
End Sub
Private Sub Command1_Click()
  Dim a As Integer, b As Integer, c As Integer
  a = Val(Text1.Text) : b = Val(Text2.Text)
  Call Max(a, b, c)                        '或 Max a, b, c
  Text3.Text = c
End Sub
```

程序运行，在 Text1 和 Text2 中分别输入 35 和 79，则在 Text3 中显示 79。

过程 Max 的功能是比较两个数 x 和 y 的大小，将其中较大的值赋值给 z 带回调用过程。程序执行到过程调用语句"Call Max(a, b, c)"时，程序转去执行过程 Max，并且把实参 a 的值赋值给对应的形参 x，把实参 b 的值赋值给对应的形参 y。因为 z 被指定为按地址传递，所以形参 z 和实参 c 共享同一个存储单元，在过程中对形参 z 值的改变实际就改变了形参 c 的值。执行完 Max 过程后，最大值通过 z 传递给了对应的实参 c。

7.2.2 Function 过程

VB 系统提供了许多内部函数，如 Round、Mid、Val 等，用户需要时可以直接调用。VB 也允许用户编写自定义函数，也就是 Function 函数过程（简称为函数）。在定义了一个函数之后，如同内部函数一样的使用方法，可以在任何表达式中引用它。

1．Function 过程的定义

函数是过程的另外一种形式，当过程需要返回一个值时，使用函数比较简单。定义函数过程的格式如下：

```
[Private|Public|Static] Function 函数名 ([形参列表]) [As 数据类型]
    局部变量或常数定义
    语句块
    [函数名=表达式]
End Function
```

说明：

① 函数总是以函数名称的形式返回给调用过程一个值。因此，函数中的最后一条语句总是将函数的最终结果"表达式"的值赋值给函数名。如果省略，则返回一个默认值（数值函数过程返回 0，

字符串函数过程返回空字符串）。

② "As 数据类型"是函数返回值的数据类型。若省略，默认的数据类型为 Variant 型。

③ 如同 Sub 过程，Function 过程既可以直接在代码编辑窗口中输入过程代码，也可以使用添加过程对话框来定义。Function 过程可以在窗体模块（.frm）中建立，也可以建立在标准模块（.bas）中。

④ 语法中的其它部分含义与 Sub 相同。

【例 7.4】 将例 7.3 的 Max 过程改写成 Function 过程。

分析：在例 7.3 中，因为 Sub 过程不能返回值，所以需要在参数表中增加另一个参数 z 用来返回最大值。如果改写成 Function 过程实现，最大值可由函数名返回，因此只需要设置两个参数 x 和 y。

编写的 Function 过程 Max 如下：

```
Private Function Max(ByVal x As Integer, ByVal y As Integer) As Integer
  If x > y Then Max = x Else Max = y
End Function
```

2．Function 函数过程的调用

调用 Sub 过程相当于执行一个语句，不返回值。而调用 Function 过程要返回一个值，因此，可以像内部函数一样在表达式中使用，其调用形式如下：

```
函数名([实参列表])
```

其中：实参是传递给函数的常量、变量或表达式。由于函数名返回一个值，所以函数调用可以作为表达式或表达式的一部分再和其它语法结合构成语句。

虽然也可以使用 Sub 过程的两种调用方式来调用 Function 过程，但函数返回值无法使用，所以经常使用的还是上面的调用格式。

【例 7.5】 调用函数过程 Max 求 3 个文本框中的最大值。

```
Private Sub Command1_Click()
  Dim a As Integer, b As Integer, c As Integer, t As Integer
  a = Val(Text1.Text) : b = Val(Text2.Text) : c = Val(Text3.Text)
  t = Max(a, b)                        '调用 Max 求 a,b 中的最大值赋给变量 t
  m = Max(t, c)                        'm 为三者最大值
  Print "三个数中的最大值为："; m
End Sub
```

程序运行后，在 3 个文本框中分别输入 28，45，39，再单击命令按钮 Command1，程序运行结果为：

三个数中的最大值为：45

也可以通过以下语句求出 a、b、c 三个数的最大数：

```
m = Max(Max(a, b), c)
```

【例 7.6】 输入 n，计算 s=1+(1+2)+(1+2+3)+⋯+(1+2+3+⋯+n)。

分析：问题可以写成以下形式的 n 项和：

```
s=f(1)+f(2)+f(3)+⋯+f(n)
```

其中：

```
f(1)=1
f(2)=1+2
f(3)=1+2+3
...
f(n)=1+2+3+4+...+n
```

可以编写一个函数过程求 f(n)，实现 n 个自然数的累加和。

调用过程算法如下：

① 定义变量 i、s 和 n，并为变量 s 赋初值 0，从键盘输入 n。

② 用以下循环语句，调用 f(i)，将 f(i) 的值累计到 s。

```
For i = 1 To n
   s = s + f(i)
Next
```

③ 输出 s。

编写的程序代码如下：

```
Private Function f(m As Integer)
  Dim p%
  p = 0
  For k = 1 To m
     p = p + k
  Next
  f = p
End Function
Private Sub Command1_Click()
  Dim i As Integer
  s = 0
  n = Val(InputBox("请输入一个整数值"))
  For i = 1 To n
     s = s + f(i)
  Next
  Print "s="; s
End Sub
```

程序运行单击命令按钮 Command1，从键盘上输入 10，在窗体上显示的结果如下：

```
s= 220
```

3. Sub 过程与 Function 过程的异同

通过前面的介绍可以看出，Sub 过程和 Function 过程都是用户根据需要自己编写的通用过程，用来完成指定的功能。在实现预定功能时都可以通过参数传递数据。一般情况下，两者可以相互替换，只是关键字和参数个数不同。它们的主要区别是：

① 过程名的作用不同。Sub 过程名仅起标识一个 Sub 过程的作用，所以无值，无类型，不能被赋值，也不能通过过程名带回数据。而 Function 过程名除了标识一个 Function 过程外，还相当于一个变量名，有值，有类型，在函数过程体中至少被赋值一次，通过它可以返回函数值，供调用过程使用。

② 调用方式不同。Sub 过程通过独立的 Call 语句（或省略 Call 的格式）调用。而 Function 过程作为表达式的操作数调用。虽然也能使用 Call 调用 Function 过程，但不能通过函数过程名获得函数值，

只能通过参数返回数据。

③ 如果只需要返回一个结果，用 Function 过程比较方便。如果需要返回多个数据，或者只是完成某些操作（如直接输出指定内容），则 Sub 过程比较合适。

7.3 过程间的数据传递

VB 程序由事件过程、通用过程等组成，它们是相对独立的程序单元。每个过程各自完成一定功能，并且通过过程调用，互相配合完成更加复杂的程序功能。调用过程时会根据需要，在过程之间进行数据传递。过程之间数据传递的方式有两种：

① 通过模块级变量或全局变量在过程之间共享数据。

② 通过过程的实参和形参结合进行数据传递。

7.3.1 形参与实参

1. 形参

形参是形式参数的简称，是指在通用过程定义中参数表中出现的参数。例如：

```
Sub Mp(x As Integer, ByVal y As Integer)   'x 和 y 是过程的形参
```

形参只能是变量名和数组名，主要作用是保存调用过程通过实参传递过来的数据，也可以向实参传回数据。在过程被调用之前，形参并未被分配存储单元，只是说明形参的类型和在过程中的作用。当过程被调用时，系统才给形参分配存储单元，此时形参可以在被调用过程中引用。过程调用结束后，释放形参占用的存储单元，形参就不能被引用了。

2. 实参

实参是实际参数的简称，是指在调用过程语句中参数表中出现的参数。例如：

```
Call Mp(t, 100)      '100 和 y 是过程的实参
```

实参可以是常量、变量、表达式、函数、数组元素和数组名等。主要作用将调用过程的数据通过实参传递给被调用过程的形参，也可以接收形参传回的数据。

在调用过程时，是按参数的排列位置一一对应进行传递。实参将具体数据传递给对应位置的形参，完成形参与实参的结合。形参表与实参表中对应参数的名字可以不同，但形参表与实参表中参数的个数位置顺序必须一一对应，实参的数据类型也必须与对应形参的类型相同或赋值相容。实参与形参之间的对应关系如图 7.3 所示。

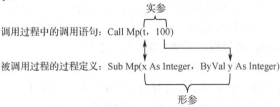

图 7.3 实参与形参的对应关系

图 7.3 中的单向箭头表示单向传递，只能将实参的值传递给形参，形参值的改变不能传回给实参。双向箭头表示双向传递，既可以将实参的值传递给形参，也可以将形参的值传回给实参。

7.3.2　传值调用与传地址调用

VB 程序通过实参和形参的结合实现数据的传递分为两种：一是按值传递（ByVal），二是默认的按地址传递（ByRef）。

1. 按值传递参数

定义过程时，若声明形参的传递方式为 ByVal，表示该参数传递方式为按值传递。

所谓的按值传递，是指实参和对应的形参在内存占据不同的存储单元，可以将实参传递给形参，但形参在过程中的改变不会影响到实参。

【例 7.7】　按值传递参数示例。

有以下程序，观察传值调用实参和形参的变化。为了便于分析，在语句前标识了行号，上机调试时不要输入行号。

```
01   Private Sub Form_Click()
02     Dim a As Integer, b As Integer
03     a = 10: b = 15
04     Print "传值调用前: ", "a="; a, "b="; b
05     Call ProcByVal(a, b)
06     Print "传值调用后: ", "a="; a, "b="; b
07   End Sub
08   Private Sub ProcByVal(ByVal x As Integer, ByVal y As Integer)
09     Print "形参的初值: ", "x="; x, "y="; y
10     x = x + y: y = 2 * y
11     Print "过程调用中: ", "x="; x, "y="; y
12   End Sub
```

运行程序单击窗体，显示的结果如图 7.4 所示。

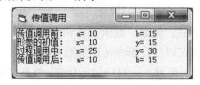

图 7.4　例 7.7 运行结果

分析：程序运行单击窗体，执行 1～7 行，程序执行过程如下。

① 第 2 行：生成变量 a 和 b，即系统在内存为 a 和 b 分别分配存储单元，并初始化变量的值为 0。

② 第 3～4 行：给 a 和 b 赋值并输出，在窗体上显示 a 和 b 的值分别为 10 和 15。

③ 第 5 行：调用 ProcByVal 过程，程序会执行 8～12 行。

当调用 ProcByVal 时，将 a 和 b 当作实参传递给该过程的形参 x 和 y。因为形参 x 和 y 被指定为 ByVal（传值调用），系统会为形参 x 和 y 在内存分别分配临时的存储单元。然后将对应的实参赋值给相应的形参，即自动执行了赋值语句"x=a: y=b"，实现将实参的值传递给形参。各参数在内存中的关系及值如图 7.5 所示。

④ 第 9 行：显示出 x 和 y 的初值分别为 10 和 15。

⑤ 第 10 行：x 和 y 的值分别被改变为 25 和 30。各参数在内存的变化情况如图 7.6 所示。

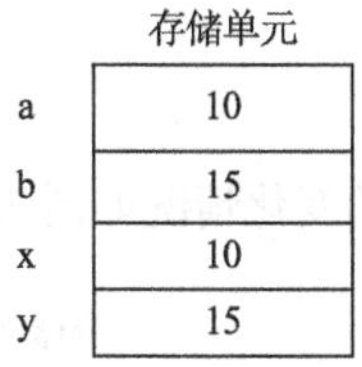

存储单元

a	10
b	15
x	10
y	15

图 7.5　形参和实参分别占据不同的存储单元

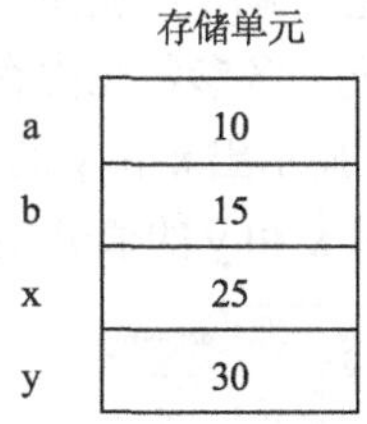

存储单元

a	10
b	15
x	25
y	30

图 7.6　执行第 10 行语句后各参数的变化示意图

⑥ 第 11 行：显示 x 和 y 的值，分别为 25 和 30。

⑦ 第 12 行：ProcByVal 过程调用结束。返回调用过程的第 6 行接着执行，同时释放形参 x 和 y 占用的临时单元（x 和 y 在内存中不存在了）。

⑧ 第 6 行：在窗体上显示出实参 a 和 b 的值，分别为 10 和 15，即实参变量的值在过程调用后保持不变。

⑨ 第 7 行：结束 Command1_Click()事件过程，等待下一个事件的发生。

实参和形参按值传递数据时，因为形参和实参分别占用不同的存储单元，所以在 ProcByVal 过程中形参 x 和 y 改变其内容，不会影响到对应的实参 a 和 b。

由此可见，按值传递实现的是一种单向传递，这样可以防止实参变量被过程更改。

2．按地址传递参数

定义过程时，若指定形参的传递方式为 ByRef 或省略，表示该参数传递方式为按地址传递。

所谓的按地址传递，是指将实参变量的内存地址传递给对应形参，不管形参是否和实参命名相同，此时形参和实参指向相同的内存地址，即形参和实参共享同一存储单元。形参在过程中的任何改变，对应实参的值也会随之改变。

【例 7.8】 按地址传递参数示例。

有以下程序，观察传地址调用实参和形参的变化。

```
01  Private Sub Form_Click()
02    Dim a As Integer, b As Integer
03    a = 10: b = 15
04    Print "过程调用前: ", "a="; a, "b="; b
05    Call ProcByRef(a, b)
06    Print "过程调用后: ", "a="; a, "b="; b
07  End Sub
08  Private Sub ProcByRef(x As Integer, y As Integer)
09    Print "形参的初值: ", "x="; x, "y="; y
10    x = x + y: y = 2 * y
11    Print "过程调用中: ", "x="; x, "y="; y
12  End Sub
```

程序运行时，单击窗体，显示的结果如图 7.7 所示。

分析：程序运行单击窗体时，执行 1～7 行。程序执行过程如下：

① 第 1～4 行：参见例 7.7 的 1～4 行的执行。显示调用过程之前 a 和 b 的值，分别为 10 和 15。

② 第 5 行：调用 ProcByRef 过程，程序会执行 8～12 行。

当调用 ProcByRef 过程时，将 a 和 b 当作实参传递给该过程的形参 x 和 y。因为形参 x 和 y 被指定为 ByRef（传地址调用），此时，系统将形参 x 和实参 a 共享同一个存储单元，将形参 y 和实参 b 共享同一个存储单元。各参数在内存中的关系及值如图 7.8 所示。

③ 第 9 行：显示出 x 和 y 的初值分别为 10 和 15。

④ 第 10 行：x 和 y 的值分别被改变为 25 和 30。各参数在内存的变化情况如图 7.9 所示。

	存储单元			存储单元
a, x	10		a, x	25
b, y	15		b, y	30

图 7.7 例 7.8 运行结果   图 7.8 形参与实参共享同一个存储单元   图 7.9 改变形参 x 和 y 后的示意图

⑤ 第 11 行：显示 x 和 y 的值，分别为 25 和 30。

⑥ 第 12 行：ProcByRef 过程调用结束。返回调用过程的第 6 行接着执行，同时释放形参 x 和 y。

⑦ 第 6 行：在窗体上显示出实参 a 和 b 的值，分别为 25 和 30，即实参变量的值在过程调用后发生了改变。

⑧ 第 7 行：结束 Command1_Click()事件过程，等待下一个事件的发生。

实参和形参按地址传递数据时，因为形参和实参占用相同的存储单元，所以在 ProcByRef 过程中形参 x、y 改变其内容，也就改变了实参 a 和 b 的内容。

由此可见，按地址传递数据实现的是一种双向传递。调用时将实参的值传递给对应的形参，在被调用过程中形参的值发生变化后，会把改变后的值传递回对应的实参。

注意：按地址传递时，要求实参的类型必须与形参的类型完全相同，否则会出现"ByRef 参数类型不符"的编译错误。

7.3.3 数组参数的传递

若要将整个数组当作参数传递给过程，与其对应的形参只能是相同类型的数组。过程定义中，数组形参的语法为：

形参数组名() [As 数据类型]

调用过程时，把要传递的数组名放在实参表中，数组名后面也可以加上一对空的圆括号。例如：

```
Sub Proc1(s() As Integer)        '数组形参 s 后需加上()
  …
End Sub
Private Sub Form_Click()
  Dim a(1 To 10) As Integer
  …
  Call Proc1(a)                  '调用过程 Proc1，实参数组名 a 不需要加上()
  …
End Sub
```

说明：调用过程时，将实参数组的首地址传递给对应的形参数组，即实参数组和形参数组共同占用一片连续的存储单元，即数组传递是按地址传递。

【例 7.9】 数组参数传递示例。

有以下程序，观察调用过程前后数组 a 的变化。

```
01  Sub Proc1(s() As Integer)
02     For i = 1 To 10
```

```
03      s(i) = s(i) + 1
04    Next
05  End Sub
06  Private Sub Form_Click()
07    Dim a(1 To 10) As Integer
08    For i = 1 To 10
09      a(i) = i
10    Next
11    Call Proc1(a)
12    For i = 1 To 10
13      Print a(i);
14    Next
15  End Sub
```

分析：程序运行单击窗体，执行 6~15 行。程序执行过程如下：

① 第 7 行：生成数组 a，即系统在内存为数组 a 分配一片连续的存储单元，共有 10 个存储单元，用数组元素 a(1)~a(10)标识，每个数组元素初始化为 0。

② 第 8~10 行：通过 For 循环给数组 a 的每个元素赋值，数组元素的内容依次为 1、2、3、4、5、6、7、8、9、10。

③ 第 11 行：调用过程 Proc1，程序会执行 1~5 行。

调用过程 Proc1，将数组 a 当作实参传递时，系统将实参数组 a 的首地址传递给对应的形参数组 s，即实参数组 a 和形参数组 s 共同占用一片连续的存储单元。它们之间的关系如图 7.10 所示。

图 7.10　形参数组初始内容

④ 第 2~4 行：访问形参数组 s，将每个数组元素的值增加 1。修改后的数组内容如图 7.11 所示。

	s(1)	s(2)	s(3)	s(4)	s(5)	s(6)	s(7)	s(8)	s(9)	s(10)
数组a和s	2	3	4	5	6	7	8	9	10	11
	a(1)	a(2)	a(3)	a(4)	a(5)	a(6)	a(7)	a(8)	a(9)	a(10)

图 7.11　执行循环语句后数组的变化

在过程中改变形参数组元素的值，也就改变了实参数组 a 的值。

⑤ 第 5 行：过程 Proc1 结束，程序返回调用过程的第 12 行语句处再接着执行，同时释放 s。

⑥ 第 12~14 行：在窗体上显示出实参数组 a 各元素的值，依次为 2、3、4、5、6、7、8、9、10、11。

⑦ 第 15 行：结束 Form_Click()事件过程。

【例 7.10】 随机产生 10 个两位正整数，调用过程 sort 进行排序。

```
Private Sub Command1_Click()
    Dim s(10) As Integer, i As Integer
    Label1.Caption = "排序前的原始数据："
```

```
    For i = 1 To 10                              '在 Label1 中输出排序前的数组元素
        s(i) = Int(Rnd * 90 + 10)
        Label1.Caption = Label1.Caption + Str(s(i))
    Next i
    Call sort(s, 10)                             '数组 s 作为实参调用过程 sort
    Label2.Caption = "排序后的有序数据："
    For i = 1 To 10                              '在 Label2 中输出排序后的数组
        Label2.Caption = Label2.Caption + Str(s(i))
    Next i
End Sub
Private Sub sort(a() As Integer, n As Integer)
    Dim i As Integer, j As Integer
    For i = 1 To n - 1                           '用冒泡法对数组 a 排序
        For j = i + 1 To n
          If a(i) > a(j) Then
              t = a(i): a(i) = a(j): a(j) = t
          End If
        Next j
    Next i
End Sub
```

程序运行单击命令按钮 Command1 时，界面如图 7.12 所示。

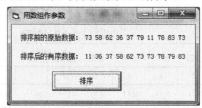

图 7.12 例 7.10 运行结果

用数组元素作实参时，相当于普通变量作实参，读者自行分析，不再赘述。

7.3.4 变量的作用域

VB 应用程序对应 VB 的一个工程（.vbp）。VB 工程是由若干个窗体模块（.frm）、标准模块（.bas）和类模块（.cls）组成。每个模块又是由若干个过程组成，如图 7.13 所示。

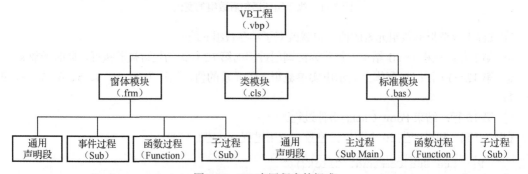

图 7.13 VB 应用程序的组成

事件过程只能出现在窗体模块中，标准模块不能包含事件过程。本书只讨论窗体模块和标准模块。

在程序代码中使用到的变量，可以在不同模块不同位置处声明，也可以用不同的关键字声明。变量的声明位置及定义方式不同，其可被访问的范围也不同，变量可被访问的范围称为变量的作用域。作用域决定了应用程序中哪些过程代码可以访问该变量。

按照变量的作用域不同，可将变量分为局部变量、模块级变量和全局变量。

1. 局部变量

局部变量是指在过程内部使用 Dim 或 Static 声明，或未声明直接使用的变量，过程的形参也属于局部变量。局部变量的作用域为声明它的过程范围，只能在本过程内部引用，不能在本过程以外的其他过程中引用。

当过程被调用时，系统才为局部变量分配临时的存储单元，并根据其类型都将被赋一次初值。当过程调用结束后，系统收回为局部变量分配的临时存储单元，局部变量消失。因此，局部变量的使用不会在过程之间产生相互影响，即使在多个过程中使用了相同的变量名，它们之间也相互独立，互不影响。

【例 7.11】 局部变量示例。

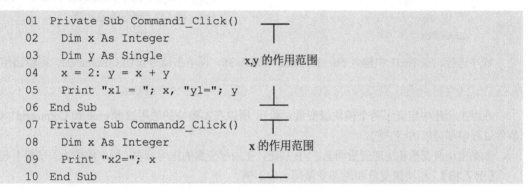

```
01  Private Sub Command1_Click()
02    Dim x As Integer
03    Dim y As Single
04    x = 2: y = x + y
05    Print "x1 = "; x, "y1="; y
06  End Sub
07  Private Sub Command2_Click()
08    Dim x As Integer
09    Print "x2="; x
10  End Sub
```

运行程序，先单击命令按钮 Command1 后，再单击 Command2，运行结果为：

```
x1=2      y1=2
x2=0
```

分析：程序运行单击命令按钮 Command1 时，会执行 1～6 行。Command1_Click()事件代码执行过程如下：

① 第 2～3 行：系统为该事件过程内定义的局部变量 x 和 y 分配存储单元，并自动初始化为 0，即变量 x 和 y 的初值为 0。

② 第 4 行：x 和 y 的值分别改变为 2 和 2。

③ 第 5 行：输出 "x1=2 y1=2"

④ 第 6 行：结束 Command1_Click()过程，同时释放局部变量 x 和 y（系统收回 x 和 y 占用的存储单元），x 和 y 在内存中不再存在。

再单击令按钮 Command2 时，会执行 7～10 行，Command2_Click()事件代码执行过程如下：

⑤ 第 8 行：系统为该事件过程内定义的局部变量 x 分配存储单元，并自动初始化为 0。

⑥ 第 9 行：输出 "x2=0"

⑦ 第 10 行：结束 Command2_Click()事件过程，释放局部变量 x。

在 Command1_Click()过程中定义的局部变量 x 和 y，只能在 Command1_Click 过程中使用。同理，Command2_Click 过程定义的局部变量 x 也只能在本过程使用。虽然两个过程中都有变量 x，但这两个同名变量没有任何联系，是互相独立的。

2. 模块级变量

模块级变量是指在窗体模块或标准模块的通用声明段中用 Dim 或 Private 声明的变量。模块级变量的作用范围为其定义位置所在的模块，可以被本模块中的所有过程访问，所在的模块运行时模块级变量被初始化。

【例 7.12】 模块级变量示例。

```
Dim a As Integer, b As Integer     '声明模块级变量a和b
Private Sub proc()
  t = a: a = b: b = t              '交换模块级变量a和b的值
End Sub
Private Sub Command1_Click()
  a = Val(Text1.Text)             '读取文本框的值赋值给模块级变量a和b
  b = Val(Text2.Text)
  Call proc                        '调用过程proc
  Print "a="; a, "b="; b          '输出模块级变量a和b的值
End Sub
```

程序运行，在 Text1 中输入 56，在 Text2 中输入 36，再单击命令按钮 Command1，则输出结果为：

```
a=36  b=56
```

在以上程序中定义了两个模块级变量 a 和 b，所以在本模块的通用过程 proc 和 Command1_Click() 事件过程中都可以访问它们。

如果模块级变量和局部变量同名，VB 规定，在局部变量的作用域内，同名的模块级变量不起作用。

【例 7.13】 模块级变量和局部变量同名的示例。

```
01  Dim x As Integer, y As Integer  '声明模块级变量x和y
02  Sub var_pub()
03    x = 10: y = 20                '访问模块级变量
04  End Sub
05  Private Sub Command1_Click()
06    Dim x As Integer              '过程中的局部变量x
07    Call var_pub
08    x = x + 100                   '访问的是局部变量x
09    y = y + 100                   '访问的是模块级变量y
10    Print x; y                    '输出局部变量x和模块级变量y的值
11  End Sub
```

程序运行，单击命令按钮 Command1 时，在窗体上的输出结果为：

```
100  120
```

分析：在以上程序中定义了两个模块级变量 x、y。其中，y 的作用域为该模块的所有过程。而 x 的作用域为过程 var_pub，不包括 Command1_Click()事件过程，这是因为在 Command1_Click()事件过程中又定义了一个同名的局部变量 x。程序的执行流程如下：

① 程序运行时，生成了模块级变量 x 和 y，系统为 x 和 y 在内存分配存储单元并初始化为 0。

② 单击命令按钮 Command1 时，执行 5～11 的程序代码。

③ 第 6 行：生成局部变量 x，系统为 x 分配一个存储单元，并初始化为 0。

④ 第 7 行：程序转去执行过程 var_pub 的 2～4 行的语句。

⑤ 第 3 行：给模块级变量 x 和 y 赋值 10 和 20。

⑥ 第 4 行：结束过程 var_pub，返回到 Command1_Click()事件过程的第 8 行语句处接着执行。

⑦ 第 8 行：访问局部变量 x（在 Command1_Click()事件过程执行中，访问的 x 都是局部变量 x），加上 100 再赋值给局部变量 x，局部变量 x 的值改变为 100。

⑧ 第 9 行：改变模块级变量 y 的值为 120。

⑨ 第 10 行：输出局部变量 x 和模块级变量 y 的值。

⑩ 第 11 行：结束 Command1_Click()事件过程，释放局部变量 x。

如果允许在其它窗体和模块中引用本模块的模块级变量，必须以 Public 来声明该模块级变量。在其他模块通过"模块名.变量名"的形式引用该变量，其中模块名是窗体模块名或标准模块名。具体的例子参见 8.5 节内容。

注意：在一个模块的几个过程中都需要访问某些变量，则可将这些变量声明成模块级变量。利用模块变量增加了过程之间的数据联系，因为多个过程都能存取模块级变量，所以在一个过程中改变了模块级变量的值，将会影响到其他过程，这给程序设计带来了方便，但同时也会造成过程之间相互影响太多，从而降低过程的独立性和程序的清晰性。

3. 全局变量

全局变量是在标准模块的通用声明段中用关键字 Global 或 Public 声明的变量。全局变量的作用范围为应用程序中的所有过程，可以在应用程序的所有过程中直接使用。全局变量在应用程序运行时被初始化，其值在整个应用程序中始终不会消失或重新初始化，只有整个应用程序执行结束后才会消失。声明全局变量的语法格式如下：

```
Global 变量名 As 数据类型
Public 变量名 As 数据类型
```

例如：

```
Public name As String
Global score As Single
Public Const MIN As Integer=-1
Public Const n=100
```

在标准模块中的声明位置如图 7.14 所示。

如果全局变量与局部变量同名，则在声明局部变量的过程中优先引用局部变量。如果要引用同名的全局变量，需要在全局变量名前加上全局变量所在的标准模块名。

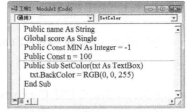

图 7.14　标准模块中定义全局变量

4. 静态变量

静态变量是在过程内部用关键字 Static 声明的变量，声明静态变量的格式为：

```
Static 变量 [As 数据类型]
```

说明：

① 静态变量是在过程执行结束之后仍保留其值的局部变量。相对地，随着过程执行结束而释放

的变量称为动态变量（过程中用 Dim 声明的局部变量）。

② 静态变量和动态变量的作用域相同，只能在声明该变量的过程内使用。两者的不同在于：动态变量会随着过程被调用和退出而存在和消失，而静态变量不会，它不管其所在的过程是否被调用，都将一直存在。不过，尽管该变量还继续存在，在其他过程中也不能使用它。如果再次调用声明它的过程时，它又可继续使用，而且保存了前次被调用后的值。换言之，静态变量是一种只能在某个特定过程中使用，但一直占据存储空间的变量。

③ 静态变量只执行一次初始化，而动态变量在执行时初始化，每次调用过程，动态变量都将重新初始化。

④ 用 Static 声明的 Sub 和 Function 过程，即使过程中用 Dim 声明的局部变量也均为静态变量。例如：

```
Static Sub Mp()
  Dim x As Integer
  Dim y As Long
  …
End Sub
```

表示过程 Mp 内部所有的局部变量都是静态变量，即 x 和 y 都属于静态变量。

⑤ 当多次调用一个过程且要求在调用之间保留某些变量的值时，虽然用模块级变量或全局变量也可以达到上述目的，但是会破坏应用程序各个过程之间的独立性，应当减少使用。更好的办法是使用静态变量。

【例 7.14】　动态变量和静态变量的示例。

```
01 Private Function f(a As Integer)
02   Dim b As Integer              'b 为动态变量
03   Static c As Integer           'c 为静态变量
04   b = b + 1
05   c = c + 1
06   f = a + b + c
07 End Function
08 Private Sub Command1_Click()
09   For i = 1 To 2
10     Print f(2);
11   Next
12 End Sub
```

程序运行，单击命令按钮 Command1，程序的输出结果是：

```
4  5
```

分析：单击命令按钮 Command1，执行 8～12 行的事件过程。程序的执行过程如下：

① 第 9 行：执行 For 的第 1 次循环。

② 第 10 行：调用函数过程 f，执行过程的 1～7 行。

③ 第 1 行：执行函数过程 f，形参 a 和实参 2 共享同一个存储单元（常量也保存在存储单元，与变量不同只是没有名字标识），即 a 的值是 2。

④ 第 2 行：生成动态变量 b，初始化为 0。

⑤ 第 3 行：静态局部变量 c 在编译阶段生成并初始化为 0，过程调用时，不再生成和初始化。此

时 c 的初值为 0。

⑥ 第 4 行：动态变量 b 的值被改变为 1。

⑦ 第 5 行：静态变量 c 的值被改变为 1。

⑧ 第 6 行：将 4 赋值给函数名 f，通过函数名将函数值带回调用过程 Command1_Click()。

⑨ 第 7 行：函数过程 f 执行结束，释放形参 a 和动态变量 b。而静态变量 c 占据的内存空间没有被收回，当前值为 1，作为下次调用函数 f 该变量的初值。程序返回到第 10 行。

⑩ 第 10 行：输出函数的值 4。

⑪ 第 11 行：循环变量增 1，回到第 9 行，For 循环再一次执行。

⑫ 第 10 行：调用函数过程 f，再一次执行过程 f 的 1～7 行。

⑬ 第 1 行：执行函数过程 f，形参 a 和实参 2 共享同一个存储单元，即 a 的值是 2。

⑭ 第 2 行：生成动态变量 b，初始化为 0。

⑮ 第 3 行：静态局部量 c 不再生成和初始化。此时，c 的值是上一次函数 f 调用时最终的值 1。

⑯ 第 4 行：动态变量 b 的值被改变为 1。

⑰ 第 5 行：静态变量 c 的值被改变为 2。

⑱ 第 6 行：将 5 赋值给函数名 f，通过函数名将函数值带回调用过程 Command1_Click()。

⑲ 第 7 行：函数过程执行结束，释放形参 a 和动态变量 b。静态变量 c 还存在，当前的值是 2。程序返回到第 10 行。

⑳ 第 10 行：输出函数的值 5。

㉑ 第 11 行：循环变量增 1，回到第 9 行，For 循环不再执行，执行第 12 行。

㉒ 第 12 行：结束 Command1_Click 事件过程。

注意：过程中的形参也是局部变量，调用过程生成、退出消失。

7.4　过程的嵌套调用和递归调用

7.4.1　嵌套调用

VB 的过程定义都是并列且独立的，VB 不允许嵌套定义过程，即在定义过程时，不能在一个过程体内再定义另一个过程。但允许嵌套调用过程，也就是在调用一个过程的过程中，被调过程又可以调用另一个过程。

【例 7.15】　求组合 C_9^3、C_8^2、C_7^5。

分析：该问题要求 3 次计算组合。从 m 个元素中取 n 个元素的组合计算公式为：

$$C_m^n = \frac{m!}{n!(m-n)!}$$

可以将它定义为一个 Function 过程 cmn(m,n)。在过程中需要 3 次计算阶乘，因此再定义一个计算 n! 的 Function 过程 fac(n)，其计算公式为：n! =1×2×3×⋯×n。

编写的程序代码如下：

```
Private Sub Command1_Click()
  Print "c(9,3)="; cmn(9, 3)
  Print "c(8,2)="; cmn(8, 2)
  Print "c(7,5)="; cmn(7, 5)
End Sub
```

```
    Function cmn(m%, n%) As Double          ' cmn()函数的定义
      cmn = fac(m) / (fac(n) * fac(m - n))
    End Function
    Function fac(n As Integer) As Double     ' fac()函数的定义
      Dim f As Double
      f = 1
      For i = 1 To n
        f = f * i
      Next
      fac = f
    End Function
```

程序运行，单击命令按钮 Command1，运行结果如下：

```
    c(9,3)= 84
    c(8,2)= 28
    c(7,5)= 21
```

以上 3 个过程的定义是并列的，Command1_Click()事件过程 3 次调用 cmn()函数，在函数过程 cmn()中 3 次调用 fac()函数。

以例 7.15 为例说明嵌套调用程序的执行过程（参见图 7.15）。程序运行单击 Command1 时，执行 Command1_Click()事件过程，先调用函数 cmn(9,3)求 C_9^3 的值。在调用函数 cmn()的过程中，要 3 次调用函数 fac()分别求 9!、3!、(9-3)!。cmn()函数调用结束返回 Command1_Click()事件过程后，接着再调用函数 cmn(8,2)求 C_8^2 的值，最后调用函数 cmn(7, 5)求 C_7^5 的值。这就是过程的嵌套调用。

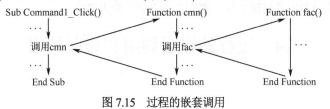

图 7.15 过程的嵌套调用

7.4.2 递归调用

一个过程直接或间接地调用该过程本身，称为过程的递归调用。

若过程 a()直接调用过程 a()本身，则称为直接递归，其递归调用关系如图 7.16 所示。如果过程 a()调用过程 b()，过程 b()又调用过程 a()，则称为间接递归，其递归调用关系如图 7.17 所示。从图中可以看出，这两种递归调用都是无终止的循环调用，显然，这是不应该出现在程序中的。为了防止递归调用无终止地进行，在程序设计时通常使用 if 语句来控制，即根据条件进行递归调用。

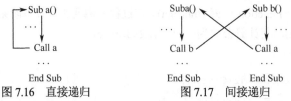

图 7.16 直接递归   图 7.17 间接递归

当一个问题符合以下 3 个条件时，就可以采用递归方法来解决：

① 能够把要解决的问题转化为一个新问题，而这个新问题的解决方法仍与原来的解决方法相同，只是所处理的数据有规律地递增或递减；

② 能够应用这个转化过程使问题得到解决；

③ 必须要有一个结束递归过程的条件。

【例 7.16】 用递归方法求一个正整数的阶乘 n!。

分析：在编写递归程序时应考虑两个方面的问题，一是递归的形式，二是递归的结束条件。求阶乘也可以用递归方法求解。

因为：n!=n×(n-1)!

而： (n-1)!=(n-1)×(n-2)!

...

2!=2×1!

1!=1

0!=1

于是得到下面的递归公式：

$$n! = \begin{cases} 1 & \text{当} n = 0,1 \\ n \times (n-1)! & \text{当} n > 1 \end{cases}$$

从以上公式分析，当 n>1 时，求 n!的问题可以转化为求 n×(n-1)!的新问题，而(n-1)!的解法与原来求 n!的解法相同，只是运算数据由 n 递减为 n-1。求(n-1)!的问题又可以转化为求(n-1)×(n-2)!的新问题，…。每次转化为新问题时，运算数据就递减 1，直到运算数据的值递减至 1 或 0 时，阶乘的值为 1，递归不再执行下去。n=1 或 0 就是求 n!的递归结束的条件。

程序代码如下：

```
Function fac(n As Integer) As Double
  Dim f As Double
  If n = 1 Or n = 0 Then
    f = 1
  Else
    f = n * fac(n - 1)
  End If
  fac = f
End Function
Private Sub Command1_Click()
  Dim y As Double, n As Integer
  n = Val(InputBox("请输入 n 值"))
  y = fac(n)
  Print n & "!=" & y
End Sub
```

程序运行，单击命令按钮 Command1，从键盘上输入 4，则运行结果如下：

```
4!=24
```

递归求解的过程分为两个阶段：第一个阶段是"回推"，第二个阶段是"递推"。

回推阶段：求 fac(4)函数的值，先求得 4*fac(3)的值。求 fac(3)函数的值，先求得 3*fac(2)的值。求 fac(2)函数的值，先求得 2*fac(1)的值。最终 fac(1)函数的值为 1。

递推阶段：由 fac(1)函数的值，根据 2*fac(1)计算出 fac(2)函数的值为 2。由 fac(2)函数的值，根据 3*fac(2)计算出 fac(3)函数的值为 6。由 fac(3)函数的值，根据 4*fac(3)计算出 fac(4)函数的值为 24，最终求得问题的解。

当 n 的值为 4 时，例 7.16 的递归执行过程如图 7.18 所示。其中，实线表示回推阶段，虚线表示递推阶段。

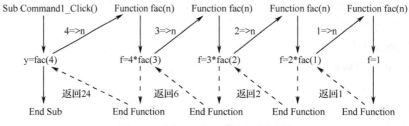

图 7.18   例 7.16 中 4!递归调用过程

递归执行时是一层层调用一层层返回的过程。在解决某些问题中，递归是一个十分有用的方法，它可以使某些看起来不易解决的问题变得容易解决，写出的程序较简短。但是递归通常要花费较多的机器时间和占用较多的内存空间，效率不太高。

7.5 应用举例

【例 7.17】 编写程序输出 100 以内的素数。将素数 10 个一行显示在图片框中。

分析：可以编写一个函数过程 IsPrime(m)来判断一个数 m 是否是素数。判断一个数是否是素数的算法已在第 5 章中介绍过，在此不再叙述。在调用过程中，根据 IsPrime()函数的返回值判断一个数是否是素数，如果返回值是 True，则为素数，如果返回值是 False，则不是素数。

窗体上放置一个标题为"输出素数"的命令按钮 Command1，一个名称为 Picture1 的图片框。

编写的程序代码如下：

```
Private Sub Command1_Click()
  Dim n As Integer, f As Boolean
  num = 0
  For n = 2 To 100
   f = IsPrime(n)
   If f = True Then
    num = num + 1
    Picture1.Print Format(n, "@@"); Spc(2);
    If num Mod 10 = 0 Then Picture1.Print
   End If
  Next
End Sub
Private Function IsPrime(n As Integer) As Boolean
  Dim i As Integer, flag As Boolean
  flag = True
  For i = 2 To Sqr(n)
   If n Mod i = 0 Then
     flag = False: Exit For
   End If
  Next i
```

```
    IsPrime = flag
End Function
```

程序运行时单击命令按钮 Command1，运行结果如图 7.19 所示。

【**例 7.18**】　在窗体上放置一个文本框 Text1，两个标签 Label1 和 Label2。程序运行时，在文本框中每输入一个字符，则立即判断。若是小写（大）字母，则把它的大（小）写形式显示在标签 Label1 中，若是其他字符，则把字符直接显示在 Label1 中，输入的字母总数则显示在标签 Label2 中。程序的运行界面如图 7.20 所示。

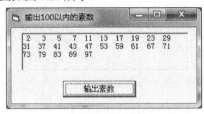

图 7.19　例 7.17 运行结果

图 7.20　例 7.18 运行结果

分析：静态变量的一个典型的应用就是"计数"，即每次调用某一过程都给静态变量加 1，从而可以计算该过程被调用了多少次。本例利用静态变量 n 在文本框的 Change 事件中，统计输入字母的个数。

编写的程序代码如下：

```
Private Sub Form_Load()
  Label1.Caption = "": Label2.Caption = ""
End Sub
Private Sub Text1_Change()
    Static n As Integer
    Dim ch As String
    ch = Right(Text1.Text, 1)
    If ch >= "A" And ch <= "Z" Then
       Label1.Caption = LCase(ch)
       n = n + 1
    ElseIf ch >= "a" And ch <= "z" Then
       Label1.Caption = UCase(ch)
       n = n + 1
    Else
       Label1.Caption = ch
    End If
     Label2.Caption = n
End Sub
```

【**例 7.19**】　编写一个过程，完成分离一个实数的整数部分和小数部分，小数位保留 3 位，对第 4 位四舍五入。例如：实数 x 为 89.2378，则分离后得到整数 89 和小数 0.238。

分析：过程需要返回两个值，一个整数一个小数，所以定义为 Sub 过程比较方便。过程中设置 1 个形参 x 接收调用过程传递过来的实数，再设置两个形参 a 和 b，将过程处理的最终结果通过它们返回到调用过程，所以 a 和 b 需按地址传递，而调用过程如果要得到这两个返回值，必须定义两个变量作为实参。

编写的程序代码如下：

```
Sub SplitValue(ByVal x As Double, a As Integer, b As Double)
  a = Int(x)
  b = Round(x - a, 3)
End Sub
Private Sub Command1_Click()
  Dim x As Double
  Dim a As Integer, b As Double
  x = Val(InputBox("请输入一个实数："))
  Call SplitValue(x, a, b)
  Print "原始数据：" & x
  Print "整数部分："; a, "小数部分："; b
End Sub
```

程序运行单击命令按钮 Command1，从键盘上输入 89.2378，则输出结果如下：

```
原始数据：89.2378
整数部分：89    小数部分：0.238
```

【例 7.20】　编写一个过程，将数组中的所有偶数删除，函数返回奇数的个数。

分析：在数组 x 中删除所有偶数的思路是，依次访问数组元素，把奇数从数组的第一个单元按次序顺序存储，即第 1 个奇数放到 x(1) 中，第 2 个奇数放到 x(2) 中，…，直到所有元素访问完。所以，需要设置一个变量 j 保存存放奇数的位置（下标）。最后，根据奇数的个数重新调整数组的大小。

定义函数过程，设置一个形参数组 x，在函数过程中，通过 x 处理传递过来的实参数组。

编写的程序代码如下：

```
Option Base 1
Function Dele_EvenNumber(x() As Integer)
  j = LBound(x)                    'j保存奇数的存放位置。初值为第 1 个数组元素的下标
  For i = LBound(x) To UBound(x)   '依次访问每个数组元素
    If x(i) Mod 2 <> 0 Then        '若是奇数，将其保存到 j 所指示的单元
      x(j) = x(i)
      j = j + 1                    ' j 值加 1，指定新的位置
    End If
  Next
  Dele_EvenNumber = j -1           ' 返回奇数的个数
End Function
Private Sub Command1_Click()
  Dim a() As Integer
  n = Val(InputBox("请输入数组长度"))
  ReDim a(n)
  Randomize
  Label1.Caption = "原始数组内容："
  For i = 1 To n
    a(i) = Int(90 * Rnd + 10)
    Label1.Caption = Label1.Caption + Str(a(i))
  Next
```

```
        n = Dele_EvenNumber(a)
        ReDim Preserve a(n)                    ' 根据奇数的个数重新调整数组的大小
        Label2.Caption = "删除偶数后内容："
        For i = 1 To n
          Label2.Caption = Label2.Caption + Str(a(i))
        Next
    End Sub
```

程序运行时，单击命令按钮 Command1，显示的结果如图 7.21 所示。

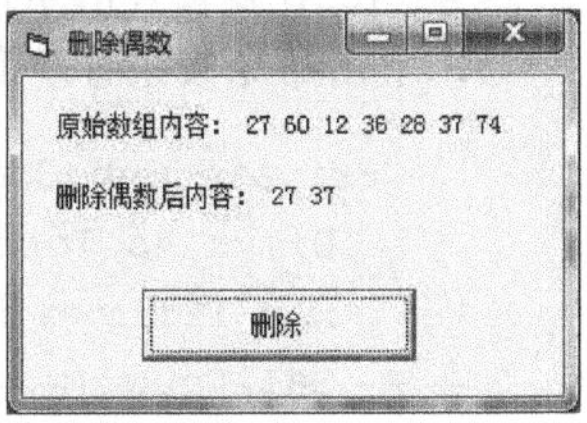

习　题　7

一、单选题

1. 下列叙述中正确的是（　　）。

A. VB 只能通过过程调用执行通用过程

B. 可以在 Sub 过程的代码中包含另一个 Sub 过程的代码

C. 可以像通用过程一样指定事件过程的名字

D. Sub 过程和 Function 过程都有返回值

2. 以下关于过程的叙述中，错误的是（　　）。

A. 事件过程是由某个事件触发而执行的过程

B. 函数过程的返回值可以有多个

C. 可以在事件过程中调用通用过程

D. 不能在事件过程中定义函数过程

3. 假设有一个过程 Sub sub1(a As Single, b As Single)，则下面的调用语句正确的是（　　）。

（1）Call sub1 90, sin(0)　　（2）sub1 10, "123"　　（3）Call sub1(−9800, sin(30))

（4）sub1 12, 10　　　　　　（5）sub1(29,3456)　　（6）Call sub1()　　　　（7）sub1(,120)

A.（1）（2）（3）（4）（5）　　　　　　　　B.（3）（4）（5）（6）

C.（3）（4）（5）（7）　　　　　　　　　　D.（2）（3）（4）

4. 函数过程 F1 的功能是：如果参数 b 为奇数，则返回值为 1，否则返回值为 0。以下能正确实现上述功能的代码是（　　）。

A. Function F1(b As Integer)
　　If b Mod 2 = 0 Then
　　　　Return 0
　　Else
　　　　Return 1
　　End If
　　End Function

B. Function F1(b As Integer)
　　If b Mod 2 = 0 Then
　　　　F1 = 0
　　Else
　　　　F1 = 1
　　End If
　　End Function

C. Function F1(b As Integer)
　　If b Mod 2 = 0 Then
　　　　F1 = 1
　　Else
　　　　F1 = 0

D. Function F1(b As Integer)
　　If b Mod 2 ◇ 0 Then
　　　　Return 0
　　Else
　　　　Return 1

图 7.21　例 7.19 运行结果

```
        End If                              End If
        End Function                        End Function
```

5. 在窗体模块的通用声明段中声明变量时，不能使用的关键字是（　　　）。

A. Dim　　　　　　　B. Public　　　　　　C. Private　　　　　　D. Static

6. 在某窗体中有语句：Public s As Long，则变量 s 的有效作用域是（　　　）。

A. 整个应用程序的所有模块中　　　　　B. 该窗体的所有过程中

C. 只能在该窗体的事件过程中　　　　　D. 只能在该窗体的通用过程中

7. 单击命令按钮时，下列程序的运行结果是（　　　）。

```
Private Sub Command1_Click()
  Dim x As Integer, y As Integer
  x = 12: y = 34
  Call sub2(x, y)
  Print x; y
End Sub
Public Function sub2(n As Integer, ByVal m As Integer)
  n = n Mod 10
  m = m \ 10
End Function
```

A. 12 34　　　　　　B. 2 34　　　　　　C. 2 3　　　　　　D. 12 3

8. 现有如下程序：

```
Private Sub Command1_Click()
  s = 0
  For i = 1 To 5
    s = s + f(5 + i)
  Next
  Print s
End Sub
Public Function f(x As Integer)
  If x >= 10 Then
    t = x + 1
  Else
    t = x + 2
  End If
  f = t
End Function
```

运行程序，则窗体上显示的是（　　　）。

A. 38　　　　　　B. 70　　　　　　C. 61　　　　　　D. 49

9. 单击命令按钮 Command1，以下程序不能实现交换 a、b 值的是（　　　）。

A. Private Sub Command1_Click()

　　Dim a As Integer, b As Integer

　　a = 10: b = 20

　　Call swap(a, b)

```
        Print a, b
      End Sub
      Sub swap(ByVal a As Integer, ByVal b As Integer)
        c = a: a = b: b = c
      End Sub
B.  Private Sub Command1_Click()
      Dim a As Integer, b As Integer
      a = 10: b = 20
      Call swap(a, b)
      Print a, b
    End Sub
    Sub swap(a As Integer, b As Integer)
      c = a: a = b: b = c
    End Sub
C.  Dim a As Integer, b As Integer
    Private Sub Command1_Click()
      a = 10: b = 20
      Call swap
      Print a, b
    End Sub
    Sub swap()
      c = a: a = b: b = c
    End Sub
D.  Private Sub Command1_Click()
      Dim a As Integer, b As Integer
      a = 10: b = 20
      b = swap(a, b)
      Print a, b
    End Sub
    Function swap(a As Integer, ByVal b As Integer) As Integer
      c = a: a = b
      swap = c
    End Function
```

10. delchar 函数的功能应该是：删除字符串 str 中所有与变量 ch 相同的字符，并返回删除后的结果。例如：若 str="ABCDABCD"，ch="B"，则函数的返回值为："ACDACD"。

```
Function delchar(str As String, ch As String) As String
  Dim k As Integer, temp As String, ret As String
  ret = ""
  For k = 1 To Len(str)
    temp = Mid(str, k, 1)
    If temp = ch Then
```

```
          ret = ret & temp
        End If
      Next k
      delchar = ret
    End Function
    Private Sub Command1_Click()
      Dim s As String, t As String, res As String
      s = Text1.Text
      t = Text2.Text
      res = delchar(s, t)
      Print res
    End Sub
```

函数有错误，需要修改。下面的修改方案中正确的是（　　）。

A．把 ret=ret & temp 改为 ret=temp

B．把 If temp=ch Then 改为 If temp<>ch Then

C．把 delchar=ret 改为 delchar=temp

D．把 ret ="" 改为 temp=""

11．窗体上有两个标签和一个命令按钮，编写如下程序：

```
    Private a As Integer
    Public Sub f(ByVal x As Integer, ByVal y As Integer)
      a = x * x
      b = y * y
    End Sub
    Private Sub Command1_Click()
      Dim a As Integer, b As Integer
      a = 6: b = 4
      Call f(a, b)
      Label1.Caption = a
      Label2.Caption = b
    End Sub
```

程序运行后，单击命令按钮，则两个标签中的内容分别是（　　）。

A．6和4　　　　　　　B．8和4　　　　　　C．36和8　　　　　D．36和4

12．以下是返回数组中最大数的函数过程代码：

```
    Public Function max(a() As Integer) As Integer
      Dim m As Integer
      m = 1
      For i = 2 To 10
        If a(i) > a(m) Then m = i
      Next i
      max = m
    End Function
```

运行时发现程序返回值是错误的，下面修改方案正确的是（　　）。

A．把 m=1 改成 m=a(1)　　　　　　　　　　B．把 For i=2 To 10 改成 For i=1 To 10

C.　把 m=i 改成 m=a(i)　　　　　　　　　　D.　把 max=m 改成 max=a(m)

二、填空题

1.　如果有正确的调用语句 Call s("a", sin(30))，则过程 s 的定义语句为_____。

2.　模块级变量声明只能用关键字 Dim 或_____。

3.　设有以下函数过程：

```
Public Function fun(m As Integer) As Integer
  Dim s As Integer, i As Integer
  s = 0
  For i = m To 1 Step -2
   s = s + i
  Next i
  fun = s
End Function
```

若在程序中有调用语句 s=fun(10)，则 s 的值是_____。

4.　设有过程定义：

```
Public Sub m(m As Integer, n As Integer, max As Integer)
  max = IIf(m > n, m, n)
End Sub
```

调用过程如下：

```
Private Sub Command1_Click()
  Dim i As Integer, j As Integer, k As Integer
  i = Val(InputBox("请输入第 1 个数："))
  j = Val(InputBox("请输入第 2 个数："))
  m i, j, k
  Print k
End Sub
```

程序运行后，在输入对话框中分别输入 25 和 80，则结果是_____。

5.　执行下列程序后，a 的值为_____，b 的值为_____。

```
Private Sub Command1_Click()
  Dim a As Integer, b As Integer
  a = 1: b = 2
  a = sum(a, b)
  b = sum(a, b)
  Print a, b
End Sub
Public Function sum(a As Integer, b As Integer) As Integer
  sum = a * b + a
  b = a + b
End Function
```

6.　如果一个正整数从高位到低位上的数字递减，则称此数为降序数，例 532、9885 等。下列程序的功能是：单击命令按钮 Command1 时，从键盘输入一个正整数，调用 Dec1 过程判断输入的数是否为降序数，并在单击事件中输出判断结果。

```
Private Sub Command1_Click()
  Dim n As Long, flag As Boolean
  n = Val(InputBox("请输入一个正整数！"))
  Call dec1(n, flag)
  If _____ Then
    Print n; "是降序数"
  Else
    Print n; "不是降序数"
  End If
End Sub
Public Sub dec1(m As Long, f As Boolean)
  Dim s As String, i As Integer
  s = Trim(Str(m))
  For i = 1 To _____
    If Mid(s, i, 1) < Mid(s, i + 1, 1) Then _____
  Next i
  If _____ Then f = True Else f = False
End Sub
```

7. 下列程序运行后，窗体上的输出结果是_____。

```
Option Explicit
Public x, y
Private Sub test()
  Dim y As Integer
  Print "x2="; x, "y2="; y
  x = 2: y = 4
  Print "x3="; x, "y3="; y
End Sub
Private Sub Form_Click()
  x = 1: y = 2
  Print "x1="; x, "y1="; y
  test
  Print "x4="; x, "y4="; y
End Sub
```

8. 在窗体上画一个名为 Command1 的命令按钮，然后编写如下程序：

```
Private Sub Command1_Click()
  Dim i As Integer
  Sum = 0
  n = Val(InputBox("请输入数字"))
  For i = 1 To n
    Sum = _____
  Next i
  Print Sum
End Sub
```

```
Function fun(t As Integer) As Long
  p = 1
  For i = 1 To t
    p = p * i
  Next i
  _____
End Function
```

以上程序的功能是，计算 1!+2!+3!+…+n!，其中 n 从键盘输入，请填空。

9. 程序运行后，第 1 次、第 2 次、第 3 次单击窗体的输出结果是_____。

```
Private Sub Form_Click()
    s = fn(1) + fn(2)
    Print s;
End Sub
Private Function fn(t As Integer)
    Static m
    m = m + t
    fn = m
End Function
```

10. 单击命令按钮 Command1 时，下列程序的运行结果是_____。

```
Private Sub Command1_Click()
  Dim x As String, y As String
  x = "abcdef"
  invert x, y
  Print x, y
End Sub
Public Function invert(ByVal s1 As String, s2 As String)
  Dim t As String, i As Integer
  i = Len(s1)
  Do While i >= 1
    t = t + Mid(s1, i, 1)
    i = i - 1
  Loop
  s2 = t
End Function
```

第 8 章　界面设计

一个好的程序一定有一个友好、使用方便的用户界面，它是人机交互的基础，界面的好坏能在很大程度上影响一个程序。VB 的窗体就是应用程序的界面，除了前面所介绍的各种控件作为界面元素外，菜单工具栏等也是构成界面的重要组成部分。

本章主要介绍界面设计中常用的菜单、工具栏和对话框等。

8.1　鼠标与键盘事件

鼠标和键盘是 Windows 环境下最主要的输入设备。鼠标和键盘所产生的事件也是 VB 程序所要处理的主要事件之一，绝大多数程序都要对鼠标和键盘事件进行处理。

8.1.1　鼠标事件

除了鼠标 Click 和 DblClick 之外，VB 还提供了 MouseUp、MouseDown 和 MouseMove 鼠标事件跟踪鼠标的操作，可以获知鼠标指针的位置和状态的变化。

程序运行时，当用户按下鼠标任意键将触发 MouseDown 事件，放开鼠标按键时，将触发 MouseUp 事件，移动鼠标时将触发 MouseMove 事件。鼠标事件的语法格式如下：

```
    Private Sub 对象名_鼠标事件(Button As Integer, Shift As Integer, X As Single,
Y As Single)
        …
    End Sub
```

其中：

① 第 1 个参数 Button 指示用户按下或释放了哪个鼠标按键，其值如表 8.1 所示。

表 8.1　Button 参数的取值

值	VB 常量	含　义
1	vbLeftButton	按下或释放了鼠标左键
2	vbRightButton	按下或释放了鼠标右键
4	vbMiddleButton	按下或释放了鼠标中键

② 第 2 个参数 Shift 指示按下或释放鼠标按键时，Shift、Ctrl、Alt 键的按下或释放状态，其值如表 8.2 所示。

表 8.2　Shift 参数的取值

值	VB 常量	含　义
0		Shift、Ctrl 和 Alt 键都没有按下
1	vbShiftMask	按下 Shift 键
2	vbCtrlMask	按下 Ctrl 键

续表

值	VB 常量	含　义
3	vbShiftMask+vbCtrlMask	同时按下 Shift 键和 Ctrl 键
4	vbAltMask	按下 Alt 键
5	vbShiftMask+vbAltMask	同时按下 Shift 键和 Alt 键
6	vbCtrlMask+ vbAltMask	同时按下 Ctrl 键和 Alt 键
7	vbShiftMask+vbCtrlMask+vbAltMask	同时按下 3 个键

③ 第 3、4 个参数指示鼠标的当前位置，X 为横坐标，Y 为纵坐标。

【例 8.1】 设计一个简单的画图程序。

程序运行时，按住鼠标左键并移动时，画出鼠标移动轨迹；释放鼠标停止画线，运行结果如图 8.1 所示。

图 8.1　画图程序结果示例

编写的程序代码如下：

```
Dim drawnow As Boolean              '定义模块级变量，记录是否画线状态
Private Sub Form_Load()
   drawnow = False
End Sub
Private Sub Form_MouseDown(Button As Integer, Shift As Integer, _
                           X As Single, Y As Single)
   If Button = 1 Then               '按下鼠标左键，设置画线状态
     drawnow = True
     CurrentX = X                   '保存线条的起点
     CurrentY = Y
    End If
End Sub
Private Sub Form_MouseMove(Button As Integer, Shift As Integer, _
                           X As Single, Y As Single)
'如果是画线状态，鼠标移动时，通过 Line 方法
'在当前位置(CurrentX，CurrentY)到鼠标指针落点(X，Y)之间画一条线
    If drawnow Then
      Line -(X, Y)
      CurrentX = X                  '修改下一次的输出位置的起点
      CurrentY = Y
    End If
End Sub
Private Sub Form_MouseUp(Button As Integer, Shift As Integer, _
                         X As Single, Y As Single)
   drawnow = False                  '释放鼠标按键，结束画线状态
End Sub
```

说明：CurrentX 和 CurrentY 是窗体的两个属性，用于获得或设置当前的输出位置。

8.1.2　键盘事件

键盘事件是用户敲击键盘时产生的事件，VB 中和键盘控制有关的事件有 3 个：KeyPress、KeyDown 和 KeyUp 事件。

1. KeyPress 事件

当控件（对象）拥有焦点并按下键盘时，则会触发该控件的 KeyPress 事件，事件过程格式如下：

```
Private Sub 对象名_KeyPress(KeyAscii As Integer)
    …
End Sub
```

其中：参数 KeyAscii 保存所按键的 ASCII 码。例如，按下小写字母 a 时，KeyAscii 的值为 97，按下大写字母 A，KeyAscii 的值为 65。

说明：

① 若在 KeyPress 事件中设置 KeyAscii 的值为 0，则会清除当前所输入的字符。例如：

```
Private Sub Text1_KeyPress(KeyAscii As Integer)
    If Chr(KeyAscii) < "0" Or Chr(KeyAscii) > "9" Then
        KeyAscii = 0
    End If
End Sub
```

表示在文本框 Text1 中只能输入 0～9 数值字符，消除其他字符。

② KeyPress 事件发生时，按下的字符还未显示出来。

③ 只能对 ASCII 键被按下产生响应，它不能响应功能键和组合键。

④ 在 KeyPress 事件中，能区别大小写英文字母。

2. KeyDown 事件

当控件（对象）拥有焦点并按下按键不放时，则会触发该控件的 KeyDown 事件，事件过程格式如下：

```
Private Sub 对象名_KeyDown(KeyCode As Integer, Shift As Integer)
    …
End Sub
```

其中：参数 KeyCode 保存所按键的键值，参数 Shift 与鼠标事件过程中的 Shift 参数意义相同。

图 8.2　对象浏览器

当输入大写字母"A"或小写字母"a"时，参数 KeyCode 保存的是大写字母的 ASCII 值 65，所以在 KeyDown 事件代码中要区别大小写字母，必须配合 Shift 参数的值。KeyDown 事件除了可以识别 KeyPress 事件能识别的键之外，还可以识别功能键和组合键。

VB 为每一个按键都定义了一个名称，在程序中只需要使用这些名称就能代表相应的按钮。如果不清楚键盘各按键的 ASCII 码值，可以通过对象浏览器窗口来查看。

在工具栏中单击"对象浏览器"按钮，打开对象浏览器窗口，如图 8.2 所示。在搜索栏中输入 KeyCodeConstants。然后单击搜索按钮，在"成员"栏出现各种键盘按键常数。单击选择某一个按键常数，在下面的描述中显示按键的 ASCII 码值。例如，回车键的说明为 vbKeyReturn=13。

3. KeyUp 事件

当键盘上某一按下的键被释放时会触发 KeyUp 事件，事件过程格式如下：

```
Private Sub 对象名_KeyUp(KeyCode As Integer, Shift As Integer)
    …
End Sub
```

其中参数的意义同 KeyDown 事件参数，此处不再赘述。

8.2　菜单设计

通过在窗体上创建菜单，可以显示程序的各项功能并提供快速访问的途径。恰当地计划并设计菜单，将使应用程序的主要功能得以完整的体现。

8.2.1　菜单的结构和种类

VB 中的菜单包括两种：下拉式菜单和弹出式菜单。下拉式菜单由主菜单、子菜单（下拉菜单）及菜单项组成。弹出式菜单是当用户在选定对象上单击鼠标右键时弹出的菜单。如图 8.3 显示了 VB 下拉菜单的结构。

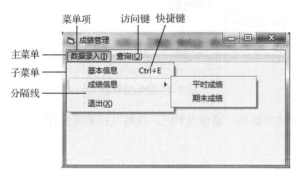

图 8.3　下拉菜单结构

由图 8.3 可以看出，主菜单是用来控制应用系统中各项操作的。子菜单则是主菜单的下一级菜单（一级子菜单），子菜单还可以包括子菜单（二级子菜单）。菜单中包含菜单项，每个菜单项对应一项操作。可以用分隔线对菜单项分组，也可以为菜单项定义访问键和快捷键。

每个菜单项都是一个对象，都有相应的名字，也能响应事件。

1. 菜单项的常用属性

（1）Name 属性

设置菜单项对象的名称，用来在代码中标识一个菜单项。

（2）Caption 属性

设置菜单项的显示文本。

（3）Visible 和 Enabled 属性

Visible 属性设置菜单项是否可见，若为 False，则菜单项不可见。Enabled 属性设置菜单是否可用，若设置为 False，菜单项呈现灰色，不响应 Click 事件。

（4）Checked 属性

若将菜单项 Checked 属性设置为 True，则菜单项左边显示一个标记 "√"，表示选中了该项。设置为 False，则没有标记，表示没有选中该项。

2. 菜单项的事件

菜单项的主要事件是 Click 事件，用户单击菜单项完成的功能需要编写菜单项的 Click 事件过程代码。

8.2.2 菜单编辑器

通过 VB 提供的 "菜单编辑器"，可以方便地创建菜单和修改菜单，如图 8.4 所示。

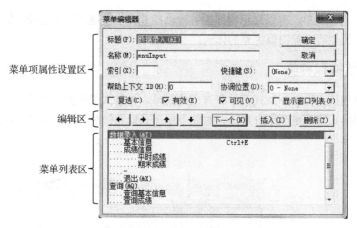

图 8.4 菜单编辑器

菜单编辑器主要包括 3 个区域：属性设置区、编辑区和菜单列表区。

1. 属性设置区

主要设置菜单项对应的属性。

（1）标题

设置显示在菜单项上的文本，对应菜单项的 Caption 属性。

说明：

① 在标题文本中的某个字符前加上 "&" 符号，该字符被设置成访问键，显示的时候字符下有下画线。在菜单打开的情况下，按下 Alt 键和访问键字符，则可以打开子菜单或执行菜单项的 Click 事件代码。例如，在图 8.1 所示的菜单中，若按下 Alt+Q，则打开 "查询""菜单的子菜单。

② 在标题文本中输入一个 "-"（减号），则可在菜单中加入一条分隔线（参看图 8.3）。分隔线主要用来将菜单项划分为若干个逻辑组。

（2）名称

设置菜单项的 Name 属性。

（3）索引

当几个菜单项使用相同的名称时，把它们组成控件数组，可指定一个数字来确定菜单项在控件数组中的位置。

（4）快捷键

用来为菜单项定义快捷键。菜单项一旦设置了快捷键，就可以在不打开菜单的情况下通过按快捷键执行菜单项命令。主菜单项不能设置快捷键，要取消快捷键应该选取列表顶部的"None"。

（5）复选

设置菜单项的 Checked 属性初值。若勾选，菜单项的左侧出现复选标记"√"。

（6）有效

设置菜单项的 Enabled 属性初值。如果取消勾选，在运行时菜单项以灰色字体显示，表示不可用状态。

（7）可见

设置菜单项的 Visible 属性初值。如果取消勾选，在运行时该菜单项不可见。

2. 编辑区

编辑区共有如下 7 个按钮：

"下一个"按钮：将选定行移动到下一行。

"插入"按钮：在当前选定行上方插入一行，即插入一个菜单项。

"删除"按钮：删除当前选定行，即删除当前菜单项。

左（←）、右（→）按钮：将选定的菜单项向左，或向右移一个等级。

上（↑）、下（↓）按钮：将选定的菜单项向上或向下移动一行。

3. 菜单列表区

用于显示菜单的结构，并通过内缩符号表明菜单项的层次，当前菜单项以反白行显示。

如图 8.4 所示的菜单编辑器设计的就是下拉菜单，单击"确定"按钮，创建的菜单将显示在窗体上，运行效果参看图 8.3。

菜单设计好后，还要为每个菜单项编写 Click 事件代码。例如，单击"数据录入"菜单的"退出"菜单项结束应用程序，需要为"退出"菜单项（名称为 mnuExit）编写响应 Click 事件的代码如下：

```
Private Sub mnuExit_Click()
  End
End Sub
```

注意：对于有下级子菜单的菜单项，单击时将自动显示下拉菜单，没有必要为其编写 Click 事件过程代码。

8.2.3　弹出式菜单

弹出式菜单又称为快捷菜单，是在某个对象上单击鼠标右键时出现的菜单。弹出式菜单的设计方法同下拉菜单，任何至少有一个下级子菜单的菜单项，都可以作为弹出式菜单。

通过 PopupMenu 方法来显示弹出式菜单，PopupMenu 方法语法格式为：

```
[对象名].PopupMenu 菜单项名[,flags][,X[,Y]]
```

其中：

对象名：若省略对象，默认是当前窗体。

菜单项名：指定要弹出的菜单名称，该菜单至少有一个下级菜单。

X 和 Y：指定菜单显示位置的横坐标和纵坐标。若省略，则在当前位置显示菜单。

flags：用于定义弹出式菜单的位置和行为，参数值如表 8.3 所示。

表 8.3　flags 参数设置

位 置 常 数		行 为 常 数	
0	默认，菜单左上角位于 X	0	默认，单击鼠标左键选择菜单
4	菜单上框中间位于 X	2	单击鼠标左键或右键选择菜单
8	菜单右上角位于 X		

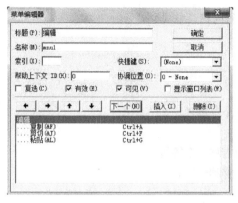

图 8.5　例 8.2 的菜单结构设计

【例 8.2】　弹出式菜单示例。

在窗体上放置一个文本框 Text1，并创建菜单。主菜单设置一个标题文本为"编辑"的菜单项（名称为 mnu1），其子菜单上建立 3 个菜单项，标题分别为"复制"、"剪切"和"粘贴"（名称分别为 mnu11、mnu12 和 mnu13），完成文本框文本的复制剪切操作。菜单结构如图 8.5 所示。

分析：如果希望在文本框 Text1 上单击鼠标右键时弹出"编辑"菜单，则需要在文本框的 MouseDown 事件加上如下控制语句：

```
PopupMenu mnu1
```

编写的程序代码如下：

```
Dim str As String               '设置模块级变量，保存 Text1 中选定的文本
Private Sub Form_Load()
  mnu11.Enabled = False         '设置"复制"和"剪切"菜单项初始状态不可用
  mnu12.Enabled = False
End Sub
Private Sub Text1_MouseUp(Button As Integer, Shift As Integer, _
                          X As Single, Y As Single)
  If Text1.SelLength > 0 Then   '有选定文本，设置"复制"和"剪切"菜单项可用
    mnu11.Enabled = True
    mnu12.Enabled = True
  End If
End Sub
Private Sub mnu11_Click()        '将 Text1 中选定的内容保存到 str 中
  str = Text1.SelText
End Sub
Private Sub mnu12_Click()        '将 Text1 中选定的内容保存到 str 中，删除选定文本
  str = Text1.SelText
  Text1.SelText = ""
End Sub
Private Sub mnu13_Click()        '完成粘贴功能
  Text1.SelText = str
  mnu11.Enabled = False
  mnu12.Enabled = False
End Sub
Private Sub Text1_MouseDown(Button As Integer, Shift As Integer, _
                            X As Single, Y As Single)
  If Button = 2 Then PopupMenu mnu1 '在 Text1 中单击鼠标右键，弹出快捷菜单
End Sub
```

程序运行，在 Text1 中选定文本再单击鼠标右键时，弹出的快捷菜单如图 8.6 所示。

图 8.6　弹出菜单显示界面

8.3　工具栏设计

工具栏通常是位于菜单栏的下方，其中包含一组图像按钮用来执行命令，提供常用菜单命令的快捷访问方式，单击工具栏按钮相当于选择菜单项。

VB 的工具栏是工具条（Toolbar）控件和图像列表（ImageList）控件的组合。Toolbar 控件用于创建工具栏上的按钮对象，工具栏上的图像由 ImageList 控件来提供。创建工具栏应分别创建 ImageList 控件和 Toolbar 控件，然后将它们关联起来。

【例 8.3】为例 8.2 的窗体添加一个工具栏，如图 8.7 所示。

（1）将 Toolbar 控件和 ImageList 控件添加到工具箱

ToolBar 控件和 ImageList 控件是 ActiveX 控件，使用时需添加到工具箱中。具体步骤如下：

① 在工具箱单击鼠标右键，选择快捷菜单中的"部件"菜单项。

② 在弹出的"部件"对话框中勾选"Microsoft Windows Common Controls 6.0（SP6）"复选框，单击"确定"按钮。工具箱中就会出现 Toolbar 控件的图标和 ImageList 控件的图标。

③ 分别双击控件图标，在窗体上建立了 Toolbar1 对象和 ImageList1 对象。

（2）设置 ImageList 控件属性

图像列表 ImageList 控件的作用就是存储图像，并为其他控件提供要显示的图像。

在设计时，主要通过 ImageList 控件的属性页添加图像。例如，右键单击 ImageList1 控件，在弹出的快捷菜单中选择"属性"，在出现的"属性页"中切换到"图像"选项卡中进行插入图像的操作，如图 8.8 所示。

图 8.7　具有工具栏的窗体

图 8.8　ImageList 控件属性页

其中，"索引"是按照插入图像的顺序，给每个图像自动的编号。"关键字"设置唯一标识图像的文本，便于引用图像。

注意：一旦 ImageList 关联到其他控件，就不能再删除和插入图像了。

（3）将 Toolbar 控件与 ImageList 控件相关联

右键单击 Toolbar1 控件，在弹出的快捷菜单中选择"属性"，在出现的"属性页"中切换到"通用"选项卡，如图 8.9 所示。

在"图像列表"的下拉列表里选择 ImageList1，在 ToolBar1 控件上就可以显示 ImageList1 中所存储的图像。

（4）在 Toolbar 控件中添加按钮对象来创建工具栏

"属性页"中的"按钮"选项卡，主要用于为工具栏添加按钮，并可设置按钮的属性值，如图 8.10 所示。

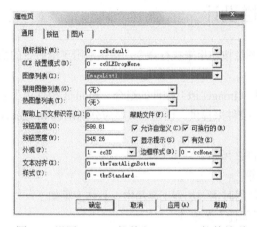

图 8.9　设置 Toolbar 控件和 ImageList 控件关联

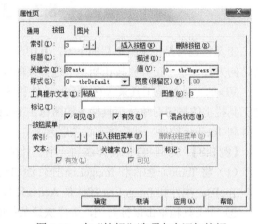

图 8.10　在"按钮"选项卡中添加按钮

其中：

① 插入按钮/删除按钮：在工具栏中添加（删除）一个按钮。

② 索引：按照插入按钮的顺序，给每个按钮自动的编号。

③ 标题：按钮上显示的文本。

④ 关键字：标识按钮的符号名称，以便在代码中引用。

⑤ 值：按钮的初始状态。0：按钮未按下，1：按钮按下。

⑥ 样式：设置按钮是普通按钮、复选按钮、选项按钮等类型。

⑦ 工具提示文本：鼠标放置在按钮上时的提示文本。

⑧ 图像：设置按钮上显示的图像，值为 ImageList 控件中图像的索引值或关键字。

本例中，插入的 3 个按钮的关键字分别设置为"BCut"、"BCopy"和"BPaste"。

（5）编写 ButtonClick 事件代码

程序运行时，用户单击工具栏中任意按钮时都将触发 Toolbar 控件的 ButtonClick 事件，在事件代码中根据按钮的索引值或关键字识别按钮。

本例中单击按钮完成相应菜单项的功能，程序代码如下：

```
Private Sub Toolbar1_ButtonClick(ByVal Button As MSComctlLib.Button)
    Select Case Button.Key  '使用工具栏按钮对象的关键字 Key 属性识别被单击的按钮
        Case "BCut"
```

```
            mnu12_Click
        Case "BCopy"
            mnu11_Click
        Case "BPaste"
            mnu13_Click
    End Select
End Sub
```

注意：样式为"按钮样式 5"的按钮对应的是 ButtonMenuClick 事件。

8.4　对话框设计

对话框提供了一个程序和用户信息的交互界面，可以显示信息和获取信息，如 VB 提供的 InputBox 函数和 MsgBox 函数可以建立简单对话框，完成数据的输入和输出。用户也可以根据需求建立更复杂的对话框，称为自定义对话框。而使用 VB 提供的通用对话框，可以减少设计程序的工作量。

8.4.1　通用对话框

通用对话框不是标准控件，需要将控件添加到工具箱中才能使用。添加该控件的方式是：在工具箱单击鼠标右键，选择快捷菜单中的"部件"菜单项，在"部件"对话框中勾选"Microsoft Common Dialog Control 6.0"复选框，单击"确定"按钮后，工具箱中就会出现通用对话框控件的图标▦。将通用对话框控件放置到窗体界面中，则在窗体上就有了具体的控件 CommonDialog1。

通用对话框共有 6 个标准对话框，包括文件对话框（打开、保存对话框）、颜色对话框、字体对话框、打印对话框和帮助对话框。通过设置通用对话框控件的 Action 属性或 Show 方法来设置对话框类型，如表 8.4 所示。

表 8.4　对话框类型

Action 属性	对话框对象方法	对话框类型
1	ShowOpen	打开文件对话框
2	ShowSave	保存文件对话框
3	ShowColor	颜色对话框
4	ShowFont	字体对话框
5	ShowPrinter	打印对话框
6	ShowHelp	帮助对话框

例如：在代码中使用"CommonDialog1.Action=1"或"CommonDialog1.ShowOpen"表示将对话框 CommonDialog1 指定为"打开"文件类型的对话框，并将对话框显示出来。

1．文件对话框

文件对话框包括打开（Open）文件对话框和保存文件（Save As）对话框。在文件对话框中可以让用户指定一个文件，文件对话框可以获得文件的文件名全称，提供程序进行文件的读写操作。文件对话框本身并不具有打开文件和另存为文件的功能，这些功能需要另外编写代码。

文件对话框有下列常用属性。

（1）FileName 属性

用来设置或获取用户在对话框中输入或选择的文件名，包含路径及文件名。

（2）FileTitle 属性

设置或获取不含路径的文件名。FileName 属性用来指定文件的完整路径，如"c:\exam\1\form1.frm"，而 FileTitle 属性只保存文件名"form1.frm"。

（3）Filter 属性

用于指定文件列表框中所显示文件的类型，其设置格式如下：

> 通用对话框对象名.Filter= "文字说明 1|过滤器 1|文字说明 2|过滤器 2|……"

其中，"文字说明"是显示在对话框上的"文件类型"列表框中的文本，"过滤器"指定对应的文件类型。例如，如果要在"文件类型"列表框的下拉列表中显示 3 项内容为"Word 文档"、"文本文件"和"所有文件"的选项，以提供给用户选择 3 种文件类型，如图 8.11 所示。

则 CommonDialog1 对象的 Filter 属性应该设置如下：

> CommonDialog1.Filter = "Word 文档|*.docx|文本文件|*.txt|所有文件|*.*"

（4）FilterIndex 属性

该属性值是一个整数，用于指定默认的过滤器。Filter 属性设置了多个过滤器之后，每个过滤器都有一个索引值，第 1 个过滤器的索引值为 1，第 2 个为 2，…。如果将 CommonDialog1 控件的 FilterIndex 属性设置为 2，则"文件类型"下拉列表中显示的文本是 Filter 属性设置的第 2 项文本，如"文本文件"，而文件列表框显示的是当前路径下扩展名为.txt 的文本文件。

（5）InitDir 属性

用来指定文件对话框中初始显示的路径。

（6）DialogTitle 属性

用来指定对话框标题栏上的标题文本。

【例 8.4】在窗体上放置一个图片框 Picture1，一个标题文本为"浏览图像"的命令按钮 Command1 和一个对话框 CommonDialog1。运行程序单击按钮时，在打开文件对话框中选取图片文件并显示在 Picture1 中，如图 8.12 所示。

图 8.11　对话框上的"文件类型"列表框　　　　图 8.12　例 8.4 运行结果

程序代码如下：

```
Private Sub Command1_Click()
    CommonDialog1.InitDir = "d:\pic"
    CommonDialog1.Filter = "所有文件|*.*|JPG 文件(*.jpg)|*.jpg"
    CommonDialog1.FilterIndex = 2
    CommonDialog1.ShowOpen
```

```
    If CommonDialog1.FileName <> "" Then
        Picture1.Picture = LoadPicture(CommonDialog1.FileName)
    Else
        MsgBox "没有选择文件名!"
    End If
End Sub
```

2．颜色对话框

颜色对话框是当对话框控件的 Action 属性设置为 3，或调用 ShowColor 方法显示的通用对话框，提供用户选择颜色，如图 8.13 所示。

颜色对话框重要的属性是 Color，用于设置或获取用户选定的颜色值。

例如：通过颜色对话框设置文本框的文本的前景色，可使用如下程序段实现：

```
CommonDialog1.Action=3
Text1.ForeColor= CommonDialog1.Color
```

3．字体对话框

字体对话框是当对话框控件的 Action 属性设置为 4，或调用 ShowFont 方法显示的通用对话框，提供给用户选择字体，如图 8.14 所示。

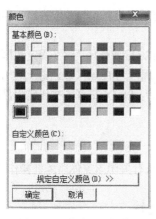

图 8.13　"颜色"对话框

图 8.14　"字体"对话框

字体对话框常用的属性有以下几种。

（1）Flags 属性

显示字体对话框之前必须设置的属性，否则会发生错误。Flags 属性的取值如表 8.5 所示。

表 8.5　Flags 属性的取值

符 号 常 量	值	含　义
CdlCFScreenFonts	&H1	显示屏幕字体
CdlCFPrinterFonts	&H2	显示打印机字体
cdlCFBoth	&H3	显示屏幕字体和打印机字体
cdlCFEffects	&H100	对话框中显示删除线、下画线和颜色组合框

说明：常数 cdlCFEffects 需要通过"Or"运算和其他常数同时使用，不能单独使用。

（2）FontName、FontSize、FontBold、FontItalic、FontStrikethru 和 FontUnderline 属性

设置字体的名字、大小、是否具有粗体、斜体等样式，是否具有删除线和下画线效果。

（3）Color 属性

设置或获取用户选定的颜色。

例如：通过字体对话框设置文本框的文本字体，可使用如下程序段：

```
CommonDialog1.Flags = cdlCFBoth Or cdlCFEffects
CommonDialog1.Action = 4
If CommonDialog1.FontName <> "" Then
   Text1.FontName = CommonDialog1.FontName
End If
Text1.FontSize = CommonDialog1.FontSize
Text1.FontBold = CommonDialog1.FontBold
Text1.FontItalic = CommonDialog1.FontItalic
Text1.FontStrikethru = CommonDialog1.FontStrikethru
Text1.FontUnderline = CommonDialog1.FontUnderline
Text1.ForeColor = CommonDialog1.Color
```

8.4.2　自定义对话框

对话框是一种特殊的窗口，它通过显示信息和获取信息与用户交互。与一般窗口不同的是，对话框的大小不能改变，没有最大化最小化按钮，也没有控制菜单。

自定义对话框就是创建一个窗体，设置窗体对象的 BorderStyle 属性值为 3（固定边框，不能改变大小），ControlBox 属性为 False（取消控制菜单），MaxButton 属性为 False（取消最大化），MinButton 属性为 False（取消最小化）。如果自定义对话框窗体对象名称为 frmDialog1，在代码中显示自定义对话框时要以模式方式打开，其形式如下：

```
frmDialog1.Show 1
```

表示窗体是"模式型"，用户无法将鼠标移到其他窗口，只有关闭该窗体后才能操作其他窗体。

8.5　多重窗体设计

对于较复杂的应用程序只包括一个窗体是不能够满足需求的，往往需要多个窗体共同完成复杂的任务。每个窗体有自己的界面和程序代码实现不同的功能，包括多个窗体的应用程序称为多重窗体程序。

1．多重窗体的建立

（1）添加窗体

在工程管理器窗口，单击鼠标右键，在弹出的快捷菜单中选择"添加"菜单下的"添加窗体"命令，或单击工具栏上"添加窗体"按钮，可以在当前工程中添加一个新的窗体。

（2）删除窗体

在工程管理器窗口，选定要删除的窗体，执行"工程"→"移除"菜单命令。

（3）设计启动窗体

启动窗体是指程序运行时首先显示的窗体，默认情况下，创建的第一个窗体是启动窗体。若要指

定其他窗体为启动窗体，通过执行"工程"→"属性"菜单命令，在打开的"属性"对话框中的"启动对象"的下拉列表中选取，如图 8.15 所示。

图 8.15　工程属性窗口

说明：也可以将标准模块里定义的 Sub Main 过程设置为启动对象。

2．常用的语句和方法

当工程中有多个窗体时，通过窗体的显示（Show）、隐藏（Hide）、装载（Load）和卸载（UnLoad）来实现窗体间的切换。

（1）Show 方法

用于显示指定的窗体，例如：

```
Form2.Show
```

（2）Hide 方法

用于隐藏窗体，窗体不在屏幕上显示，但仍然存在于内存中。例如：

```
Form2.Hide
```

（3）加载语句 Load

用于把一个指定窗体装入到内存，可以引用窗体上的控件及属性，但此时窗体没有显示出来，语句格式如下：

```
Load 窗体名
```

例如，如果要加载窗体 Form2。可以使用如下语句：

```
Load Form2
```

（4）卸载语句 UnLoad

用于在内存中清除指定的窗体，语句格式为：

```
UnLoad 窗体名
```

例如：

```
UnLoad Form2        '卸载窗体 Form2
UnLoad Me           '卸载当前窗体
```

说明：若卸载的窗体是工程中唯一的窗体，将结束程序运行。

3．不同窗体间数据的访问

窗体之间数据可以互相访问，通常有下列 3 种方法。

（1）一个窗体可以直接访问另一个窗体上的控件的属性

例如，工程中有两个窗体 Form1 和 Form2，Form2 中包括一个名称为 Text1 的文本框，在 Form1

的程序代码中可以通过"Form2.Text1.Text"的形式访问 Form2 中 Text1 的文本。

（2）一个窗体可以直接访问另一个窗体中用 Public 声明的模块级变量

例如，工程中有两个窗体 Form1（窗体文件名为 frmOne.frm）和 Form2（窗体文件名为 frmTwo.frm），在 frmTwo.frm 中有声明语句"Public n As Integer"，则在 Form1 的程序代码中可以通过"Form2.n"的形式访问 Form2 中用 Public 声明的模块级变量，见图 8.16。

```
       frmOne.frm
Sub Command1_Click()
    Text1.Text=Form2.n
End Sub
```

```
       frmTwo.frm
Public n As Integer
Sub Command1_Click()
    n=23
End Sub
```

图 8.16　声明语句

（3）每个窗体都可以直接访问标准模块文件中声明的全局变量

为了实现窗体间数据的共享，最好的方法是在标准模块文件中声明全局变量。

例如，在当前工程中添加标准模块 Module1（文件名为 modOne.bas），在其中声明了全局变量 n，在 Form1（文件名为 frmOne.frm）的程序代码中直接书写全局变量，而不用通过对象名来限定，见图 8.17。

```
       frmOne.frm
Sub Command1_Click()
    Text1.Text= n
End Sub
```

```
       modOne.bas
Public n As Integer
Sub proc1()
    n=23
End Sub
```

图 8.17　书写全局变量

【例 8.5】　多窗体程序示例。

建立 3 个窗体："主窗体"、"输入信息"、"显示信息"。每个窗体完成不同的功能，其中"主窗体"提供菜单选择，"输入信息"用于输入学生信息，"显示信息"用于显示指定的信息和查询信息。

建立一个模块，定义全局变量，用于在多个窗体共享全局变量，实现窗体之间数据的传递，工程的组成如图 8.18 所示。

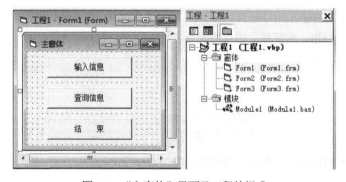

图 8.18　"主窗体"界面及工程的组成

（1）"主窗体"的设计

窗体放置 3 个标题文本分别为"输入信息"（Command1）、"查询信息"（Command2）和"结束"（Command3）的命令按钮，并设置"主窗体"为启动窗体。

编写的程序代码如下：

```
Private Sub Command1_Click()
    Form1.Hide          '隐藏"主窗体"
    Form2.Show          '显示"输入信息"窗体
End Sub
Private Sub Command2_Click()
    Form1.Hide          '隐藏"主窗体"
    Form3.Show          '显示"显示信息"窗体
End Sub
Private Sub Command3_Click()
    End
End Sub
```

（2）标准模块（Module1）的设计

用于声明程序中用到的全局变量，代码窗口如图 8.19 所示。

（3）"输入信息"窗体的设计

在窗体上放置了两个文本框（Text1 和 Text2），用于用户输入数据。一个列表框 List1，用来保存学生信息。两个标题文本分别为"增加"和"返回"的命令按钮 Command1、Command2。单击"增加"按钮，将 Text1 和 Text2 的值添加到 List1 的尾部，单击"返回"按钮，返回到主窗口。

编写的程序代码如下：

```
Private Sub Command1_Click()
    Dim str As String
    str = Text1.Text + Space(2) + Text2.Text
    List1.AddItem str
    List1.ListIndex = List1.ListCount - 1
    Text1.Text = "": Text2.Text = ""
    Text1.SetFocus
End Sub
Private Sub Command2_Click()
    studMess = List1.List(List1.ListIndex)   '记录 List1 的当前选项
    Form2.Hide
    Form1.Show
End Sub
```

程序运行后，添加了两项信息的运行界面如图 8.20 所示。

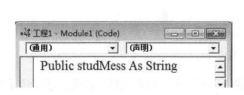

图 8.19　标准模块代码窗口

图 8.20　"输入信息"窗体运行界面

（4）"显示信息"窗体的设计

在窗体上放置一个标签 Label1，用于显示信息。3 个标题文本为"显示信息"、"查询信息"和"返回"的命令按钮（Command1～Command3）。单击"显示信息"按钮，在 Label1 上显示 Form2 中 List1 的当前选中项文本（保存在全局变量 studMess 中）。单击"查询信息"按钮，根据用户输入的姓名，在 Form2 中的 List1 中进行查找。如果找到，在 Label1 中显示该项信息，否则通过信息框显示没找到的信息。

编写的程序代码如下：

```
Private Sub Command1_Click()
  Label1.Caption = studMess          '显示全局变量的值
End Sub
Private Sub Command2_Click()         '在 Form2 中 List1 中进行查找
  Dim x As String
  x = InputBox("请输入查找姓名：")
  f = False
  For i = 0 To Form2.List1.ListCount - 1
    pos = InStr(Form2.List1.List(i), x)
    If pos <> 0 Then
       studMess = Form2.List1.List(i)
       f = True
       Exit For
    End If
  Next
  If f Then
    Label1.Caption = studMess
  Else
    MsgBox "查无此人！"
  End If
End Sub
Private Sub Command3_Click()
  Form1.Show                '显示 Form1
  Unload Me                 '卸载 Form3
End Sub
```

"显示信息"窗体的运行界面如图 8.21 所示。

图 8.21 "显示信息"窗体运行界面

程序运行后，首先显示主窗体，用户通过单击"输入信息"和"查询信息"按钮，可以选择进入不同的窗体。例如，单击"输入信息"按钮，主窗体消失，显示"输入信息"窗体，单击"输入信息"窗体中的"返回"按钮，"输入信息"窗体隐藏，主窗体重新显示出来。

习　题　8

一、单选题

1. 下面关于菜单的叙述中错误的是（　　）。

A. 各级菜单中的所有菜单项的名称必须唯一

B. 同一子菜单中的菜单项名称必须唯一，但不同子菜单中的菜单项名称可以相同

C. 弹出式菜单用 PopupMenu 方法弹出

D. 弹出式菜单也用菜单编辑器编辑

2. 在窗体上单击鼠标右键，则弹出一个快捷菜单，有 3 个选项：复制、粘贴（灰色）、选中（前面打勾），如图 8.22 所示。以下叙述中错误的是（　　）。

图 8.22　快捷菜单

A. 在设计"粘贴"菜单项时，在菜单编辑器窗口中设置了"有效"属性（有"√"）

B. 菜单中的横线是在该菜单项的标题输入框中输入了一个"-"（减号）字符

C. 在设计"选中"菜单项时，在菜单编辑器窗口中设置了"复选"属性（有"√"）

D. 在设计该弹出菜单的主菜单项时，在菜单编辑器窗口中去掉了"可见"前面的"√"

3. 程序运行后，在窗体上单击鼠标，此时窗体不会触发的事件是（　　）。

A. MouseDown　　　　B. MouseUp　　　　C. Load　　　　D. Click

4. 当移动鼠标时，有关 MouseMove 事件的说明中正确的是（　　）。

A. MouseMove 事件不断发生

B. MouseMove 事件只发生一次

C. MouseMove 事件经过的每个像素都会触发

D. 当鼠标指针移动得越快，则在两点之间触发的 MouseMove 事件越多

5. 多窗体程序由多个窗体组成，在缺省情况下，VB 在执行应用程序时，总把将启动窗体指定为（　　）。

A. 不包含任何控件的窗体　　　　　　　B. 设计时的第一个窗体

C. 名字为 Frm1 的窗体　　　　　　　　D. 包含控件最多的窗体

6. 在多窗体程序中，可在标准模块或某个窗体模块的通用声明处，那么定义变量 intA 的语句分别是（　　）。

A. Public intA As Integer 和 Public intA As Integer

B. Public intA As Integer 和 Private intA As Integer

C. Private intA As Integer 和 Public intA As Integer

D. Private intA As Integer 和 Private intA As Integer

7. 在利用菜单编辑器设计菜单时，为了把组合键"Alt+X"设置为"退出(X)"菜单项的访问键，

可以将该菜单项的标题设置为（   ）。

    A．退出(X&)   B．退出(&X)   C．退出(X#)   D．退出(#X)

8．有以下程序代码，如果从键盘上输入"Computer"，则在文本框中显示的内容是（   ）。

```
Private Sub Text1_KeyPress(KeyAscii As Integer)
   If KeyAscii >= 65 And KeyAscii <= 122 Then
      KeyAscii = 42
   End If
End Sub
```

    A．Computer   B．什么都没有   C．********   D．程序出错

9．在用通用对话框控件建立"打开"或"保存"文件对话框时，如果需要指定文件列表框的文件类型是文本文件（即.txt 文件），则正确的描述格式是（   ）

    A．"文本文件(*.txt)|(*.txt)"   B．"文本文件(*.txt)"

    C．"文本文件(*.txt)||(*.txt)"   D．"(*.txt)"

10．在窗体上放置一个通用对话框 CommonDialog1，一个命令按钮 Command1，并编写如下事件过程：

```
Private Sub Command1_Click()
   CommonDialog1.Filter = "All Files(*.*)|*.*|Text Files(*.txt)|*.txt"
   CommonDialog1.FilterIndex = 1
   CommonDialog1.ShowOpen
   MsgBox CommonDialog1.FileName
End Sub
```

程序运行后，单击命令按钮，将显示一个"打开"对话框，此时在"文件类型"框中显示的是（   ）。

    A．All Files(*.*)   B．Text Files(*.txt)   C．*.*   D．*.txt

11．在窗体上画一个名称为 TxtA 的文本框，然后编写如下的事件过程：

```
Private Sub TxtA_KeyPress(KeyAscii As Integer)
   ……
End Sub
```

假定焦点已经位于文本框中，则能够触发 KeyPress 事件的操作是（   ）。

    A．单击鼠标   B．双击文本框

    C．鼠标滑过文本框   D．按下键盘上的某个键

二、填空题

1．如果要在菜单中添加一个分隔线，则应将其 Caption 属性设置为_____。

2．要使菜单项 MenuOne 在程序运行时失效，使用的语句是_____。

3．在菜单编辑器中建立一个菜单，其主菜单项的名称为 mnuEdit，Visible 属性为 False。程序运行后，如果用鼠标右键单击窗体，则弹出与 mnuEdit 相应的菜单。以下是实现上述功能的程序，请填空。

```
    Private Sub Form_ _____(Button As Integer, Shift As Integer, X As Single, Y
As Single)
       If Button=2 Then
          _____ mnuEdit
```

```
    End If
  End Sub
```

4. 在 KeyPress 事件过程中，KeyAscii 是所按键的＿＿＿＿＿值。

5. 编写如下事件过程：

```
Private Sub Form_KeyDown(KeyCode As Integer, Shift As Integer)
  Print Chr(KeyCode);
End Sub
Private Sub Form_KeyPress(KeyAscii As Integer)
  Print Chr(KeyAscii);
End Sub
```

在一般情况下，运行程序，若按下“t”键，则程序的输出结果是＿＿＿＿＿。

6. 有 2 个名称分别为 Form1、Form2 的窗体。Form1 窗体上有 1 个名称为 Text1 的文本框，初始内容为空，初始状态不可用，输入字符时文本框内将显示字符“*”。

程序功能如下：

（1）单击 Form1 窗体的“输入密码”按钮，则 Text1 变为可用，且获得焦点。

（2）输入密码后单击 Form1 窗体的“密码校验”按钮，则判断 Text1 中输入内容是否为小写字符“abc”。若是，则隐去 Form1 窗体，显示 Form2 窗体；若密码输入错误，则提示重新输入，三次密码输入错误，则退出系统。

（3）单击 Form2 窗体的“返回”按钮，则隐去 Form2 窗体，显示 Form1 窗体。

```
Form1 的代码
Dim n As Integer
Private Sub Command1_Click()
 Text1.Enabled =_____
 Text1.SetFocus
End Sub
Private Sub Command2_Click()
  If Text1.Enabled = False Then
    MsgBox "请先使用"输入密码"功能！"
  Else
   If Text1 <> _____ Then
     n = n + 1
     If _____ = 3 Then
       MsgBox "三次密码输入错误，你无权进入本系统！"
       End
     Else
       MsgBox "第" + Str(n) + "次密码输入错误，请重试！"
       Text1 = ""
       Text1.SetFocus
     End If
   Else
     Text1.Enabled = False
     Text1 = ""
     _____.Hide
```

```
        _____.Show
      End If
    End If
End Sub
Form2 的代码
Private Sub Command1_Click()
    Form2.Hide
    Form1.Show
End Sub
```

第 9 章　数据文件

　　前面编写的程序，将需要处理的数据保存在变量或控件的属性中，它们只能在应用程序运行期间存放在内存，当退出程序时，随着存储单元的回收而丢失。如果希望将这些数据长期保存，供用户随时使用，就需要把它们保存在文件和数据库中。

　　文件是程序设计中的一个重要概念，其处理技术也是程序设计者必须要掌握的。本章介绍在 VB 中如何将数据写入文件和从文件中读出数据。

9.1　文件的基本概念

　　文件是存储在外存储器（如磁盘、优盘、光盘等）中相关数据的有序集合，这个数据集用一个名称来标识，称为文件名。文件能够长期保存，多次使用，不会因为退出程序或断电而丢失。

　　根据文件存储的内容，一般将文件分为程序文件和数据文件两类。实际上在前面各章中已经多次使用了文件，如工程文件（.vbp）、窗体文件（.frm）、标准模块文件（.bas）、可执行文件（.exe）等，这些文件的内容都是程序，属于程序文件。本章将要讨论的是数据文件，用来长期保存程序处理过程中的中间结果或最终结果。

　　下面为了叙述方便，将数据文件简称为文件。

1. VB 文件分类

　　数据在文件中要以某种特定的格式进行存储，这种特定的格式称为文件结构。根据文件结构，VB 将可操作的数据文件分为 3 类：顺序文件、随机文件、二进制文件。

　　（1）顺序文件

　　顺序文件又称为文本文件，是基于字符的文件，它采用 ASCII 代码存储方式，可以用来保存任何类型的数据。将数据写入顺序文件时，系统将数据转换成一串字符，每个字符以其 ASCII 形式存储在文件中，一个字符一个字节。例如，整数 432 在内存中占 2 个字节，当把它以顺序文件形式存放时，系统将它转换成字符串"432"，并将 3 个字符对应的 ASCII 码存放在文件中，在文件中占 3 个字节，其存放形式如图 9.1 所示。

整数 432 在内存的结构		整数 432 在顺序文件中的结构		
00000001	10011100	00110100	00110011	00110010
		"4"	"3"	"2"

图 9.1　整数 432 在内存和在顺序文件中结构示意图

　　利用"记事本"可以查看顺序文件的内容，如图 9.2 所示。

　　同样，当把顺序文件中的数据读入到内存中时，系统把一串字符（ASCII 码）按类型转换成相应的数据。例如，将字符串"432"转换成整数 432 存放在内存中。

图 9.2　"记事本"中打开顺序文件

　　由此可见，顺序文件是由一系列的 ASCII 码格式的文本行组成，每行之间用换行符来分隔且每行的长度可以变化。在这种文件进行读/写时，总是从文件头开始读/写，且读/写不能同时进行。

顺序文件结构比较简单，但由于不能随意存取数据，只适用于存储数据规律性强或者不经常修改的数据。其主要优点直观且容易使用，可以用字处理软件建立和修改（必须按纯文本文件保存）。

（2）随机文件

随机文件的结构是由若干行记录组成，每条记录由数据项组成，而数据项又由字符（数字、汉字、英文字母等）组成，且每条记录的长度是固定的。例如，表 9.1 所示为一个学院学生的信息表，表中的一行是一条记录，每条记录包含 3 个数据项，分别是"学号"、"姓名"、"入学成绩"。而每个数据项又是由若干个字符组成，如学号"201911080001"就是一个数据项，它由 12 个数字字符组成，姓名"张曼"也是一个数据项，它由两个汉字字符组成。

表 9.1　学生信息表

学　　号	姓　　名	入 学 成 绩
201911080001	张曼	576
201911080002	罗燕	598
201911080003	宋启明	560

每条记录都有唯一的一个记录号（索引），如第 1 条记录的记录号为 1，第 2 条记录的记录号为 2，…。随机文件是通过记录号读/写指定的一条记录，可以根据记录号随机存取记录，并且可以同时进行读/写操作。

随机文件的优点是存取数据灵活高效，但占用空间较大，数据组织较复杂，且不能直接编辑和查看文件中的内容。

（3）二进制文件

二进制文件存放的是各类数据的二进制代码，是字节的集合。例如，将整数 432 保存到二进制文件，数据不经过任何转换，按在内存的存储形式直接存放到文件中，其结构如图 9.3 所示。

整数 432 在内存的结构

00000001	10011100

整数 423 保存在二进制文件中的结构

00000001	10011100

图 9.3　整数 432 在内存和在二进制文件中结构示意图

二进制文件以字节为单位可以同时进行读写，并且可以定位到任一字节的位置。优点是灵活性大，占空间小，缺点是不能直接编辑和查看文件中的内容。

2. 文件的基本操作

文件的基本操作包括文件的打开、读/写、关闭。

（1）打开文件

一个文件必须先打开或新建后才能使用。文件打开后，VB 为文件在内存中开辟一个专门的数据存储区，称为文件缓冲区，对文件的读/写都在缓冲区中进行。一个打开的文件对应一个缓冲区，每个缓冲区有一个缓冲区号，即文件号。在 VB 中，对文件的操作都是通过文件号进行的。使用文件缓冲区的好处是可以提高文件的读/写速度。

（2）文件的读/写

打开文件后，就可以对其进行所需要的输入和输出操作。

所谓输出，是指将数据从变量（内存）写入文件（外存）中的过程，也称写操作。而输入，是指将文件（外存）中的数据保存到变量（内存）中的过程，也称为读操作。面向文件的输入/输出如图 9.4 所示。

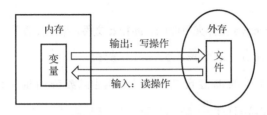

图 9.4　面向文件的输入/输出示意图

VB 提供了读写数据文件的语句和函数，通过这些语句和函数可以轻松完成读写数据文件。

文件打开后系统设置文件读写指针，简称文件指针，用来标识当前读或写的位置。读或写操作后，文件指针自动移动到下一个读/写位置。

（3）关闭文件

通过关闭文件的操作，系统会把文件缓冲区中的数据保存到文件。所以，在使用结束之后应立即关闭文件，可以避免数据的丢失。

VB 允许用两种不同的方法来处理驱动器、文件夹和文件，一种是使用一套新的工具 File System（FSO）对象模型，另一种是使用传统的方法如 Open 语句、Write#语句等。

本书只介绍传统的文件处理方法。

9.2　顺序文件

顺序文件只能按顺序访问，读数据只能从头到尾按顺序读，写入数据也是一样，且读或写不能同时进行。将数据写入文件时，各种类型的数据自动转换成字符串。从文件中读数据时，可以按指定的数据类型读取一个或多个数据，也可以读取一行，或读取若干个字符。

9.2.1　顺序文件的打开和关闭

1．顺序文件的打开

顺序文件的打开使用 Open 语句，同时需要指明是读操作，还是写操作。Open 语句格式为：

```
Open 文件名 For 模式 As [#]文件号
```

说明：

① "文件名" 是一个字符串表达式，用于指定要打开的文件名，包含驱动器符、路径。

② "模式" 指明文件的打开方式，具有以下 3 种：

Input：以读方式打开文件，表示只能从文件中读取数据。如果文件不存在，会产生一个错误。

Output：以写方式打开文件，表示只能将数据写入文件。如果文件已经存在，则先删除原来的文件，然后建立新文件。如果文件不存在，则会新建一个文件。

用以上两种方式打开文件后，文件指针位于文件头。

Append：以追加方式打开文件，此时文件指针位于文件的尾部，可以将数据追加写入到文件的尾部。如果文件不存在，则会建立该文件。

③ "As [#]文件号" 用于给打开的文件指定一个文件号。文件号是 1～511 范围内的整数，且不能与其他打开的文件占用的文件号重复。打开文件时，将文件号与打开的文件建立起联系，在读/写文件时用文件号代替文件名，直到关闭文件。文件号既可以在语句中直接指定，也可以使用 FreeFile()函数获得下一个可用的文件号。

例如，要以写方式打开 c:\vb 文件夹下面的 data1.txt 文件，指定文件号为 "1"，可使用以下的语句：

```
Open "c:\vb\data1.txt" For Output As #1
```

而要以读方式打开 c:\vb 下的 data2.txt 文件，文件号由函数 FreeFile()获得，则语句为：

```
fileno = FreeFile()
Open "c:\vb\data2.txt" For Input As fileno
```

2. 顺序文件的关闭

读/写文件结束后一定要用 Close 语句关闭文件，否则会丢失数据。Close 语句的格式为：

```
Close [#]文件号1[, [#]文件号2] [, …]
```

说明：若在 Close 语句中没有指定文件号，则关闭所有已打开的文件。例如：

```
Close #1, #2
```

表示关闭文件号为 1 和 2 的文件。

9.2.2 顺序文件的读/写操作

打开顺序文件后，就可以使用读写顺序文件的语句对文件进行输入和输出操作，如图 9.5 所示。

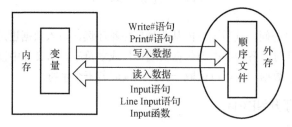

图 9.5 读写顺序文件示意图

在 VB 中，将数据写入顺序文件的语句有 Write #和 Print #语句。读顺序文件提供了 3 种读取方式：Input #语句、Line Input 语句和 Input 函数。

1. 顺序文件的写入操作

要将程序中的数据写到顺序文件中，应指定 Output 或 Append 模式打开文件，然后用 Write #语句或 Print #语句写入数据。语句格式如下：

```
Write #文件号, [表达式列表]
Print #文件号, [表达式列表]
```

功能：将表达式列表中的数据写入与文件号关联的顺序文件中。

说明：

① "表达式列表" 中的表达式，可以是常量或变量，各表达式之间用逗号或分号隔开。若省略，则输出一个空行。

② Write #语句向文件写数据时,数据在文件中以紧凑格式存放(无论表达式之间是用逗号还是分号),并且自动在数据项之间插入逗号,给字符串加上双引号。

使用 Print #语句同 Print 方法的输出,不同的只是将表达式输出在文件中。

③ "表达式列表"中的所有数据写入文件后,会在最后加一个回车换行符。

【例 9.1】 将不同类型的数据写入顺序文件示例。

```
Private Sub Command1_Click()
  Dim no As Integer, name As String, score As integer
  no = 1111: name = "李明": score = 90
  Open "c:\file1.txt" For Output As #1
  Write #1, no, name, score
  Close #1
End Sub
```

在"记事本"中打开 file1.txt 文件,用 Write #语句写入的形式如图 9.6 所示。若用下面的 Print #语句替换 Write #语句:

```
Print #1, no, name, score
```

则建立的 file1.txt 文件内容如图 9.7 所示。由此可见,Print 语句向文件输出数据的格式与 Print 方法向窗体输出数据的格式相似。

图 9.6　Write 语句写数据　　　　　　图 9.7　Print 语句写数据

通过 Write #语句或 Print #语句可以将不同类型的数据写入顺序文件,且一次可以写一个或多个数据。

【例 9.2】 使用 Write #语句将 1~100 能被 9 整除的数输出到 data1.txt 文件中。

程序代码如下:

```
Private Sub Form_Click()
  Open " c:\data1.txt" For Output As #1    '以写方式打开 data1.txt 文件
  For i = 1 To 100
    If i Mod 9 = 0 Then Write #1, i          '将变量 i 的值写入到文件 data1.txt 中
  Next i
  Close #1
End Sub
```

程序运行后,在 c:\可以找到 data1.txt 文件,用"记事本"打开可以查看文件中的内容。

【例 9.3】 在文件 data1.txt(例 9.2 所建)中,加入 100~200 之间能被 15 整除的数。

分析:因为是在已存在的 data1.txt 文件中追加写入数据,使用 Append 模式打开 data1.txt 文件。

程序代码如下:

```
Private Sub Form_Click()
  Open "c:\data1.txt" For Append As #1          '文件指针位于文件尾
```

```
    For i = 100 To 200
      If i Mod 15 = 0 Then
        Write #1, i                        '将变量 i 的值写入文件的当前位置
      End If
    Next i
    Close #1
  End Sub
```

注意：写入的数据是在文件指针指示的位置，写操作结束后，文件指针移到下一个写位置。

2. 顺序文件的读操作

要将顺序文件中的数据读到变量中，应指定 Input 模式打开文件，然后使用 Input #语句、Line Input #语句、Input 函数从文件中读取数据。

（1）Input #语句

当需要从顺序文件中读取一个或多项数据，并依次保存在变量中时，应使用 Input #语句。Input #语句语法格式为：

```
    Input #文件号, 变量名表
```

说明：变量名表中的变量要与读取的数据保持类型赋值相容。

【例 9.4】 将 file1.txt（参看图 9.6）文件中数据显示在窗体上。

分析：file1.txt 文件用分隔符（逗号）分隔了 3 个数据，第 1 个和第 3 个是数值型，第 2 个是字符型，所以，需要定义 3 个变量且类型与文件中对应的数据的类型要匹配。

程序代码如下：

```
    Private Sub Command1_Click()
      Dim num As Integer, sname As String, score As Integer
      Open "c:\file1.txt" For Input As #1
      Input #1, num, sname, score
      Print "学号: "; num,
      Print "姓名: "; sname,
      Print "成绩: "; score
      Close #1
    End Sub
```

程序运行单击命令按钮 Command1，在窗体上显示：

学号：1111　　　姓名：李明　　　成绩：90

注意：Input #语句读取的数据，应该是用 Write #语句写入的，这样可保证每个数据项被正确分界。

（2）Line Input #语句

顺序文件是一种包含若干文本行的文本文件，如果要从文件中读取一行文本保存在字符串变量中，就需要使用 Line Input #语句。Line Input #语句的语法格式为：

```
    Line Input #文件号, 字符型变量
```

【例 9.5】 将 file1.txt（参看图 9.7）文件中数据显示在窗体上。

分析：如果要读取 file1.txt 文件中的一行信息，需要设置一个字符型变量来保存。

程序代码如下：

```
Private Sub Command1_Click()
  Dim s As String
  Open "c:\file1.txt" For Input As #1
  Line Input #1, s
  Print "读出的一行信息为：", s
  Close #1
End Sub
```

程序运行单击命令按钮 Command1，在窗体上显示：

读出的一行信息为：1111　　李明　　90

注意：通常 Line Input #用来读出 Print #写入的数据。

（3）Input()函数

如果从顺序文件中读入指定个数的字符，可以使用 Input()函数。Input()函数的调用格式为：

```
Input(字符数, #文件号)
```

说明：函数返回从顺序文件中读入的字符串。

例如：

```
Text1.Text= Input(4, #1)
```

表示从文件号为 1 的文件的当前位置读取连续的 4 个字符，并显示在文本框 Text1 中。

3. 读文件时常用的函数

（1）EOF(文件号)函数

读数据都是从文件指针指示的位置开始读，读操作结束后，文件指针移到下一个读位置。如果文件指针位于文件的尾部，再进行读数据就会引发一个错误。为了避免这个错误，利用 VB 提供的 EOF() 函数检验文件指针是否移到了文件的尾部。例如，EOF(1)表示测试 1 号文件的读写指针是否位于文件的尾部，如果是，函数值为 True，否则为 False。

一般用于读取顺序文件的程序结构如下：

```
'以读方式打开文件
Do While Not EOF(文件号)
   '读文件当前位置数据=>变量
   '处理变量
Loop
```

循环条件测试读写指针是否在文件尾，若 EOF（文件号）为 False，循环继续，从文件中继续读数据。否则，表示数据已读完，循环结束。

（2）LOF(文件号)函数

通过 LOF()函数可以求出指定文件的字节数。例如：

```
x = LOF(1)                  '求 1 号文件的字节数，并赋值给变量 x
```

【例 9.6】　输出 data1.txt 文件（例 9.2 所建）中的数据，10 个一行显示在窗体上，并统计其中数据的个数。

分析：要读出文件中的每一个数据，采用 Input #语句最合适。

程序代码如下：

```
Private Sub Form_Click()
  Dim x As Integer, n As Integer
  Open "c:\data1.txt" For Input As #1
  n = 0
  Do While Not EOF(1)
    Input #1, x
    n = n + 1
    Print x;
    If n Mod 10 = 0 Then Print
  Loop
  Close #1
End Sub
```

图 9.8 例 9.7 运行结果

【例 9.7】 建立学生信息文件 stud.txt，内容如表 9.1 所示。

在窗体上放置两个命令按钮 Command1、Command2。单击 Command1，完成建立学生文件 stud.txt。单击 Command2，读取文件 stud.txt 中数据，显示在窗体上，并计算入学成绩平均分（保留小数点 1 位）。单击 Command2 的运行结果如图 9.8 所示。

程序代码如下：

```
Dim no As String, sname As String, score As Integer    '声明模块级变量
Private Sub Command1_Click()
  Open "c:\stud.txt" For Output As #1
  For i = 1 To 3
    no = InputBox("请输入学号")
    sname = InputBox("请输入姓名")
    score = Val(InputBox("请输入入学成绩"))
    Write #1, no, sname, score
  Next
  Close #1
End Sub
Private Sub Command2_Click()
  Dim n As Integer, avg As Integer
  Open "c:\stud.txt" For Input As #1
  Print
  Print Spc(10); "学生基本信息"
  Print
  Print "学号", "姓名", "入学成绩"
  Print "---------------------------------- "
  n = 0
  Do While Not EOF(1)
    Input #1, no, sname, score
```

```
      Print no, sname, score
      n = n + 1
      avg = avg + score
   Loop
   Print "--------------------------------- "
   Print "平均成绩为: "; Format(avg / n, "0.0")
   Close #1
End Sub
```

运行程序单击命令按钮 Command1，从键盘上依次输入：201911080001、张曼、576、201911080002、罗燕、598、201911080003、宋启明、560，则将这些数据依次写入文件 stud.txt 中。

由此可见，对于顺序文件，即使只处理一个成绩值，也需要将前面的数据依次读出。

9.3　随机文件

随机文件按照记录的方式组织数据，每个记录包含若干个不同类型的数据项，每个数据项都有固定长度，所以每个记录的长度都相同。每个记录对应一个记录号，根据记录号随机读/写记录，可同时进行读或写。

为了准确地访问记录中的数据项，需要自定义一种记录类型，然后再声明记录类型的变量，用来保存记录中各数据项的值，确保记录长度相同。

随机文件存取操作的步骤一般包括：

① 使用 Type…End Type 语句定义一个记录类型，该类型包括多个数据项，并与文件中记录应包括的域一致，然后声明该类型的记录变量。

② 在 Open 语句中使用 Random 模式打开随机文件，并指定记录长度。

③ 通过 Get 和 Put 语句，并指定记录号进行读一个记录或写一个记录。

④ 关闭随机文件。

9.3.1　用户自定义数据类型

除了可以直接使用 VB 提供的标准类型（Integer、Double 等）外，还可以使用关键字 Type，由用户自己定义新的数据类型，这种用户自定义的数据类型称为记录类型。

记录类型由一组不同类型的变量组成，每个变量称为成员（或称为域，或称为元素）。在实际问题中，记录型中所包含的具体成员往往都不相同，所以 VB 只提供了定义记录类型的一般方法，至于记录类型中的具体成员及成员的数量则由用户自己定义。

记录类型的使用包含两个方面：一是定义记录类型，二是声明记录类型变量。

1. 定义记录类型

定义一个记录类型的一般形式为：

```
[Public|Private] Type 记录类型名
   成员 1 As 数据类型
   [成员 2 As 数据类型]
      …
   [成员 n As 数据类型]
End Type
```

说明：

① 记录类型名的命名规则与变量相同。

② 每一个成员都是记录类型所包含的一个数据项。成员的类型可以是基本数据类型，也可以是记录类型（即记录类型可以嵌套定义）。如果是字符串类型，则必须是定长字符串。

③ 记录类型必须在窗体模块或标准模块的通用声明段进行定义。通常定义在标准模块中，默认为 Public。如果定义在窗体模块中，则必须用 Private 关键字加以限定。

例如，定义一个记录类型 Student，包括学号 num，姓名 sname 和成绩 score 三个成员变量。

```
Private Type Student
  num As String * 12
  sname As String * 10
  score As Integer
End Type
```

2．声明记录类型变量

记录类型是用户自定义的类型，它与系统提供的基本数据类型一样，使用 Dim 语句声明记录类型的变量。例如：

```
Dim std As Student
```

表示声明一个 Student 类型的变量 std。与普通变量一样，系统为记录类型变量 std 分配相应的存储空间，用于存放它的各个成员。std 的各成员根据其数据类型按定义的顺序依次分割该存储空间。记录变量 std 的存储结构如图 9.9 所示。

num	sname	score
201911080001	张彤	90

图 9.9　记录变量 std 的存储结构

具有这种记录类型的变量只能存放一个学生的相关数据，如果要存放多个可定义记录型数组。

注意：记录类型和记录型变量是两个不同的概念，不要混同。记录类型只是一种结构的组织形式，而记录类型变量则是某种记录类型的具体实例。系统根据所定义的记录类型为记录型变量分配一定大小的存储单元，用来存储各数据项的值。

3．记录类型成员的引用

记录类型中的成员项是具体存储数据的地方，引用成员项的语法如下：

记录变量.成员项名

成员项实际就是一个变量，使用方法与同类型的简单变量一样。例如：

```
std.num = "201911080001"
std.sname = "张彤"
std.score = 90
```

执行上述语句之后，记录变量 std 中每个成员存储的值参看图 9.9。

9.3.2　随机文件的打开和关闭

打开一个随机文件使用 Open 语句，其语法格式为：

```
Open 文件名 For Random As #文件号 [Len=记录长度]
```

其中，Len 用来指定记录长度，默认值是 128 个字节。如果指定的文件不存在，则新建文件。随机文件打开后，文件指针位于文件头，可以同时进行读写操作。

例如，若有记录类型 Student，std 是该类型的变量，打开具有这种结构的随机文件可使用如下语句：

```
Open "c:\stud.dat" For Random As #1 Len = Len(std)
```

记录的长度可以通过 Len()函数求出来，即记录长度=Len(记录变量)。

随机文件的关闭与顺序文件相同。

9.3.3　随机文件的读/写操作

打开随机文件后，就可以使用读写语句以记录为单位对文件进行输入和输出，如图 9.10 所示。

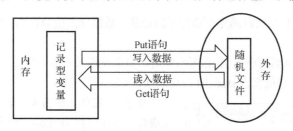

图 9.10　读写随机文件示意图

1. 随机文件的读操作

通过 Get #语句从随机文件中将指定记录号所对应的记录读取到记录型变量中，其语法格式为：

```
Get #文件号, [记录号], 记录变量
```

说明："记录号"是大于 1 的整数，指出读取的是第几条记录。如果省略，则表示读取文件指针指向的当前记录。记录变量必须是和随机文件每行记录格式相同的记录类型变量。

例如：

```
Get #1, 2, std
Print std.num; std.sname; std.score
```

表示从文件号 1 关联的随机文件中读取第 2 条记录，赋给记录变量 std，std 的各个成员顺序保存了记录 3 个数据项的值，并在窗体上输出 std 各成员项的值。

2. 随机文件的写操作

使用 Put #语句将记录类型变量的值写入随机文件，其语法格式为：

```
Put #文件号, [记录号], 记录变量
```

说明：

① "记录号"指出写入到第几条记录中。如果省略，则表示写入到文件指针指向的当前记录中。若指定的记录号存在，新写入的记录覆盖原记录内容。

② "记录变量"是要写入文件里的数据。

例如：

```
Put #1, 4, std
Put #1, , std
```

执行第 1 条 Put 语句，将记录变量 std 中各成员项数据写入到随机文件（文件号为 1）中的第 4 条记录上；再执行第 2 条 Put 语句，将变量 std 中的数据写入到随机文件（文件号为 1）中的第 5 条记录中。

③ 可以通过"Lof(文件号)/记录长度"计算文件中总的记录个数。如果要向文件尾部添加新的记录，则添加记录的记录号为：记录个数+1。例如：

```
Recnum= Lof(1)/Len(std)
std.num = "201911080004"
std.sname = "曾景"
std.score = 90
Put #1, Recnum+1, std
```

执行以上序列，在 1 号文件的尾部添加了新记录，数据项的值分别为："201911080004"、"曾景"和 90。

注意：在 Get #和 Put #语句中，记录号省略时，分隔符逗号不能省略。

【例 9.8】 建立一个随机文件 stud.dat 存储表 9.1 所示学生信息。

图 9.11 例 9.8 运行结果

要求：在窗体上放置 4 个命令按钮。单击 Command1，完成建立学生文件 stud.dat。单击 Command2，读取文件 stud.dat 中数据，显示在图片框 Picture1 上，并计算入学成绩平均分（保留小数点 1 位）。单击 Command3，显示指定学生信息。单击 Command4，结束应用程序。运行结果如图 9.11 所示。

分析：为了存储表 9.1 的学生数据，需要定义一个包含 3 个成员项的记录类型，再定义了一个记录变量 std，可以用 std 存储表 9.1 中的一行数据。

程序代码如下：

```
Private Type Student              '定义记录类型 Student，包括 3 个成员变量
  no As String * 12
  sname As String * 10
  score As Integer
End Type
Dim std As Student                '声明记录类型变量 std
Private Sub Form_Load()
  Open "d:\stud.dat" For Random As #1 Len = Len(std)
End Sub
Private Sub Command1_Click()
  For i = 1 To 3
    std.no = InputBox("请输入学号")
    std.sname = InputBox("请输入姓名")
    std.score = Val(InputBox("请输入入学成绩"))
    Put #1, , std                 '将记录类型变量 std 的值写入文件
  Next
End Sub
Private Sub Command2_Click()
  Dim n As Integer, avg As Integer
```

```
Picture1.Print
Picture1.Print Spc(10); "学生基本信息"
Picture1.Print
Picture1.Print "学号", "姓名", "入学成绩"
Picture1.Print "----------------------------------- "
n = 0
For i = 1 To 3
  Get #1, i, std              '读取文件记录保存到记录变量 std 各个成员项中
  Picture1.Print std.no, std.sname, std.score
  n = n + 1
  avg = avg + std.score
Next
Picture1.Print "----------------------------------- "
Picture1.Print "入学成绩平均成绩为："; Format(avg / n, "0.0")
End Sub
Private Sub Command3_Click()
  Dim num As Integer
  num = Val(InputBox("请输入查询第几位学生"))
  totalnum = LOF(1) / Len(std)              '计算总记录数
  If num < 1 Or num > totalnum Then
    MsgBox "超过学生记录范围！"
  Else
    Get #1, num, std
    Picture1.Print "----------------------------------- "
    Picture1.Print "第" & num & "名学生信息为："
    Picture1.Print std.no, std.sname, std.score
  End If
End Sub
Private Sub Command4_Click()
  Close #1
  End
End Sub
```

请读者自行分析与例 9.7 顺序文件操作的不同之处。

9.4 二进制文件

二进制文件以字节为单位进行读/取操作，可读写任意结构的文件，实现对文件的完全控制。同随机文件一样，打开二进制文件后可以同时读和写。当要保持文件尽量小时，应使用二进制访问。

1. 二进制文件的打开和关闭

打开二进制文件仍然使用 Open 语句，其语法格式为：

```
Open 文件名 For Binary As #文件号
```

二进制文件打开后，文件指针指向第一个字节。
二进制文件的关闭同顺序文件。

2．二进制文件的读操作

二进制文件的操作与随机文件类似，同样可以使用 Get #和 Put #语句对文件进行任意读/写。与随机文件不同的是，二进制文件的读/写单位为字节，而随机文件的读/写单位为记录。Get #语句的其语法格式为：

```
Get #文件号, [位置], 变量
```

说明：位置表示读取的起始字节位置，文件中的第 1 个字节位于位置 1，第 2 个字节位于位置 2，以此类推。该语句从指定的位置开始读取数据保存到变量，读取的字节数取决于变量的长度，即 Len（变量）。例如，变量是 Integer，则读取连续两个字节，如果是 Single 类型，则读取连续的 4 个字节。

3．二进制文件的写操作

将数据写入二进制文件使用 Put #语句，其语法格式为：

```
Put #文件号, [位置], 变量
```

说明：Put #语句将变量写入到二进制文件中指定的位置，写入的字节数取决于变量的长度。如果省略"位置"，则表示写入到文件指针指向的当前位置。

【例 9.9】 实现文件复制，将文件 stud.txt 复制为 studbak.txt。

程序代码如下：

```
Private Sub Command1_Click()
  Dim x As Byte
  Open "c:\stud.txt" For Binary As #1
  Open "c:\studbak.txt" For Binary As #2
  Do While Not EOF(1)
    Get #1, , x
    Put #2, , x
  Loop
  Close #1, #2
End Sub
```

在"记事本"中打开 studbak.txt，内容同 stud.txt。

事实上，任何文件都可以当作二进制文件来进行处理。

4．文件的定位

每个打开的文件都有一个自己的文件指针，文件指针是一个数值，指向当前读或写的位置。每读/写一个数据后，文件指针将自动移动，指向下一个数据位置，随后的读/写操作将从此位置开始。如果想改变这样的规律，可以使用 Seek 语句强制使文件指针指向指定的位置，实现文件的随机读/写。Seek 语句格式为：

```
Seek #文件号, 位置
```

说明：Seek 语句用来设置文件中下一个读或写的位置。对于顺序文件，"位置"以字符为单位，二进制以字节为单位，文件的第一个字节的位置是 1。

例如：

```
Seek #1, 88
```

表示将 1 号文件指针移到第 88 字节处。

【例 9.10】　移动文件指针示例。

```
Private Sub Command1_Click()
    Dim a As Integer, b As Integer
    Dim x As Integer
    Open "d:\num.dat" For Binary As #1
    a = 27: b = 78
    Put #1, , a
    Put #1, , 45
    Put #1, , b
    Seek #1, 3              '将文件指针移到第 3 个字节处
    Get #1, , x            '读取连续 2 个字节保存到变量 x 中，即读到第 2 个整数
    Print x;
    Seek #1, 1              '将文件指针移到第 1 个字节处
    Get #1, , x            '读取连续 2 个字节保存到变量 x 中，即读到第 1 个整数
    Print x
    Close #1
End Sub
```

程序输出结果为:

```
45 27
```

从文件的第 1 个字节开始顺序向文件写入 3 个整数值 27、45、78，每个整数在文件中占据连续的 2 个字节存储。通过 "Seek #1, 3" 将文件指针定位在第 3 个字节处，语句 "Get #1, , x" 读取连续的 2 个字节赋值给 x，即 x 保存文件中存储的第 2 个整数值 45。

9.5　文件系统控件

VB 提供了 3 种可直接浏览系统目录结构和文件的常用控件，分别是驱动器列表框(DriveListBox)、目录列表框（DirListBox）和文件列表框（FileListBox），可以分别获取驱动器、目录和文件的信息和状态。

9.5.1　驱动器列表框

驱动器列表框是一个下拉式列表框，能自动获得当前计算机上的磁盘信息，用户可选择要操作的驱动器。默认情况下，驱动器列表框中显示系统当前驱动器名称。例如，当前工程保存在 "c:\vb" 目录下，程序运行后，则驱动器列表框中显示 "C:"。

1. 常用属性

驱动器列表框的常用属性是 Drive，用于在程序运行时设置或返回选定的驱动器。

例如，若驱动器列表框控件名称为 Drive1，要设置当前的驱动器为 C 盘，可使用如下语句:

```
Drive1.Drive = "C:" 或者 Drive1.Drive = "C:\"
```

2. 常用事件

驱动器列表框的常用事件是 Change，该事件在选择新驱动器或修改 Drive 属性时触发。

9.5.2　目录列表框

目录列表框以树形结构显示当前驱动器中的文件夹列表。如果双击某个文件夹，则会显示该文件夹中的子文件夹，并使该文件夹成为当前目录。

1．常用属性

目录列表框的常用属性是 Path，用于在程序运行时设置或返回当前目录，是一个由驱动器、文件夹组成的完整路径。Path 属性一般设置格式为：

```
目录列表框名.Path=路径
```

例如，若目录列表框的名称为 Dir1，要让 Dir1 显示 c:\vb 下的文件夹结果，则相应的设置语句为：

```
Dir1.Path = "c:\vb"
```

2．常用事件

目录列表框的常用事件是 Change，该事件在双击一个文件夹或通过代码更改目录列表框的 Path 属性时触发。

9.5.3　文件列表框

文件列表框用于显示当前文件夹中的所有文件，也可以使用过滤器来控制在文件列表框中显示的文件类型。当一个文件列表框中有多个文件时，系统会自动增加一个滚动条，以方便用户浏览。

1．常用属性

（1）Path 属性

用于设置或返回文件列表框内所显示文件的存储路径，仅在运行阶段有效。设置该属性后，文件列表框中总是显示 Path 所指向的文件夹中的文件。

（2）Pattern 属性

用于设置或返回在文件列表框中显示的文件类型，通常配合使用通配符"*"。该属性可在属性窗口进行设置，也可在运行阶段通过代码设置。在代码中的设置格式为：

```
文件列表框名.Pattern=字符串
```

其中，"字符串"包含一个或多个文件类型说明。若有多种文件类型之间用分号（;）分隔。

例如，在文件列表框 File1 中只显示扩展名为.txt 的文件，可表示为：

```
File1.Pattern = "*.txt"
```

又如：

```
File1.Pattern = "*.ppt;*.doc;*.xls"
```

表示只允许列表框显示*.ppt、*.doc 和*.xls 类别的文件。

（3）FileName 属性

用于设置或返回被选定文件的文件名（不包括路径），仅在运行阶段有效。

2．常用事件

文件列表框的常用事件有 Click、DblClick、PathChange、PatternChange 等。其中 PathChange 和

PatternChange 事件分别在文件路径（Path 属性）或过滤器（Pattern 属性）发生改变时触发。

除了以上重要属性，文件管理控件还具有列表框的其他属性，如 List、ListIndex、ListCount 等。

【例 9.11】　在窗体 Form1 上添加一个文本框 Text1、一个驱动器列表框 Drive1、一个目录列表框 Dir1 和一个文件列表框 File1。编写程序实现文件系统控件的联动操作，在文件列表框中只显示*.jpg、*.bmp 和*.png 文件。当双击选定文件时，在文本框中显示文件的完整路径和文件名。

分析：文件系统控件联动是指当改变驱动器列表框中的驱动器时，目录列表框中显示的文件夹同步改变。目录列表框中的文件夹改变，文件列表框也同步改变。要实现它们的同步必须通过编程来实现。

编写如下事件过程代码：

```
Private Sub Dir1_Change()
  File1.Path = Dir1.Path
End Sub
Private Sub Drive1_Change()
  Dir1.Path = Drive1.Drive
End Sub
Private Sub File1_PathChange()
  File1.Pattern = "*.jpg;*.bmp;*.png"                    ' 指定文件类型
End Sub
Private Sub File1_DblClick()
   Text1.Text = File1.Path & "\" & File1.FileName
End Sub
```

程序运行后，在驱动器列表框中选择 d 盘，则在文件夹列表框中显示 d 盘根文件夹下的所有文件夹。在文件夹列表框中选择"二级 office"文件夹，则在文件列表框中显示出该文件夹中指定类型的所有文件。当双击文件时，访问文件列表框的 Path 和 Filename 属性得到选定文件的路径名和文件名。运行结果如图 9.12 所示。

图 9.12　例 9.11 的运行结果

9.6　应用举例

【例 9.12】　设计如图 9.13 所示的窗体。单击"打开"按钮，则弹出打开对话框，默认文件类型为文本文件，选择一文本文件，将其内容读入并显示在 Text1 中。单击"修改"按钮，则将文本框 Text1 中的小写字母"e"、"n"、"t"改为大写"E"、"N"、"T"，将修改结果显示在 Text2 中。单击"保存"按钮，则将文本框 Text2 中的内容存到 out1.txt 中。

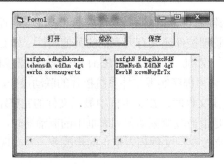

图 9.13　例 9.12 运行结果

程序代码如下：

```
Private Sub Command1_Click()
  Dim s As String
  Text1.Text = ""
  CommonDialog1.Filter = "全部文件(*.*)|*.*|文本文件(*.txt)|*.txt"
  CommonDialog1.FilterIndex = 2
  CommonDialog1.Action = 1
  If CommonDialog1.FileName = "" Then
      MsgBox "请输入或选择一个文件名！"
  Else
      Open CommonDialog1.FileName For Input As #1
      Do While Not EOF(1)
         Line Input #1, s
         Text1.Text = Text1.Text + s + vbCrLf
      Loop
  End If
  Close #1
End Sub
Private Sub Command2_Click()
  a = ""
  For k = 1 To Len(Text1.Text)
    c = Mid$(Text1.Text, k, 1)
    If c = "e" Or c = "n" Or c = "t" Then
      a = a + UCase(c)
    Else
      a = a + c
    End If
  Next k
  Text2.Text = a
End Sub
Private Sub Command3_Click()
  FilenamePath = App.Path + "\" + "out.txt"
  Open FilenamePath For Output As #1
  Print #1, Text2.Text
  Close #1
End Sub
```

说明：文件 out.txt 保存在工程所在的文件夹下。

【例 9.13】 建立学生信息管理程序。

在窗体上建立一个文本框数组 Txtinput，包括 3 个文本框，分别用来输入学生信息的学号、姓名、入学成绩。文本框 Text2 用来显示学生记录总数。单击"增加"按钮（Command1），完成在学生数据表 studfile1 中添加新的学生记录。单击"删除"按钮（Command2），完成将指定记录号的学生记录从文件中删除。单击"修改"按钮（Command3），将指定记录号的学生记录显示出来，同时按钮标题改变为"修改确定"。若单击"修改确定"，则替换学生数据表中指定的学生记录，修改结束后，标题文本恢复"修改"。单击"浏览"按钮（Command4），则在多行文本框 Text1 中显示数据文件中所有学生记录。单击"退出"按钮，结束应用程序。单击"浏览"按钮后的运行界面如图 9.14 所示。

图 9.14　例 9.13 运行界面

（1）创建标准模块

在标准模块中定义用于存储学生信息的记录类型及声明记录型变量。程序代码如下：

```
Public Type StudentType          '定义记录类型 StudentType
  no As String * 6
  sname As String * 8
  score As Integer
End Type
Public std As StudentType        '声明记录变量 std
Public RecNumber As Integer      '记录总数
Public studFile As String        '当前应用程序路径
```

（2）建立窗体

参看图 9.14 设计窗体，不再赘述。

窗体代码如下：

① 设计模块级变量和编写 Form_Load()事件代码

```
Dim currRecno As Integer               '记录修改和删除时的记录号
Private Sub Form_Load()
  studFile = App.Path & "\" & "studfile1"'保存学生数据文件 studfile1 的完整路径
  Open studFile For Random As #1 Len = Len(std)
  RecNumber = LOF(1) / Len(std)        '计算数据文件总记录数
  Text2 = RecNumber
End Sub
```

② "增加"按钮程序代码

```
Private Sub Command1_Click()
  For i = 0 To 2
    If Txtinput(i) = "" Then
      MsgBox "请先输入学生数据！"
      Exit Sub                         '若没有输入学生数据，结束过程执行
    End If
  Next
```

```
      std.no = Txtinput(0)                  '将文本框控件数组的内容保存到记录变量 std 中
      std.sname = Txtinput(1)
      std.score = Txtinput(2)
      RecNumber = RecNumber + 1             '记录总数+1
      Put #1, RecNumber, std                '在文件尾部追加一个学生记录
      Text2.Text = RecNumber
      For i = 0 To 2
        Txtinput(i) = ""
      Next
      Text1.Text = ""                       '数据文件发生变化，清空 Text1 中显示的内容
    End Sub
```

③ "删除" 按钮程序代码

输入删除的记录号，将不删除的记录保存到一个新文件中，将原文件删除，并将新文件重命名。

```
    Private Sub Command2_Click()
      Dim pos As Integer, fname As String
      Dim i As Integer
      pos = Val(InputBox("请输入要删除的记录号"))
      If pos < 1 Or pos > RecNumber Then
        MsgBox "指定的记录号不在数据范围，请重新指定"
        Exit Sub
      Else
        fname = App.Path & "\" & "ss"                  '临时文件名
        Open fname For Random As #2 Len = Len(std)     '打开临时文件
        For i = 1 To RecNumber              '访问原文件的记录，不删除的写入到临时文件中
          Get #1, i, std
          If i <> pos Then
            Put #2, , std
          End If
        Next
        Close #1, #2
        Kill studFile                '删除原文件
        Name fname As studFile       '将临时文件名改成原文件
        Open studFile For Random As #1 Len = Len(std)   '重新打开原文件
        RecNumber = LOF(1) / Len(std)
        Text2.Text = RecNumber
        Text1.Text = ""
      End If
    End Sub
```

④ "修改" 按钮程序代码

```
    Private Sub Command3_Click()
      If Command3.Caption = "修改" Then
        currRecno = Val(InputBox("请输入修改的记录号"))
        If currRecno < 1 Or currRecno > RecNumber Then
          MsgBox "指定的记录号不存在，请重新输入！"
          Exit Sub
```

```
      Else
        Get #1, currRecno, std         '读出指定记录号的记录,显示在文本框控件数组中
        Txtinput(0).Text = std.no
        Txtinput(1).Text = std.sname
        Txtinput(2).Text = std.score
        Command3.Caption = "修改确定"
      End If
    Else                               ' "确定修改",将文本框中数据写入文件指定位置
      std.no = Txtinput(0).Text
      std.sname = Txtinput(1).Text
      std.score = Txtinput(2).Text
      Put #1, currRecno, std
      For i = 0 To 2
        Txtinput(i).Text = ""
      Next
      Command3.Caption = "修改"
      Text1.Text = ""
    End If
  End Sub
```

⑤ "浏览" 按钮程序代码

```
Private Sub Command4_Click()
  For i = 1 To RecNumber
    Get #1, i, std
    Text1.Text = Text1.Text & std.no & Space(2)
          & std.sname & Space(2) & std.score & vbCrLf
  Next
End Sub
```

⑥ "退出" 按钮程序代码

```
Private Sub Command5_Click()
  Close #1
  End
End Sub
```

在实际应用中,随机文件往往被数据库代替,有关数据库技术不在本书讨论范围。

习 题 9

一、单选题

1. 以下关于文件的叙述中,错误的是( )。

A. 使用 Append 方式打开文件时,文件指针被定位于文件尾

B. 当以输入方式(Input)打开文件时,如果文件不存在,则建立一个新文件

C. 顺序文件各记录的长度可以不同

D. 随机文件打开后,既可以进行读操作,也可以进行写操作

2. 假定用下面的语句打开文件：

```
Open "File.txt" For Input As #1
```

则不能正确读文件的语句是（　　）。

A. Input #1, ch$　　　　　　　　　　B. Line Input #1, ch$

C. ch$=Input$(5, #1)　　　　　　　　D. Read #1, ch$

3. 下列可以打开随机文件的语句是（　　）。

A. Open "filel .dat" For lnput As #1　　　B. Open "filel .dat" For Append As #1

C. Open "file1.dat" For Output As #1　　D. Open "file1.dat" For Random As #1 Len=20

4. 在窗体上画一个名称为 Command1 的命令按钮和一个名称为 Text1 的文本框，在文本框中输入以下字符串：

```
Microsoft Visual Basic Programming
```

然后编写如下事件过程：

```
Private Sub Command1_Click()
  Open "d: \temp\out1.txt" For Output As #1
  For i = 1 To Len(Text1.Text)
    c = Mid(Text1.Text, i, 1)
    If c >= "A" And c <= "Z" Then
      Print #1, LCase(c)
    End If
  Next i
  Close
End Sub
```

程序运行后，单击命令按钮，文件 out1.txt 中的内容是（　　）。

A. MVBP　　　　　B. mvbp　　　　　C. M　　　　　　D. m
　　　　　　　　　　　　　　　　　　　　 V　　　　　　　 v
　　　　　　　　　　　　　　　　　　　　 B　　　　　　　 b
　　　　　　　　　　　　　　　　　　　　 P　　　　　　　 p

5. 为了从当前文件夹中读入文件 File.txt，某人编写了下面的程序：

```
Private Sub Command1_Click()
  Open "File1.txt" For Output As #20
  Do While Not EOF(20)
    Line Input #20, ch$
    Print ch
  Loop
  Close #20
End Sub
```

程序调试时，发现有错误，下面的修改方案中正确的是（　　）。

A. 在 Open 语句中的 Output 改为 Input　　B. 把程序中各处的 "20" 改为 "1"

C. 把 Print ch 语句改为 Print #20, ch　　　D. 在 Open 语句中的文件名前添加路径

6. 以下能正确定义数据类型 TelBook 的代码是（　　）。

A. Type TelBook　　　　　　　　　　B. Type TelBook

Name As String*10   Name As String*10
　　TelNum As Integer   　　TelNum As Integer
　End Type   　End TelBook
C. Type TelBook   D. Typedef TelBook
　　Name String*10   　　Name String*10
　　TelNum Integer   　　TelNum Integer
　End Type TelBook   　End Type

7. 设有如下的用户定义类型：

```
Type Student
  number As String
  name As String
  age AS Integer
End Type
```

则以下正确引用该类型成员的代码是（　　）。

A. Student. name= "李明"   B. Dim s As Student
　　　　　　　　　　　　　　　　　　　　s.name= "李明"

C. Dim s As Type Student   D. Dim s As Type
　　s.name="李明"   　　s.name="李明"

8. 在窗体上画一个名称为 Drive1 的驱动器列表框，一个名称为 Dir1 的目录列表框。当改变当前驱动器时，目录列表框应该与之同步改变。设置两个控件同步的命令放在一个事件过程中，这个事件过程是（　　）。

A. Drive1_Change　　B. Drive1_Click　　C. Dir1_Click　　D. Dir1_Change

9. 在窗体上有两个名称分别为 Text1、Text2 的文本框，一个名称为 Command1 的命令按钮。设有如下的类型和变量声明：

```
Private Type Person
  name As String *8
  major As String *20
End Type
Dim p As Person
```

设文本框中的数据已正确地赋值给 Person 类型的变量 p，当单击"保存"按钮时，能够正确地把变量中的数据写入随机文件 Test2.dat 中的程序段是（　　）。

A. Open "c:\Test2.dat" For Output As #1
　Put #1, 1, p
　Close #1

B. Open "c:\Test2.dat" For Random As #1
　Get #1, 1, p
　Close #1

C. Open "c:\Test2.dat" For Random As #1 Len=Len(p)
　Put #1, 1, p
　Close #1

D. Open "c:\Test2.dat" For Random As #1 Len=Len(p)

　　Get #1, 1, p

　　Close #1

二、填空题

1. 要在磁盘上新建一个名称为"data5.dat"的顺序文件（文件号2），应该使用的语句是_____。

2. 设有打开文件的语句如下：

```
Open "test.dat" For Random As #1
```

要求把变量 a 中的数据保存到该文件中，应该使用的语句是_____。

3. 在名称为 Form1 的窗体上画一个文本框，其名称为 Text1，在属性窗口中把文本框的 MultiLine 属性设置为 True，然后编写如下事件过程：

```
Private Sub Form_Click()
    Open "d: \test\text1.txt" _____ As #1
    Do While _____
      Line Input #1, s
      whole = whole + s+ Chr(13) + Chr(10)
    Loop
    Text1.Text = whole
    Close #1
    Open "d: \test\text2.txt" For Output As #1
    _____
    Close #1
End Sub
```

上述程序的功能是，把磁盘文件 text1.txt 的内容读到内存并在文本框中显示出来，然后把该文本框中的内容存入磁盘文件 text2.txt，请填空。

4. 在窗体上画一个命令按钮，名称为 Command1，然后编写如下程序：

```
Private Sub Command1_Click()
    Dim ct As String, nt As Integer
    Open "c:\stud.txt" _____
    Do While True
        ct=InputBox("请输入姓名: ")
        If ct= _____ Then Exit Do
        nt=Val(InputBox("请输入总分: "))
        Write #1, _____
    Loop
    Close #1
End Sub
```

以上程序的功能是：程序运行后，单击命令按钮，则向 c 盘根目录下的文件 stud.txt 中添加记录（保留已有记录），添加的记录由键盘输入；如果输入"end"，则结束输入。每条记录包含姓名（字符串型）和总分（整型）两个数据。请填空。

5. 窗体上有一个名称 Text1 的文本框，一个名称为 Command1 的命令按钮。窗体文件的程序如下：

```
Private Type x
    a As Integer
    b As Integer
End Type
Private Sub Command1_Click()
    Dim y
    y.a = Val(InputBox("请输入一个整数！"))
    If _____ Then
        y.b=y.a*y.a
    Else
        _____
    End If
    Text1.Text=y.b
End Sub
```

运行后单击命令按钮，将输入对话框中的内容赋给成员变量 a，如果 a 的值是偶数，将其平方赋给成员变量 b，否则将其值除以 2 取整赋给 b。请填空。

实 验 篇

第10章　实验

实验1　初识VB编程

一、实验目的

（1）掌握建立、编辑和运行一个简单VB应用程序的全过程。

（2）了解事件驱动编程机制。

（3）掌握控件的常用操作。

（4）熟悉工程窗口的结构和操作。

二、实验内容

建立1个名称为"第1章"的文件夹，在该文件夹下建立子文件夹ex0101，以便将实验中生成的各种文件保存在相应的文件夹中。

提示：为每个工程建立独立的文件目录，可使各工程的文件间相互独立、互不干扰，避免一个工程中的文件覆盖另一工程中的文件。另外还要养成良好的命名习惯，在VB中，系统会为创建的工程、窗体等自动使用默认的文件名，诸如"工程1.vbp"、"Form1.frm"等，这样的命名显然不能表达出应有的语义，因此最好采用有一定含义的名字来命名。

1．VB集成环境及简单应用程序的建立

（1）按照【例1.1】所示步骤，练习VB程序建立过程。存盘时，窗体文件名保存为ex010101.frm、工程文件名保存为ex0101.vbp，存放在文件夹ex0101中。

（2）生成可执行文件。

将ex0101.vbp编译成可脱离VB环境的EXE文件，可执行文件保存为vb0101.exe，存放在文件夹ex0101中。

2．控件的基本操作

根据以下步骤进行操作，将答案填写在【】处。

（1）新建一个工程。

（2）练习在窗体上添加控件的各种方法。

① 单击鼠标方法。在工具箱中单击文本框图标，将变成十字线的鼠标指针放在窗体上，拖动十字线画出合适的控件大小，创建了第一个文本框对象，该控件的名称是【1】。

提示：Name（名称）属性指定控件的名称。

② 双击鼠标方法。双击工具箱文本框图标，创建了第 2 个文本框对象，该控件的名称是【2】。

③ 复制粘贴法。选定文本框 Text1，单击工具栏上的"复制"按钮，再单击"粘贴"按钮。系统弹出"是否创建控件数组"对话框，单击"否"（注意一定单击"否"），在窗体上创建第 3 个文本框对象。该控件的名称是【3】。

（3）练习选择控件。

① 选定单个控件。分别用鼠标单击文本框 Text1 和文本框 Text2。

② 选定多个控件。

方法 1：按 Shift 键的同时，分别单击 3 个文本框，再单击窗体空白区域取消选定。

方法 2：在窗体的空白区域用鼠标左键拖动拉出一个矩形框，框住 3 个文本框，可以同时选定 3 个文本框控件，单击窗体空白区域取消选定。

（4）练习控件基本操作。

① 在窗体上创建两个命令按钮，对命令按钮 Command2 进行移动和缩放，最后删除。

② 设置 3 个文本框同样大小。

③ 设置 3 个文本框左对齐（或顶端对齐）。

（5）设置多个控件共同的属性值。

① 同时选定 3 个文本框和一个命令按钮，此时属性窗口里显示的是这 4 个控件共有的属性。

② 在属性窗口中找到 Font 属性，单击右侧的按钮，在出现的"字体"属性页中，分别将"字体样式"和"大小"改成"粗体"和"小二"。

3．区别 Name 属性和 Caption 属性

选定命令按钮 Command1，其 Name 属性的值是【4】，Caption 属性的值是【5】。在属性窗口将该控件的 Caption 属性修改为"开始"，则命令按钮 Command1 上的文本是【6】，Name 属性的值是否发生了变化【7】（是或否）。

提示：Name（名称）属性的值是控件名，Caption 属性的值是显示在控件对象上的文本。

4．窗体、控件的事件名称

（1）命令按钮响应单击事件的事件过程名称。

① 双击命令按钮 Command1，打开代码窗口自动生成命令按钮的事件过程框架如下：

```
Private Sub Command1_Click()

End Sub
```

提示：Command1 为控件名，Click 为事件名，而 Command1_Click 为事件过程名。

② 在 Sub 和 End Sub 中输入如下代码：

```
Text1.Text = "我有电脑"
```

③ 运行程序，单击命令按钮 Command1 时，文本框 Text1 中显示的文本是【8】。

④ 选定文本框 Text2，在属性窗口中找到 Name 属性（或(名称)），将其修改为 Txt。

⑤ 选定命令按钮 Command1，修改其 Name 属性的值为 Com1。

问题：双击命令按钮 Com1，在代码窗口生成的事件过程名称是【9】。若在该事件中设置代码，在文本框 Txt 中显示"学习 VB"，则实现该功能的语句是【10】。

（2）窗体对象的事件过程名称。

① 双击窗体空白处，打开代码窗口自动生成窗体对象的事件过程如下：

```
Private Sub Form_Load()

End Sub
```

问题：Form_Load 是该窗体对象的事件过程名称，窗体对象名是【11】。

② 在属性窗口修改窗体对象的 Name 属性值为 Frm1，则窗体响应单击事件过程的名称是【12】。

问题：窗体对象的事件过程名称跟窗体对象名是否【13】（有或无）关。

5．工程窗口的操作

（1）在 VB 集成环境中打开工程文件 ex0101.vbp。

（2）在工程中添加一个窗体。

在工程窗口的空白处单击鼠标右键，在快捷菜单中依次执行"添加"→"添加窗体"菜单命令。

（3）修改新建窗体名称属性为 Myfrm。

（4）设置窗体 Myfrm 为启动窗体（运行程序时显示的第一个窗体）。

① 依次执行"工程"→"工程 1 属性"菜单命令。

② 在弹出的"工程属性"对话框中选择"通用"选项卡。

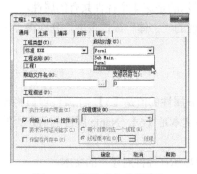

③ 单击"启动对象"列表框的下拉箭头，从中选择 Myfrm，如图 10.1 所示。

④ 单击"确定"按钮。

⑤ 运行程序，观察结果。

（6）保存窗体文件。

依次执行"文件"→"保存 Myfrm"菜单命令，设置窗体文件名为 ex010102.frm，存放在文件夹 ex0101 中。

（7）在工程中删除窗体文件 ex010102.frm。

（8）关闭工程。

图 10.1　设置"启动窗体"

注意：窗体的名称是在属性窗口中设置的，在代码中标识窗体对象的，而窗体的文件名是保存窗体文件时使用的。

实验 2　运算符、表达式和常用函数

一、实验目的

（1）掌握算术、字符、日期运算。

（2）掌握表达式的组成及求值。

（3）掌握使用标准函数完成数据的运算和处理。

（4）掌握简单程序的编写。

二、实验内容

建立 1 个名称为"第 2 章"的文件夹，在该文件夹下建立子文件夹 ex0201～ex0208。

1．算术运算

（1）分析下列表达式的值，在立即窗口用 Print 命令验证这些表达式的结果。

① 5/4*6\5 Mod 2

② 5 Mod 3+3\5*2

③ 3* 2\5 Mod 3

④ 2*3^2+4*2/2+3^2

问题：以上 4 个表达式的值分别为【1】、【2】、【3】、【4】。

提示：执行"视图"→"立即窗口"菜单命令，打开"立即窗口"。在立即窗口中验证表达式示例如图 10.2 所示。

（2）在文本框 Text1 中输入一个 3 位的整数值，如 234。单击 Command1 时，分离该整数的每一位，并显示在标签 Label1～Label3 中。在下列程序代码【】处填写适当内容，上机调试完善程序（注意：单引号的内容可以不用输入）。

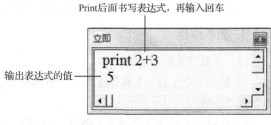

图 10.2　"立即窗口"示例

```
Private Sub Command1_Click()
  Dim num As Integer
  Dim ge As Integer, shi As Integer, bai As Integer
  num = Text1.Text
  ge = num Mod 10          '分离 num 的个位赋值给变量 ge
  shi =【5】               '分离 num 的十位赋值给变量 shi
  bai =【6】               '分离 num 的百位赋值给变量 bai
  Label1.Caption = bai
  Label2.Caption = shi
  Label3.Caption = ge
End Sub
```

说明：单引号（'）引出的内容是 VB 的注释，可以是任意内容，VB 程序运行时不会执行注释里的内容。

存盘时，窗体文件名保存为 ex0201.frm，工程文件名保存为 ex0201.vbp，存放在文件夹 ex0201 中。

2．字符、日期运算

（1）计算下列表达式的值，写出表达式的结果，上机进行验证。

① "123" + "45"

② 123 + 45

③ 123 & 45

④ "123" + 45

⑤ "hello" + 123

⑥ "hello" & 123

⑦ #5/1/2019# + 3

⑧ #5/5/2019# - #5/1/2019#

问题：以上 8 个表达式的值分别为【7】、【8】、【9】、【10】、【11】、【12】、【13】、【14】。

（2）在下列程序中，设 x=10，y=20，根据 x 和 y 的值生成一个字符串变量 s，其值为"10*20=200"。通过上机调试来完善下列程序代码。

```
Private Sub Command1_Click()
  Dim x%, y%, s$
  x = 10: y = 20
  s =【15】
  Text1.Text = s
End Sub
```

存盘时，窗体文件名保存为 ex0202.frm，工程文件名保存为 ex0202.vbp，存放在文件夹 ex0202 中。

3. 简单编程

（1）计算圆面积和周长。

① 新建一个工程，在属性窗口设置窗体的 Font 属性，分别将"字体样式"和"大小"设置成"粗体"和"小四"。

② 在窗体上添加 3 个标签 Label1～Label3，标题文本分别为"输入半径"、"圆面积"、"圆周长"；3 个文本框 Text1～Text3，初始文本为空白；一个命令按钮 Command1，标题文本为"计算"；分别调整 3 个标签、3 个文本框大小相同和对齐方式。

③ 按照以下顺序写出 Command1_Click 事件过程代码。

```
Private Sub Command1_Click()
  '以下定义符号常量 PI 表示圆周率 3.14159

  '以下定义 r、s 和 c 是双精度变量

  '以下读取 Text1 中文本保存在变量 r 中

  '以下根据 r 的值计算圆面积保存在变量 s 中

  '以下根据 r 的值计算圆周长保存在变量 c 中

  '以下实现将 s 的值显示在 Text2 中

  '以下实现将 c 的值显示在 Text3 中

End Sub
```

运行程序时，若在 Text1 中输入 5，再单击"计算"按钮，则分别在 Text2 和 Text3 中显示圆面积和周长的计算结果，如图 10.3 所示。

存盘时，窗体文件名保存为 ex0203.frm，工程文件名保存为 ex0203.vbp，存放在文件夹 ex0203 中。

（2）编写一个华氏温度与摄氏温度之间转换的程序。

转换公式：$F = \dfrac{9}{5}C + 32$，$C = \dfrac{5}{9}(F-32)$，其中 F 为华氏温度，C 为摄氏温度。

① 新建一个工程，按图 10.4 所示设计窗体。

② 设置所有控件对象的字体属性为"粗体、小四"。

提示：设置窗体的 Font 属性，之后添加到窗体的控件自动继承窗体的字体特征，或同时选取要设置字体属性的控件（此时属性窗口列出这些控件共有的属性），在属性窗口设置 Font 属性。

图 10.3 "计算圆面积周长"运行界面　　　　图 10.4 "温度转换"设计界面

③ 编写 Command1_Click()事件过程，完成将 Text1 中输入的华氏温度转换成摄氏温度并显示在 Text2 中。要求定义两个变量 f 和 c 表示华氏温度和摄氏温度。

④ 编写 Command2_Click()事件过程，完成将 Text2 中输入的摄氏温度转换成华氏温度并显示在 Text1 中。要求定义两个变量 f 和 c 表示华氏温度和摄氏温度。

存盘时，窗体文件名保存为 ex0204.frm，工程文件名保存为 ex0204.vbp，存放在文件夹 ex0204 中。

4．基本函数运算

（1）常用函数的运算。

① 执行以下序列后，在窗体上显示的结果是【16】。

```
a = -2
Print Val("a"), Val(a)
```

提示：注意区别变量 a 与字符数据 "a" 的不同。

② 函数 Len(Str(Val("123.4")))的值是【17】。

③ 若 a="12345678"，则表达式 Val(Left(a,4)+Mid(a,4,2))的值是【18】，表达式值的类型是【19】。

（2）在窗体上创建 3 个文本框对象 Text1～Text3，设置 3 个文本框初始内容为空白。创建一个命令按钮对象 Command1，并编写如下事件过程代码：

```
Private Sub Command1_Click()
    Text3.Text = Text1.Text + Text2.Text
End Sub
```

运行程序，用户分别在文本框 Text1、Text2 中输入 123 和 345，单击命令按钮 Command1 后，则在文本框 Text3 中显示的内容是【20】。

问题：若是将两个文本框（Text1 和 Text2）数字之和显示在 Text3 中，则语句应该修改为【21】。

提示：对象的属性也是分不同类型的，文本框的 Text 属性属于字符型，所有在文本框中输入的内容都是作为字符型数据参加运算。

5．函数的应用

（1）设计如图 10.5 所示的窗体。运行程序时，用户在文本框 Text1 中输入 12 位的学号值，单击"生成准考证号"命令按钮，将自动产生的准考证号显示在文本框 Text2 中。

准考证号的产生规则是：将 12 位学号的 1、2、5、8 位去掉，然后在 3、4 位添加 28，构成一个 10 位的准考证号。例如，在 Text1 中输入 090102140101，则 Text2 中显示 0128210101。

存盘时，窗体文件名保存为 ex0205.frm，工程文件名保存为 ex0205.vbp，存放在文件夹 ex0205 中。

（2）制作一个显示日期和时间的界面，并显示距离国庆节的天数。运行程序时，单击"显示"按钮，运行结果如图 10.6 所示。

图 10.5 "生成准考证"运行界面   图 10.6 "显示日期时间"运行界面

提示：Date 函数返回系统当前日期，Time 函数返回系统当前时间。

问题：若在文本框 Text1 中按指定的格式显示日期，可使用 Format 函数来实现。若要显示中文日期"2019 年 03 月 12 日"，则给 Text1.Text 赋值的语句为【22】。

存盘时，窗体文件名保存为 ex0206.frm，工程文件名保存为 ex0206.vbp，存放在文件夹 ex0206 中。

（3）单击窗体，产生"C"到"F"之间的一个大写字母并显示在标签 Lab1 中，同时求出对应的小写字母显示在标签 Lab2 中。例如，若产生的字母是"D"，则 Lab1 中显示"大写字母为：D"，Lab2 中显示"小写字母为：d"。

提示："C"～"F"之间的大写字母的 ASCII 值的范围是 67～70，小写字母要比对应的大写字母的 ASCII 码多 32。已知 ASCII 值，通过 Chr()函数求出对应的字符。

问题：如果每次运行要产生不同的字符，通过【23】语句实现。

存盘时，窗体文件名保存为 ex0207.frm，工程文件名保存为 ex0207.vbp，存放在文件夹 ex0207 中。

（4）在窗体上添加 3 个标签 Label1～Label3，初始标题文本为空白。一个命令按钮 Command1，标题文本为"生成随机数"。运行程序，单击 Command1 时，随机生成 3 个 1 位整数值，显示在 3 个标签对象上，并将其组成一个 3 位的整数值，显示在窗体上。

存盘时，窗体文件名保存为 ex0208.frm，工程文件名保存为 ex0208.vbp，存放在文件夹 ex0208 中。

（5）打开工程 ex0203.vbp，修改程序代码，将圆面积和圆周长只保留 2 位小数显示在文本框 Text2 和 Text3 中。

提示：要保留小数点 2 位，并对第 3 位小数四舍五入的方法如下：

方法 1：使用 Format 函数。

方法 2：采用如图 10.7 所示的处理过程：

$$275.8674 \xrightarrow{*100} 27586.74 \xrightarrow{+0,5} 27587.24 \xrightarrow{取整} 27587 \xrightarrow{除100} 275.87$$

图 10.7 保留小数点位数的处理流程

问题：采用方法 1，将圆面积显示在 Text2 中的语句修改为【24】；采用方法 2，将周长显示在 Text3 中的语句修改为【25】。

实验 3　顺序结构程序设计

一、实验目的

（1）掌握赋值语句的含义和使用。

（2）掌握窗体的常用属性、事件和方法。

（3）掌握文本框、标签、命令按钮的常用属性、事件和方法。

（4）掌握 VB 中输入和输出数据的方法。

二、实验内容

建立 1 个名称为"第 3 章"的文件夹，在该文件夹下建立子文件夹 ex0301～ex0308。

1. 窗体属性、方法和事件

（1）新建一个工程，在窗体上添加 4 个命令按钮，命令按钮标题文本分别为"设置窗体标题"、"加载图片"、"删除图片"、"显示 Form2 窗体"。

① 单击"设置窗体标题"按钮，在窗体标题栏上显示出"欢迎来到 VB 世界"。

② 单击"加载图片"按钮，在窗体上显示出指定的图片。

提示：先保存当前工程，将图片文件和当前工程文件、窗体文件存放在同一个文件夹中。假设要加载的图片文件为 pic.jpg，则执行以下序列可在窗体上显示指定图片。

```
filename= App.Path & "\" & "pic.jpg"        '变量 filename 存储图片文件的完整路径
Form1.Picture = LoadPicture(filename)
```

③ 单击"删除图片"按钮，取消窗体上显示的图片。

（2）在工程中添加一个新的窗体 Form2，窗体上放置两个命令按钮 Command1、Command2。

① 单击 Form1 的"显示 Form2 窗体"按钮，显示 Form2 窗体。在窗体 Form2 的 Load 事件中，设置命令按钮的标题分别为"设置窗体位置"、"退出"。

提示：窗体的 Form_Load 事件过程主要用于设置对象属性初值和变量的初值。

② 单击"设置窗体位置"按钮，将窗体 Form2 移到桌面的左上角。

③ 单击窗体，将命令按钮 Command1 左移 200，上移 100。

④ 在 Form_KeyPress 的事件过程中编写程序代码，完成将用户从键盘上输入的字符及其该字符的 ASCII 值立即显示在窗体中。例如，敲击键盘小写字母 a 时，在窗体上显示如下：

输入的字符是：a　　　ASCII 码是：97

提示：在属性窗口设置 Form2 的 KeyPreview 属性为 True，表示窗体优先于其他对象响应 KeyPress 事件，否则是当前焦点控件响应 KeyPress 事件。

⑤ 设置如下事件代码：

```
Private Sub Form_Unload(Cancel As Integer)
    MsgBox "正在关闭窗口..."
End Sub
```

问题：窗体的 Unload 事件在【1】时候被触发。

⑥ 单击"退出"按钮，结束 Form2 的运行。

（3）在工程中添加一个窗体 Form3，在上面添加一个标题文本为"随机生成背景色"的命令按钮。运行程序时，每次单击该命令按钮，窗体的背景颜色随机发生变化。

提示：使用函数 RGB(参数 1，参数 2，参数 3)生成颜色值，3 个参数的取值范围都是 0～255。

（4）在 Form1 添加一个标题文本为"显示 Form3"的命令按钮，单击此按钮显示 Form3。

存盘时，窗体文件名分别保存为 ex030101.frm、ex030102.frm 和 ex030103.frm，工程文件名保存为 ex0301.vbp，存放在文件夹 ex0301 中。

2．控件属性、方法和事件

存盘时，以下各题的程序文件名为 ex0302～ex0306，如第（1）题的窗体文件为 ex0302.frm，工程文件名为 ex0302.vbp。各题的程序文件分别存放在文件夹 ex0302～ex0306 中。

（1）在名称为 Form1、标题为"输入"、最大化按钮失效的窗体上画上一个名称为 Text1 的文本框控件，设置文本框内容为空白，文本框中最多输入 6 个字符；再画上两个命令按钮 Command1 和 Command2，设置标题文本分别为"设置密码框"和"取消密码框"；并设置 Command1 为"确定"按钮，Command2 为"取消"按钮。运行程序时，单击 Command1，设置文本框具有密码框的作用，文本框里的字符用"#"显示出来。单击 Command2，则恢复文本框的正常显示。

问题：运行程序，如果按回车键，Text1 的内容是【2】。若按 Esc 键，则 Text1 的内容是【3】。

（2）在窗体上画一个文本框 Text1 和两个标签 Label1 和 Label2，程序运行后，在文本框中每输入一个字符，都会同时在标签 Label1 中显示这个字符，并在标签 Label2 中显示文本框中字符的个数。

（3）在窗体上添加两个文本框 Text1 和 Text2，初始文本为空白；4 个命令按钮 Command1～Command4，标题文本分别为"复制"、"剪切"、"全选(&S)"和"退出(&E)"。程序运行后，焦点在文本框 Text2 中。要求以上控件属性的初值在窗体的 Load 事件中设置。

① 单击"复制"按钮，将 Text2 中选定的文本复制到 Text1 当前位置（Text1 中其他字符还保留），Text2 中选定的内容还存在。

提示：文本框失去焦点的时候，选定文本的蓝底光带会消失，通过设置文本框对象的 HideSelection 属性为 False，保留文本选定时的标识。

② 单击"剪切"按钮，将 Text2 中选定的文本复制到 Text1 当前位置，Text2 中选定的内容不存在。

③ 单击"全选"按钮，选定 Text2 中的所有字符。

④ 单击"退出"按钮，结束程序运行。

问题：通过键盘操作触发 Command3 和 Command4 的 Click 事件，按键分别是【4】和【5】。

（4）在窗体上添加一个标签 Label1，标签文本为空白；3 个命令按钮 Command1～Command3，标题文本分别为"红灯"、"黄灯"和"绿灯"。程序运行，单击 Command1，Label1 的背景色显示为红色，同时 Command1 不可用，其他两个命令按钮可用；单击 Command2 时，Label1 的背景色显示为黄色，同时 Command2 不可用，其他两个命令按钮可用；单击 Command3 时，Label1 的背景色显示为绿色，同时 Command3 不可用，其他两个命令按钮可用。

提示：颜色值可以使用 VB 预定义的符号常量表示，如 vbRed、vbYellow 和 vbGreen。

（5）在窗体上添加两个文本框 Text1 和 Text2，文本框初始内容为空白；一个命令按钮 Command1，标题文本为"交换"。程序运行后，在两个文本框中分别输入内容，单击 Command1，将两个文本框的内容互换。

3．Print 方法输出数据

在窗体上添加 4 个命令按钮，设置 4 个命令按钮标题文本参看图 10.8 所示。并将 4 个命令按钮的名字修改为 Cmd1、Cmd2、Cmd3 和 Cmd4。

① 运行程序单击 Cmd1 时，在窗体的第 10 列开始显示出如图 10.8 所示的图形。

② 在事件过程 Private Sub Cmd2_Click()中定义两个整型变量 x 和 y，x 的值为 10，y 的值为 20。运行程序单击 Cmd2 时，输出如图 10.9 所示的内容（由 x 和 y 的值产生）。

图 10.8 单击 "输出 1" 按钮的输出

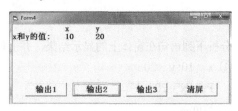

图 10.9 单击 "输出 2" 按钮的输出

③ 在事件过程 Private Sub Cmd3_Click()中定义两个整型变量 x 和 y，x 的值为 1，y 的值为 2。运行程序单击 Cmd3 时，输出如图 10.10 所示的内容（由 x 和 y 的值产生）。

④ 单击 Cmd4 时，清除窗体上的文本。

问题：假如在 Form_Load 事件代码中有语句：Print "VB is fun! "，如果要在窗体上输出 "VB is fun!"，应该在 Print 语句之前先执行【6】语句。

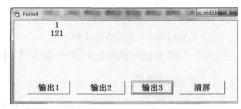

图 10.10 单击 "输出 3" 按钮的输出

存盘时，窗体文件名保存为 ex0307.frm，工程文件名保存为 ex0307.vbp，存放在文件夹 ex0307 中。

4．InputBox 函数和 MsgBox 函数

在窗体上添加一个文本框 Text1，初始内容为空白。程序运行单击窗体，显示如图 10.11 所示的输入对话框。在对话框输入一个学号，单击 "确定" 按钮后，将这个学号显示在信息框中，如图 10.12 所示（信息分两行显示），并将 MsgBox 函数的值显示在 Text1 中。

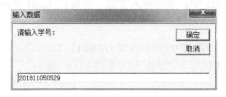

图 10.11 输入对话框

图 10.12 信息框

问题：若在输入对话框中输入 123 后，再按 "取消" 按钮，则 InputBox 函数的值是【7】。

存盘时，窗体文件名保存为 ex0308.frm，工程文件名保存为 ex0308.vbp，存放在文件夹 ex0308 中。

实验 4 选择结构程序设计

一、实验目的

（1）掌握关系表达式、逻辑表达式的表示和运算。

（2）掌握 If 语句和 Select Case 语句构造选择结构。

（3）掌握单选按钮、复选按钮的应用。

（4）掌握计时器的应用。

二、实验内容

建立 1 个名称为"第 4 章"的文件夹，在该文件夹下建立子文件夹 ex0401～ex0410。

1. 关系、逻辑运算

分析下列语句在窗体上的显示结果，并上机验证。

① x = 10: y = 20

　Print x = 20;

　Print x

② y = 20 : x = y = 30

　Print x; y

③ Print "abc" >= "abd"; "3" >= "25"

④ Print Date > #3/25/2019#

问题：以上语句的输出结果分别为【1】、【2】、【3】、【4】。

2. If 语句应用

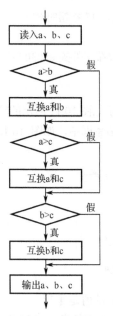

图 10.13　三个数由小
　到大排序流程图

存盘时，以下各题的程序文件名为 ex0401～ex0404，如第（1）题的窗体文件为 ex0401.frm，工程文件名为 ex0401.vbp。各题的程序文件分别存放在文件夹 ex0401～ex0404 中。

（1）输入 3 个数 a、b 和 c，按由小到大输出。

① 在窗体上添加 4 个标签 Label1～Labe4，4 个文本框 Text1～Text4，一个名称为 Command1、标题文本为"排序"的命令按钮。

② 变量 a、b 和 c 的值来自用户在文本框 Text1～Text3 中的输入。程序刚开始运行，焦点在 Text1 中。为了用户输入方便，在 Text1 中输入完数据后，输入回车键光标直接跳到 Text2 中，等待输入数据。需要在 Text1_KeyPress 事件过程编写如下代码实现：

```
Private Sub Text1_KeyPress(KeyAscii As Integer)
    If KeyAscii = 13 Then Text2.SetFocus
End Sub
```

同理，在 Text2 中输入完数据后，输入回车键后光标直接跳到 Text3 中。

③ 单击"排序"按钮，将 3 个数据按由小到大的顺序显示在 Text4 中，要求根据如图 10.13 所示的流程编写处理程序，运行结果如图 10.14 所示。

（2）通过 InputBox 函数输入一个数值，判断这个数是否同时能被 2、被 3 和 5 整除。例如，输入 60，则弹出如图 10.15 所示的信息框，否则弹出"不符合条件"的信息框。

图 10.14　"三个数排序"运行界面

图 10.15　符合条件显示的信息框

（3）计算某运输公司的运费。设每千米每吨货物的基本运费为 15 元，货物重量为 w，路程为 s（单位为 km），折扣为 d，总费用计算公式为：f=15*w*s*(1-d)。运费计算标准如表 10.1 所示。

表 10.1 某运输公司运费计算标准

s<250	不 打 折
250<=s<500	折扣 2%
500<=s<1000	折扣 5%
1000<=s<2000	折扣 8%
2000<=s<3000	折扣 10%
s>=3000	折扣 15%

程序运行时，在文本框 Text1 中输入货物重量，文本框 Text2 中输入路程，单击"计算"按钮，计算运费并显示在 Text3 中，保留小数点 2 位并四舍五入。要求正确定义程序中使用的变量，采用多分支条件语句（If…Then…ElseIf 格式）实现程序功能。

（4）已知三角形的三条边为 a、b、c，求三角形的面积。计算公式如下：

$$area = \sqrt{s(s-a)(s-b)(s-c)}，其中 s=(a+b+c)/2$$

① 在窗体上添加 4 个标签 Label1～Labe4，标题文本分别为"边长 a："、"边长 b："、"边长 c："和空白，标签 Label4 带有边框，且标题文本显示格式为粗体小四号字，并可根据标题内容自动调整其大小。3 个文本框 Text1～Text3，初始内容为空白，用于输入三角形的 3 条边值。一个名称为 Command1、标题文本为"计算"的命令按钮。

② 单击"计算"按钮，如果输入的三条边能构成三角形的条件，则计算三角形的面积，并在 Label4 中显示出来，运行界面如图 10.16 所示。否则，弹出如图 10.17 所示的信息框，若单击"重试"按钮，清除 Text1～Text3 的内容，焦点定位在 Text1 中，重新输入；若单击"取消"按钮，则结束程序。

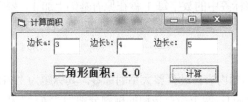

图 10.16 "计算三角形面积"运行结果

图 10.17 弹出的信息框

3. Select Case 语句应用

（1）学号总共包含 12 位，其中前 4 位表示入学年份、5、6 位表示分类代码、7、8 位表示院系代码 最后 4 位表示在班级的顺序号。

分类代码：11：普通本科、13：专升本、14：普通专科

院系代码：01：土木工程学院、05：信控学院、07：管理学院、08：商学院

设计程序，从文本框 Text1 中输入一个学号（文本框只能接受数字字符且最多输入 12 位）。单击命令按钮，根据输入的学号判断学生所属分类、所在院系和年级等信息。例如：输入的学号为 201911070001，则在另外一个文本框中显示"2019 级管理学院普通本科"。

提示：在 Text1_KeyPress(KeyAscii As Integer)事件代码中，设置参数 KeyAscii 为 0，则键入的字符不显示在 Text1 中。

存盘时，窗体文件名保存为 ex0405.frm，工程文件名保存为 ex0405.vbp，存放在文件夹 ex0405 中。

（2）打开工程文件 ex0403.vbp，添加一个新窗体 Form2。单击窗体，采用 Select Case 语句实现计算某公司的运费。

存盘时，Form2 对应的窗体文件名保存为 ex040302.frm，存放在文件夹 ex0403 中。

4．单选、复选按钮、框架的应用

存盘时，以下各题的程序文件名为 ex0406～ex0407，分别存放在文件夹 ex0406～ex0407 中。

（1）在窗体上放置两个复选按钮 Check1、Check2，标题文本分别为"音乐"和"体育"；放置两个框架 Frame1、Frame2；在 Frame1 中添加两个单选按钮，名称为 Op1 和 Op2，标题分别为"古典音乐"、"流行音乐"。在 Frame2 中添加两个单选按钮，名称分别为 Op3、Op4，标题分别为"篮球"、"足

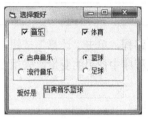

图 10.18 "选择爱好"运行结果

球"；放置两个标签 Label1 和 label2，标题文本分别为"爱好是"和空白。程序刚开始运行时，"音乐"和"体育"复选按钮为选中状态，"古典音乐"和"篮球"单选钮为选中状态。单击窗体，将把选中的单选钮的标题显示在标签 Label2 中，如图 10.18 所示。如果"音乐"或"体育"未被选中，相应的单选钮不可选。

（2）在窗体上放置 3 个文本框 Text1～Text3，内容分别设置为空白；两个单选按钮 Op1 和 Op2，标题分别为"左连接"和"右连接"。单击单选按钮，将 Text1 和 Text2 中的内容左右连接或右左连接显示在 Text3 中。

5．计时器的应用

存盘时，以下各题的程序文件名为 ex0408～ex0409，分别存放在文件夹 ex0408～ex0409 中。

（1）在窗体上放置两个命令按钮，标题文本设置为"开始"和"结束"。运行程序单击"开始"按钮时，窗体背景颜色每秒自动更换一种颜色；单击"取消"按钮时，停止更换颜色。

（2）在窗体上放置一个标题文本为"0"的标签 Lab1 和一个计时器 Timer1，设置标签文本粗体小四号字且带边框；编写适当的事件过程，使得该标签中的数字每 1 秒在原有基础上加 1。要求程序中不得使用变量。

6．提高型实验

在窗体上有一个名称为 Label1，且能根据标题内容自动调整大小的标签，其标题为"VB 程序设计基础"；有一个初始状态为不可用的计时器 Timer1；两个命令按钮的标题分别为"演示"和"退出"。程序的功能如下：

单击"演示"命令按钮时，则该按钮的标题自动变换为"暂停"，且标签在窗体间移动，每隔 0.5 秒移动一次。当标签左端到达窗体左边缘，会自动改变方向向右移动；当标签右端到达窗体右边界时，自动向左移动。

单击标题为"暂停"的命令按钮时，则该按钮的标题自动变换为"演示"，并暂停标签的运动。

单击"退出"按钮，则结束程序的运行。

通过上机调试来完善下列程序代码。

```
Dim flag As Integer
Private Sub Form_Load()
    flag = 0
End Sub
Private Sub Command1_Click()
  If Command1.Caption = "演示" Then
```

```
     Timer1.Enabled = 【5】
        Command1.Caption = "暂停"
     Else
        Timer1.Enabled = False
        Command1.Caption = "演示"
     End If
End Sub
Private Sub Command2_Click()
   【6】
End Sub
Private Sub Timer1_Timer()
   Select Case flag
      Case Is = 0
         Label1.Left = Label1.Left 【7】 100
         If Label1.Left + Label1.Width >= Form1.Width Then flag = 1
      Case Is = 1
         Label1.Left = Label1.Left 【8】 100
         If Label1.Left <= 0 Then flag = 0
   End Select
End Sub
```

存盘时，窗体文件名保存为 ex0410.frm，工程文件名保存为 ex0410.vbp，存放在文件夹 ex0410 中。

实验 5　循环结构程序设计

一、实验目的

（1）掌握 For 语句的应用。

（2）掌握 Do 语句的各种形式的应用。

（3）掌握如何控制循环条件，防止死循环。

（4）掌握常用算法的应用。

（5）掌握列表框、组合框常用属性、方法及在程序中的应用。

二、实验内容

建立 1 个名称为 "第 5 章" 的文件夹，在该文件夹下建立子文件夹 ex0501～ex0520。

1. For…Next 循环语句的应用

存盘时，以下各题的程序文件名为 ex0501～ex0506，如第（1）题的窗体文件为 ex0501.frm，工程文件名为 ex0501.vbp。各题的程序文件分别存放在文件夹 ex0501～ex0506 中。

（1）编程计算：$1×2+3×4+5×6+\cdots+99×100$，并将结果显示在窗体上。

（2）编程计算下列多项式值：

$$S_n = \left(1 - \frac{1}{2}\right) + \left(\frac{1}{3} - \frac{1}{4}\right) + \cdots + \left(\frac{1}{2n-1} - \frac{1}{2n}\right)$$

例如，若从键盘给 n 输入 8 后，则输出为 S=0.662872。编写适当的事件过程，并将结果显示在窗体上。

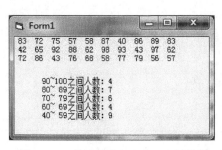

图 10.19 "统计分数段人数"运行结果

（3）编写适当的事件过程，随机生成 30 个 40～100 之间的成绩值，以 10 个一行显示在窗体上，并且统计各分数段的人数显示在标签 Label1 中。运行界面如图 10.19 所示。

（4）在窗体上添加两个文本框 Text1 和 Text2，一个命令按钮 Command1。程序运行后，在文本框 Text1 中输入文本，单击命令按钮时，则从 Text1 中取出数字字符，并按输入的顺序显示在 Text2 中，如在 Text1 中输入"at12get5"，则在 Text2 中显示"125"。

（5）编写适当的事件过程，在标签 Label1 上输出 100～999 以内的水仙花数。"水仙花数"指一个数恰好等于它各位数字的 3 次方之和，如 $153=1^3+5^3+3^3$，则 153 就是水仙花数。

（6）在多行文本框 Text1 中只含有字母和空格，单击"统计"按钮，则以不区分大小写字母的方式，自动统计选中文本中同时出现"o"、"n"两个字母的单词的个数，并将统计结果显示在 Text2 中。通过上机调试来完善下列程序代码。

```
Private Sub Command1_Click()
    Dim s$, m As Integer
     s = Text1
    If Len(s) = 【1】 Then
        MsgBox "请先在 Text1 中输入文本！"
    Else
        If Text1.【2】 = 0 Then
            MsgBox "请先选中文本！"
        Else
            t = ""
            For i = 1 To Text1.SelLength
               c = Mid(Text1.SelText, i, 1)
              If c <> " " Then
               t = t + c
              Else
               x = 【3】
               If InStr(x, "o") <> 0 And InStr(x, "n") <> 0 Then
                  m = m + 1
                End If
                t = ""
              End If
            Next i
            【4】 = Str(m)
        End If
    End If
End Sub
```

2．Do…Loop 循环语句的应用

存盘时，以下各题的程序文件名为 ex0507～ex0509，分别存放在文件夹 ex0507～ex0509 中。

（1）通过 InputBox 函数输入一个正整数，在窗体上输出该整数的每一位数值和，如输入 12653，

则输出 1+2+6+5+3 之和。

（2）根据以下公式求自然对数 e 的近似值，直到某一项的绝对值小于 10^{-4} 为止。

$$e = 1 + \frac{1}{1!} + \frac{1}{2!} + \frac{1}{3!} + \cdots$$

（3）编写程序判断一个字符串是否是回文字符串。所谓回文字符串，就是从左到右读和从右到左读是完全一样的，如"level"就是回文字符串，而"abcab"则不是。通过 InputBox 函数输入字符串，判断结果显示在信息框中。

提示：将对应的字符进行比较。例如，第一个字符和最后一个字符进行比较，第 2 个和倒数第 2 个进行比较，…，直到找到不一样的字符或所有字符比较完毕。

3．多重循环的应用

存盘时，以下各题的程序文件名为 ex0510～ex0511，分别存放在文件夹 ex0510～ex0511 中。

（1）在窗体上放置两个图片框 Picture1 和 Picture2，两个命令按钮 Command1 和 Command2，标题分别为"输出图形 1"和"输出图形 2"。单击相应按钮，分别在 Picture1 和 Picture2 中输出图形，如图 10.20 所示。

提示：在图片框 Picture1 中输出信息，类似窗体的 Print 方法。例如，执行语句"Picture1.Print "VB 程序设计""，则在图片框 Picture1 中显示"VB 程序设计"。

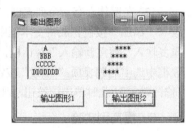

图 10.20　图形输出

（2）找出 2～10000 之间所有的完数，并在文本框 Text1 中显示出来。一个数恰好等于它的所有因子之和，该数称为完数，如 6 的因子是 1，2，3，而 6=1+2+3，则 6 就是一个完数。

4．Exit 语句的应用

存盘时，以下各题的程序文件名为 ex0512～ex0513，分别存放在文件夹 ex0512～ex0513 中。

（1）编写程序，输出 100～300 间的所有素数。

（2）以下程序的功能是将每次输入的数累加，当输入-1 时结束程序的运行，将累加和显示在文本框 Text1 中。通过上机调试来完善下列程序代码。

```
Private Sub Form_Click()
  Dim s As Integer, x As Integer
  s = 0
  Do While True
    x = Val(InputBox("请输入加数"))
    If 【5】 Then Exit Do
    s = s + x
  Loop
  Text1.Text =【6】
End Sub
```

5．列表框和组合框的应用

存盘时，以下各题的程序文件名为 ex0514～ex0516，分别存放在文件夹 ex0514～ex0516 中。

（1）在窗体上放置一个列表框 List1，两个标签 Label1 和 Label2，设置 Label1 带边框且初始文本为空白，设置 Label2 的标题文本为"偶数和"，一个初始内容为空白的文本框 Text1，一个标题文本为

"计算"的命令按钮 Command1。

　　① 程序启动时，自动向列表框添加 10 个随机两位整数。

图 10.21 "偶数和"的运行界面

　　② 单击"计算"按钮，将列表框里所有的偶数值之和求出显示在 Text1 中，并且将所有的偶数值显示在标签 Label1 中，运行界面如图 10.21 所示。

　　（2）在窗体上放置两个组合框 cb1 和 cb2，通过属性窗口在 cb1 中添加项目："10"、"15"、"20"，cb2 中添加项目："黑体"、"隶书"、"宋体"。一个名称为 L1 的标签，标题文本为"VB 程序设计基础"且居中显示。程序刚开始运行时，cb1 和 cb2 中的文本框内容为空白，在 cb1 中选择一个字号，cb2 中选择一个字体，标签 L1 上的文字立即变为选定的字号和字体。

　　（3）在窗体上有一个列表框，一个文本框和 3 个命令按钮，标题文本分别为"添加"、"删除"、"修改"。"添加"按钮完成将文本框中的内容添加到列表框的尾部，如果该项内容存在，将弹出"不允许重复输入，请重新输入"对话框，并将光标定位在 Text1 中并选中所有文本；"删除"按钮完成删除列表框中选中的列表项；"修改"按钮完成将列表框中选中的列表项放到文本框中，同时按钮标题改变为"修改确定"，此时单击该按钮，列表框选中的内容将被文本框中的内容替换，按钮标题改变为"修改"。

6. 提高型实验

存盘时，以下各题的程序文件名为 ex0517～ex0520，分别存放在文件夹 ex0517～ex0520 中。

（1）根据下列的表达式计算圆周率的近似值，直到某一项小于 10^{-5} 为止。要求采用递推法实现。

$$\frac{\pi}{2}=1+\frac{1}{3}+\frac{1}{3}\times\frac{2}{5}+\frac{1}{3}\times\frac{2}{5}\times\frac{3}{7}+\cdots+\frac{1}{3}\times\frac{2}{5}\times\frac{3}{7}\times\cdots\times\frac{n}{2n+1}+\cdots$$

（2）生成 40 个 1000 以内的随机整数，统计这些数据中素数的个数，并找出这些素数中最小的素数，并分别显示在标签 Label1 和 Label2 中。

（3）如果一个正整数从高位到低位上的数字依次递减，则称其为降序数，如 9632 是降序数，而 8516 则不是降序数。如下程序的功能是判断输入的正整数是否为降序数。通过上机调试来完善下列程序代码。

```
Private Sub Command1_Click()
    Dim n As Long, flag As Boolean
    n = InputBox("输入一个正整数")
    s = Trim(Str(n))
    For i = 【7】 To Len(s)
        If Mid(s, i - 1, 1) < Mid(s, i, 1) Then Exit For
    Next i
    If i = 【8】 Then flag = True Else flag = False
    If 【9】 Then Print n; "是降序数" Else Print n; "不是降序数"
End Sub
```

（4）在窗体上画一个命令按钮和两个文本框，然后编写命令按钮的 Click 事件过程。程序运行后，在文本框中输入一串英文字母（不区分大小写），单击命令按钮，程序可找出未在文本框中输入的其他所有英文字母，并以大写方式降序显示到 Text2 中。例如，若在 Text1 中输入的是"abDfdb"，则单击 Command1 按钮后 Text2 中显示的字符串是"ZYXWVUTSRQPONMLKJIHGEC"。通过上机调试来完善下列程序代码。

```
Private Sub Command1_Click()
  Dim str As String, s As String, c As String
  str = UCase(Text1)
  s = ""
  c = "Z"
  While c >= "A"
    If InStr(str, c) = 0 Then
      s =【10】
    End If
    c = Chr$(Asc(c)【11】)
  Wend
  Text2 = s
End Sub
```

实验 6　数组

一、实验目的

（1）熟练数组的声明、赋值和引用。

（2）掌握一维、二维数组的输入和输出。

（3）熟悉静态数组的使用。

（4）了解控件数组的创建方法和使用。

（5）学会利用数组解决一些较为复杂的问题。

二、实验内容

建立 1 个名称为"第 6 章"的文件夹，在该文件夹下建立子文件夹 ex0601～ex0615。

1．一维数组的应用

存盘时，以下各题的程序文件名为 ex0601～ex0604，如第（1）题的窗体文件为 ex0601.frm，工程文件名为 ex0601.vbp。各题的程序文件分别存放在文件夹 ex0601～ex0604 中。

（1）随机生成 20 个（-50，50）之间的随机整数，保存到数组 a 中。在窗体上按每行 5 个数输出数组 a，并且分别求正数和负数的和显示在窗体上。

（2）输入 10 个数到数组，数组内容显示在标签 Label1 中。找出其中最大的数和最小的数，并将两者互换位置，将交换后的数组内容显示在标签 Label2 中。

（3）生成 20 个两位随机整数，保存到数组 a，并显示在标签 Label1 中。在数组 a 中，采用顺序查找方法查找某一个指定的数据（由 InputBox 函数读入）。这个数据可能不止出现一次，查找时将所有位置都查到，并统计出现的次数。

（4）以下程序确定一个 n 值，再接着输入 n 个有序序列存放在数组 a 中。例如，n 的值为 10，然后输入：23，34，45，47，52，57，67，78，89，99，并将它们显示在文本框 Text1 中；在有序数组 a 中插入 x 后，使得数组 a 还是有序。通过上机调试来完善下列程序代码。

```
Option Base 1
Private Sub Command1_Click()
```

```
    Dim a(20) As Integer, x As Integer
    Dim n As Integer
    n = Val(InputBox("请输入数据个数"))
    Text1 = ""
    For i = 1 To n
      a(i) = Val(InputBox("请输入第" & i & "个数据"))
      Text1 = Text1 + Str(a(i)) + Space(2)
    Next
    x = InputBox("请输入一个待插入的数据")
    For i = 1 To n
       If x < a(i) Then 【1】
    Next i
    For j = n To i 【2】
       a(j + 1) = 【3】
    Next j
     【4】 = x
     【5】
    Text1 = ""
    '以下程序段将插入后的数组 a 显示在 Text1 中
    For k = 1 To n
      Text1 = Text1 + Str(a(k)) + Space(2)
    Next k
  End Sub
```

2. 二维数组的应用

存盘时，以下各题的程序文件名为 ex0605~ex0607，分别存放在文件夹 ex0605~ex0607 中。

（1）在窗体上放置若干个命令按钮，单击相应的按钮完成相应的功能。

① 单击"建立数组"按钮，建立 5×5 的二维数组，内容为 0~100 之间的随机整数。

② 单击"按行顺序"按钮，将二维数组按行的顺序显示在窗体上。

③ 单击"按列顺序"按钮，将数组按列的顺序显示在窗体上。

④ 单击"对角线"按钮，将数组对角线上的元素之和显示在窗体上。

⑤ 单击"上三角"按钮，计算该矩阵上三角所有元素的和显示在窗体上。

⑥ 单击"下三角"按钮，计算该矩阵下三角所有元素的和显示在窗体上。

⑦ 单击"计数"按钮：统计四周元素中能够被 7 整除的元素的个数并显示在窗体上。

提示：在通用程序段中声明数组，才能在多个过程中访问。

（2）随机生成两位随机整数，保存到 5×5 的二维数组 a 中，数组元素以矩阵形式显示在多行文本框中。编写程序找出数组 a 中每行的最大值及最大值在行中的次序（即列下标），并将所找到的结果存放到一维数组 b 和 c 中（a 中第一行的最大值保存在 b(1) 中，最大值的列次序保存在 c(1) 中），将数组 b 和数组 c 的内容显示在两个标签中。

（3）随机生成 25 个两位整数，保存到 5×5 的二维数组中，按 5 行 5 列的矩阵形式显示在窗体上，然后交换第 2 行和第 4 行的数据，将交换后的矩阵显示在窗体上。

3. 动态数组的应用

使用 Array 函数将一组数(10,-30,44,12,-13,77)读入到数组 a 中，并将其中的正数赋值给数组 b，要求数组 b 是动态数组。

存盘时，窗体文件名保存为 ex0608.frm，工程文件名保存为 ex0608.vbp，存放在文件夹 ex0608 中。

4．控件数组的应用

存盘时，以下各题的程序文件名为 ex0609～ex0611，分别存放在文件夹 ex0609～ex0611 中。

（1）窗体上画 3 个文本框 Text1～Text3，3 个标签，其 Caption 属性分别为"第 1 个数"、"第 2 个数"、"运算结果"。一个包括 4 个单选按钮的控件数组 Option1。程序运行后自动生成两个−50～50 的随机数赋给 Text1 和 Text2，单击某个单选按钮，在第 3 个文本框中显示运算结果，如图 10.22 所示。

（2）利用控件数组设计一个模仿开关灯的程序，按钮默认黑色。假如按钮为黑色，点击后变黄色，如果按钮为黄色，点击后变黑色。另有两个按钮控制所有灯的开关。界面设计如图 10.23 所示。

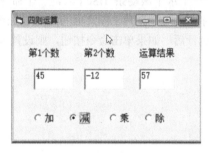

图 10.22　"四则运算"运行界面

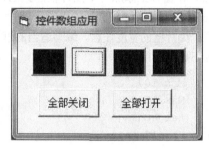

图 10.23　"控制开关"运行界面

提示：在属性窗口，设置按钮的 Style 属性为 1，再设置按钮的 BackColor 属性，即可设置按钮的背景色。

（3）在如图 10.24 所示的窗体上有一个单选按钮控件数组 Op1(0)～Op1(2)。运行程序时，选中一个单选按钮，单击"加密"按钮后，根据选中的单选按钮后面的数字 n，将文本框 Text1 中（假设文本框中所有字符都是字母）的每个字母改为它后面的第 n 个字母（"z"后面的字母认为是"a"，"Z"后面的字母认为是"A"）。通过上机调试来完善下列程序代码。

图 10.24　"加密"运行界面

```
Private Sub Command1_Click()
  Dim n As Integer, k As Integer, m As Integer
  Dim c As String, a As String
  For k = 0 To 2
    If Op1(k).Value Then
      n = Val(Op1(k).【6】)
    End If
  Next k
  m = Len(Text1.Text)
  a = ""
  For k = 1 To 【7】
    c = Mid$(Text1.Text,【8】, 1)
    c = String(1, Asc(c) + n)
    If c > "z" Or c > "Z" And c < "a" Then
      c = String(1, Asc(c) - 26)
    End If
```

```
        【9】= a + c
     Next k
     Text2.Text = a
   End Sub
```

5. 滚动条、图片框和图像框的应用

存盘时，以下各题的程序文件名为 ex0612～ex0613，分别存放在文件夹 ex0612～ex0613 中。

（1）添加两个图片框，名称分别为 P1、P2，高度均为 1900，宽度均为 1700，通过属性窗口把图片文件放入图片框中。单击命令按钮 Command1（标题文本为"交换图片"），则交换两个图片框中的图片。

（2）在窗体上添加一个图片框，其名称为 Picture1，一个水平滚动条 HScroll1，一个命令按钮 Command1，标题为"设置属性"。通过属性窗口在图片框中载入一个图片，图片框的高度与图形的高度相同，图片框的宽度任意。编写适当的事件过程，程序运行后，如果单击命令按钮，则设置水平滚动条如下属性：

```
Min 100
Max 1500
LargeChange 100
SmallChange 10
```

拖动滚动条，即可以放大或缩小图片框的宽度。

提示：先设置 AutoSize 为 True，加载图片后，调整 Width 属性后，再设置 AutoSize 属性为 False。

6. 提高型实验

存盘时，以下各题的程序文件名为 ex0614～ex0615，分别存放在文件夹 ex0614～ex0615 中。

（1）窗体上有两个命令按钮，功能如下：

"产生数组"按钮：随机生成 20 个 0～10 之间（不包含 0 和 10）的整数，并保存到一维数组 a 中，同时在文本框 Text1 中显示出来。

"统计"按钮：统计出数组 a 中出现频率最高的数值及其出现的次数，并在 Text2 和 Text3 中显示出来。

（2）设有如下两组有序数：

2，4，6，8，10

1，3，5，7，9，11，13，15

使用 Array 函数将上述的值分别读到一维数组 a 和 b 中，并分别显示在 List1 和 List2。将两个有序的数组合并成一个数组 c，使数组 c 仍然有序并显示在 List3 中，即数组 c 的内容是 1，2，3，4，5，6，7，8，9，10，11，13，15。

实验 7　过程

一、实验目的

（1）掌握子过程 Sub 和函数过程 Function 的定义、调用方法。

（2）掌握过程之间数据传递的方法及区别。

（3）熟悉数组作为参数传递给过程的方法。

（4）能正确选择和使用局部变量、模块级变量、全局变量和静态变量。

二、实验内容

建立 1 个名称为"第 7 章"的文件夹，在该文件夹下建立子文件夹 ex0701～ex0709。

1．通用过程的应用

存盘时，以下各题的程序文件名为 ex0701～ex0704，如第（1）题的窗体文件为 ex0701.frm，工程文件名为 ex0701.vbp。各题的程序文件分别存放在文件夹 ex0701～ex0704 中。

（1）编写函数过程 fun(s1)，功能是删除 s1 的首尾字符。例如，若 s1 为"abcde"，则函数的值为"bcd"。在文本框 Text1 中输入文本，调用该函数，删除文本框 Text1 中文本的首尾各两个字符，结果显示在 Text1 中。例如，若 Text1 中文本为"abcdefghi"，最终 Text1 中显示"cdefg"。

（2）编写 Sub 过程 delestring(s1,s2)，将字符串 s1 中出现的 s2 子字符串删除，结果保存在 s1 中。例如，若 s1="ababcd2assiad2ajdfjsahdf2b"，s2="2a"，s1 中内容为"ababcdssiadjdfjsahdf2b"。在文本框 Text1 中输入字符串，在 Text2 中输入子字符串，调用该过程，将结果显示在窗体上。

提示：利用 Instr 函数查找子串，找到通过 Left、Right 或 Mid 实现删除。

（3）编写函数 iswanshu(n)判断 n 是否为完数，函数的返回值为布尔型。调用该函数，将 1000 以内的完数显示在列表框中。（"完数"的概念参看实验 5）

（4）编写函数 fun(n)，函数的功能是：计算给定整数 n 的所有因子之和（包括 1 不包括自身）。编写适当的事件过程，键盘输入 n 值，调用该函数，并将结果显示在窗体上。例如：n 的值为 855 时，输出为 705。

2．数组参数的应用

存盘时，以下各题的程序文件名为 ex0705～ex0706，分别存放在文件夹 ex0705～ex0706 中。

（1）添加两个文本框 Text1 和 Text2，设置多行显示。添加 3 个命令按钮，名称分别为 C1、C2 和 C3，标题分别为"生成"、"排序"、"显示"。"生成"按钮的功能是生成 50 个随机整数存放到数组中，并显示在 Text1 中；"排序"按钮的功能是调用过程 sort 对这 50 个数按升序排序（要求采用选择排序法）；"显示"按钮的功能是将排序后的结果显示在 Text2 中。

（2）以下程序通过调用过程 FindMax 求数组的最大值。程序运行后，在 4 个文本框中各输入一个整数，然后单击命令按钮，即可求出数组的最大值，并在窗体上显示出来，如图 10.25 所示。通过上机调试来完善下列程序代码。

图 10.25　"求最大值"运行界面

```
Option Base 1
Private Function FindMax(a() As Integer)
  Dim Start As Integer
  Dim Finish As Integer, i As Integer
  Start =【1】(a)
  Finish =【2】(a)
  Max =【3】(Start)
  For i = Start To Finish
     If a(i) 【4】 Max Then Max =【5】
  Next i
  FindMax = Max
```

```
End Function
Private Sub Command1_Click()
  Dim arr1
  Dim arr2(4) As Integer
  arr1 = Array(Val(Text1.Text), Val(Text2.Text), _
               Val(Text3.Text), Val (Text4.Text))
  For i = 1 To 4
    arr2(i) = 【6】
  Next i
  M = FindMax(【7】)
  Print "最大值是: "; M
End Sub
```

3．变量作用域的应用

存盘时，以下各题的程序文件名为 ex0707～ex0708，分别存放在文件夹 ex0707～ex0708 中。

（1）编写程序，在窗体上显示单击窗体的次数。例如，运行程序，用户单击窗体 3 次，则在窗体上依次显示如下结果。

单击第 1 次

单击第 2 次

单击第 3 次

（2）窗体上有一个名称为 List1 的列表框，名称为 Timer1 的计时器，名称为 Label1 的标签。通过属性窗口向列表框添加 4 个项目："第一项"、"第二项"、"第三项"、"第四项"。程序运行后，将计时器的时间间隔设置为 1 秒钟，每一秒钟从列表框中取一个项目显示在 Label1 中，首先显示"第一项"，依次显示"第二项"、"第三项"、"第四项"，如此循环。

4．提高型实验

编写递归程序，输出 Fibonacci 数列前 40 项的值。Fibonacci 数列，满足如下规律：

$$F_n = \begin{cases} 1 & n = 1 \\ 1 & n = 2 \\ F_{n-1} + F_{n-2} & n \geqslant 3 \end{cases}$$

存盘时，窗体文件名保存为 ex0709.frm，工程文件名保存为 ex0709.vbp，存放在文件夹 ex0709 中。

实验 8　界面设计

一、实验目的

（1）掌握键盘鼠标的编程方法。

（2）学会使用通用对话框。

（3）掌握菜单设计器的使用方法。

（4）掌握在应用程序中设计下拉菜单、弹出式菜单及菜单命令代码的编写方法。

（5）掌握多窗体程序设计的一般步骤和方法。

二、实验内容

建立 1 个名称为"第 8 章"的文件夹，在该文件夹下建立子文件夹 ex0801～ex0807。

1. 键盘和鼠标事件

存盘时，以下各题的程序文件名为 ex0801～ex0802，如第（1）题的窗体文件为 ex0801.frm，工程文件名为 ex0801.vbp。各题的程序文件分别存放在文件夹 ex0801～ex0802 中。

（1）通过键盘向文本框中输入学生学号，如果输入的是非数字字符，则提示错误，且文本框中不显示输入的字符。单击标题为"添加"的命令按钮，则将文本框中的学号添加到组合框中。

（2）在窗体上放置两个文本框 Text1 和 Text2，两个命令按钮 Command1 和 Command2，标题分别为"复制"和"粘贴"；程序刚运行时，两个命令按钮呈现灰色均不能响应，当选定 Text1 中文本之后，"复制"按钮可用，单击该按钮后只有"粘贴"按钮可用。单击"粘贴"按钮，将选定的文本复制到 Text2 中，此时"复制"和"粘贴"按钮均不可用。

提示：用鼠标选定文本会触发鼠标事件，在 Text1 响应的 MouseUp 事件过程中，判断 Text1 的 SelText 属性是否为空确定是否选定了文本。

2. 菜单设计

存盘时，以下各题的程序文件名为 ex0803～ex0804，分别存放在文件夹 ex0803～ex0804 中。

（1）设计一个窗体，包含一个主菜单和一个多行文本框。主菜单由"字体"、"字号"、"字形"组成，分别设置"F"、"S"和"T"为访问键。其中"字体"菜单包括"宋体"、"隶书"、分割线和"退出"，并且为"退出"菜单项设置快捷键 Ctrl+X；"字号"菜单包括"12 号字体"、"16 号字体"；"字形"菜单包含"粗体"、"斜体"。编写适当的事件过程，使得程序运行时，选择相应的菜单项，文本框的字体效果随之改变。设置"粗体"和"斜体"菜单项的复选属性（菜单项前显示一个标记"√"或没有），体现当前文本的字形状态，如图 10.26 所示。

图 10.26 "下拉菜单"运行效果

（2）在窗体上放置两个文本框 Text1 和 Text2，为 Text1 建立一个弹出式菜单，此菜单含有两个菜单项，标题分别为"复制"和"清除"。当鼠标右击 Text1 时弹出菜单，选择"复制"菜单项，则将 Text1 中的内容复制到 Text2 中，选择"清除"菜单项，则清除 Text2 中的内容。

3. 通用对话框设计

存盘时，以下各题的程序文件名为 ex0805～ex0806，分别存放在文件夹 ex0805～ex0806 中。

（1）在窗体上添加一个标题为"打开文件"的命令按钮，一个初始文本为空白的文本框，一个通用对话框。请按下列要求设置属性和编写代码。

① 对话框标题为"打开文件"。

② 在对话框的"文件类型"下拉组合框中有两项可供选择的列表项："文本文件"、"所有文件"，默认文件类型是"所有文件"。

③ 单击命令按钮，则弹出"打开文件"对话框，其默认路径为"C:\"。

④ 将用户选定的路径和文件名显示在文本框中。

（2）在窗体上放置一个文本框和两个命令按钮。程序运行时，单击第一个命令按钮完成打开字体对话框，设置文本框中的字体随选择的字号、字体和样式而改变。单击第 2 个命令按钮打开颜色对话框，设置文本框中文字显示的颜色。

4．多窗体设计

在新建工程中建立 3 个窗体"主窗体"、"输入成绩"和"计算"窗体，名称分别为 Form1、Form2 和 Form3。具体要求如下：

①"主窗体"窗体提供菜单操作，如图 10.27（a）所示。程序运行时，单击"录入成绩"按钮，显示 Form2，隐藏 Form1；单击"计算总分"按钮，显示 Form3，隐藏 Form1；单击"退出"按钮，结束应用程序的运行。

②"输入成绩"窗体用于输入成绩，如图 10.27（b）所示。程序运行时，单击"返回"按钮，隐藏 Form2，显示 Form1。

③"计算"窗体用于计算成绩的总分和平均分并显示在标签上，如图 10.27（c）所示。程序运行时，单击"返回"按钮，隐藏 Form3，显示 Form1。

 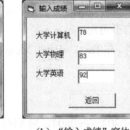 

（a）主窗体　　　　（b）"输入成绩"窗体　　　　（c）"计算"窗体

图 10.27　"多窗体"运行界面

存盘时，窗体文件名保存为 ex0807.frm，工程文件名保存为 ex0807.vbp，存放在文件夹 ex0807 中。

实验 9　数据文件

一、实验目的

（1）掌握顺序文件、随机文件、二进制文件的特点。

（2）熟悉掌握文件的打开、关闭和读写命令。

（3）掌握系统文件控件的使用方法。

二、实验内容

建立 1 个名称为"第 9 章"的文件夹，在该文件夹下建立子文件夹 ex0901～ex0905。

1．顺序文件的应用

（1）把文件 file1.txt 中重复字符去掉后（即若有多个字符相同，则只保留一个）写入文件 file2.txt。通过上机调试来完善下列程序代码。

```
Private Sub Command1_Click()
  Dim inchar As String, temp As String, outchar As String
  outchar = " "
  Open "c:\ file1.txt" For 【1】 As #1
  Open "c:\file2.txt " For 【2】 As #2
  n = LOF(1)
```

```
      inchar = Input$(n, 1)
      For k = 1 To 【3】
        temp = Mid(inchar, k, 1)
        If InStr(outchar, temp) = 0 Then
          outchar = outchar & temp
        End If
      Next k
      Print 【4】, outchar
      Close #2
      Close #1
    End Sub
```

存盘时，窗体文件名保存为 ex0901.frm，工程文件名保存为 ex0901.vbp，存放在文件夹 ex0901 中。

（2）在"c:\"下有一个名为"mydata.txt"的文本文件，其中有若干行文本。以下程序完成如下功能：读入此文件中的所有文本行，按行计算每行字符的 ASCII 码之和，并显示在窗体上。通过上机调试来完善下列程序代码。

```
    Private Function toasc(s As String) As Integer
      n = 0
      For k = 1 To Len(s)
        n = n + 【5】
      Next k
      toasc = n
    End Function
    Private Sub Command1_Click()
      Dim str As String, asc As Integer
      Open "c:\mydata.txt" For Input As #1
      While 【6】
        Line Input #1, str
        Print str
        asc = toasc(【7】)
        Print asc
      Wend
      Close #1
    End Sub
```

存盘时，窗体文件名保存为 ex0902.frm，工程文件名保存为 ex0902.vbp，存放在文件夹 ex0902 中。

2．随机文件的应用

定义一个职工记录类型，包括工号、姓名、工资 3 个成员项。对随机文件"工资.dat"实现添加职工记录和查询的功能。

存盘时，窗体文件名保存为 ex0903.frm，工程文件名保存为 ex0903.vbp，存放在文件夹 ex0903 中。

3．二进制文件的应用

在窗体上添加 3 个命令按钮，每个按钮完成的功能如下：

"生成"按钮：随机生成 12 个-50~50 随机整数存储到一维数组 a 中并显示在窗体上。

"保存"按钮：将数组 a 的内容保存到二进制文件中。

"读出"按钮：读出二进制文件中数据保存到一个 3×4 的二维数组中，并显示在多行文本框 Text1 中。

存盘时，窗体文件名保存为 ex0904.frm，工程文件名保存为 ex0904.vbp，存放在文件夹 ex0904 中。

4．系统文件控件的使用

设计一个简单的图片浏览器。在窗体上放置一个驱动器列表框、一个目录列表框、一个文件列表框和一个图像框控件，文件列表框显示文件的类别是*.jpg、*.bmp、*.png 的图形文件。通过驱动器列表框、目录列表框和文件列表框选择一个图片文件，显示在图像框控件中，如图 10.28 所示。

图 10.28 图片浏览器

存盘时，窗体文件名保存为 ex0905.frm，工程文件名保存为 ex0905.vbp，存放在文件夹 ex0905 中。

参 考 文 献

[1] 林卓然. VB 语言程序设计（第 4 版）. 北京：电子工业出版社，2016

[2] 董卫军、刑为民等. Visual Basic 程序设计基础. 北京：电子工业出版社，2011

[3] 龚沛曾. Visual Basic 程序设计教程（第 4 版）. 北京：高等教育出版社，2013

[4] 吴雅娟等. Visual Basic 程序设计案例教程. 北京：中国石化出版社，2011

[5] 蔡欣、郝淑珍. Visual Basic 6.0 程序设计实验教程. 北京：中国水利水电出版社，2002

[6] 郑阿奇、梁敬东. Visual Basic 实训（第 2 版）. 北京：清华大学出版社，2011

[7] 松桥工作室. 深入浅出 Visual Basic 6 程序设计. 北京：中国铁道出版社，2004

[8] 刘炳文等. 全国计算机等级考试二级教程——Visual Basic 语言程序设计（2016 版）. 北京：高等教育出版社，2015

[9] 郑阿奇. Visual Basic 实用教程（第 2 版）. 北京：电子工业出版社，2014

反侵权盗版声明

电子工业出版社依法对本作品享有专有出版权。任何未经权利人书面许可，复制、销售或通过信息网络传播本作品的行为，歪曲、篡改、剽窃本作品的行为，均违反《中华人民共和国著作权法》，其行为人应承担相应的民事责任和行政责任，构成犯罪的，将被依法追究刑事责任。

为了维护市场秩序，保护权利人的合法权益，我社将依法查处和打击侵权盗版的单位和个人。欢迎社会各界人士积极举报侵权盗版行为，本社将奖励举报有功人员，并保证举报人的信息不被泄露。

举报电话：（010）88254396；（010）88258888

传　　真：（010）88254397

E-mail：　dbqq@phei.com.cn

通信地址：北京市海淀区万寿路 173 信箱

　　　　　电子工业出版社总编办公室

邮　　编：100036